Hart van de materie

Dr. Geert Potters

Copyright © 2018 Geert Potters
Creative Commons BY-SA 4.0
of zoals aangegeven bij de figuren.
ISBN-10: 1725542625
ISBN-13: 978-1725542624

ἄνδρα μοι ἔννεπε, μοῦσα, πολύτροπον
Bezing me, o Muze, de schrandere mens.

Homerus, *Odyssee* I, 1

Inhoud

Inhoud i
Op reis naar het hart van de materie 1
Episode 1: Het atoom ziet het levenslicht 5
Episode 2: Het atoom ziet opnieuw het levenslicht 15
Episode 3: Atomen in proporties 33
Episode 4: Hoe drukken we een massa van een atoom uit? 43
    De relatieve atoommassa 43
    Het concept mol 45
    De elektronVolt (eV) 50
Episode 5: Het elektron duikt op 51
    Van elektriciteit tot elektron 51
    De kathodestraalbuis, basisgereedschap voor atomisten 54
Episode 6: Atomen geven stralen af 61
    Zwarte vlekken voor de ogen van Becquerel 61
    Pierre en Marie ontdekken thorium, radium en polonium 65
    Rutherford voor het voetlicht 80
Episode 7: Rutherford en de ontdekking van de atoomkern 83

Episode 8: De kern valt verder uiteen in protonen 91

    Een eerste glimp van het proton 91

    De nevelkamer en de alchemist 93

Episode 9: Ongeladen maar niet onvindbaar: het neutron 99

Episode 10: Gereedschap van de deeltjesjager - de massaspectrometer 107

Episode 11: Van Rutherford naar Bohr: het atoommodel groeit op 115

Episode 12: Atomen en kwanta 1: Van wolkje tot donderslag bij heldere hemel 121

    De wolkjes van Lord Kelvin 121

    Max Planck en de geboorte van het kwantum 126

    Het atoommodel van Niels Bohr 129

    Bewijzen voor en tegen het model van Bohr 136

Episode 13: Atomen en kwanta 2: Schrödinger stuurt zijn kat (niet) 147

    Materie heeft een dubbel, tweeledig karakter en is zowel golf als deeltje. 148

    Over superpositie en ineenstortende katten: de golffunctie van Schrödinger 160

    Erwin Schrödinger, intellectueel voorbeeld van de twintigste eeuw 161

    Golven en waarschijnlijkheid 166

    Gesuperponeerde katten 167

Episode 14: Van Heisenberg naar Bohr: de elektronen vinden hun plaats 171

    De hooikoorts van Heisenberg 171

    De geboorte van de orbitalen 176

Episode 15: Het Wonderjaar van Rutherford: 1932 183

    Atomen zijn breekbaar: de deeltjesversneller 185

Het laatste mirakel van 1932 193

Episode 16: De Deutsche Physik-beweging 203

    Deutsche Physik 208

    De zaak-Heisenberg 209

Episode 17: Elementair is niet meer wat het geweest is 213

    Pauli en de neutrino's 213

    Hideki Yukawa en de voorspelling van de mesons 219

    Over bellenvaten en vonkenkamers 224

Episode 18: Het Standaardmodel van de Materie 229

    Van chaos naar structuur: Quarks 229

    Het profiel van een quark 235

    Richard Feynman: popidool van de moderne fysica 236

    Leptonen 243

    Krachten en bosonen 244

    Eenheid en verscheidenheid in het Standaardmodel 253

    Bij wijze van voorbeeld: de opbouw van pionen 254

Episode 19: CERN 255

    Altius, citius, fortius! 255

    Europa slaat de handen in elkaar 260

    De Large Hadron Collider en het EBH-boson 263

Episode 20: Kernfusie: reacties tegen de sterren op 267

    Bijna alle energie op Aarde komt van de zon. 270

    En als we nu niet splitsen maar fusioneren? 272

Episode 21: Het Standaardmodel speelt op 279

    We staan op de schouders van reuzen 279

    Unificatie van krachten 280

- Donkere materie 284
- De massa van een boson 284
- Episode 22. Supersymmetrie: oplossing of straat zonder einde? 289
- Episode 23: Snaren en branen 299
  - Snaren en branen in 10 dimensies 303
  - M-theorie 305
  - Van vier naar elf dimensies: compactificatie 307
  - Luskwantumzwaartekracht 312
- Nawoord 317
- Bijlage 1 – Machten van tien 319
- Bijlage 2 – Overzicht van de ontdekkingen 321
- Bijlage 3 – Wat iedereen zou mogen onthouden over atomen ... 325
  - Hoe groot is een atoom? 326
  - Waarom zien of voelen we die grote leegte dan niet? 327
  - Waarom zijn atoommassa's eigenlijk geen gehele getallen? ... 328
- Dankwoord 331
- Voor wie meer wil lezen 333
  - Boeken en artikels 333
  - Websites 335
- Lijst met figuren 337
- Index 345
- Lijst met bronnen van figuren 353

Kleurenversies van sommige figuren zijn te downloaden op

http://www.biomens.eu/index.php?p=mens&nr=0

voor didactische doeleinden

en onder CC BY-SA 4.0.

Op reis naar het hart van de materie

Klein, kleiner, kleinst – stapje voor stapje hebben natuurfilosofen en natuurwetenschappers de materie rondom ons proberen te doorgronden. Ze hebben daarbij een enorme odyssee ondernomen, die hen van grote theorieën over de vier oerelementen voerde naar een plejade van steeds maar kleinere en kleinere deeltjes, en zijn onderweg mijlpalen gepasseerd zoals het proton, het elektron en de quark. Stap voor stap, parasang voor parasang, trachten we die reis opnieuw af te leggen. We hopen daarmee alle geïnteresseerden te helpen om deze fascinerende vragen te begrijpen – wat is er rondom ons? Waaruit bestaat alles? Hoe is de materie opgebouwd?

We doen dit via heel wat menselijke verhalen: heel wat namen van wetenschappers die door hun harde werken, hun geniale inzichten, maar ook gewoon puur door geluk te hebben een tipje van de sluier oplichtten, passeren de revue. En we willen ook weten hoe ze dachten, welke sporen ze volgden (en hoe ze er soms nog grandioos naast zaten ook). We beginnen bij de Grieken uit de Antieke wereld, waar sommigen reeds begrepen dat de materie uit deeltjes (atomen!) bestaat, maar waar de grote Aristoteles een van zijn vele vergissingen begaat en deze theorie vol vuur bestrijdt.

We volgen hoe de negentiende eeuw eerst bekomt van de terechtstelling van het Franse genie Lavoisier, dan de atoomtheorie haar renaissance ziet beleven, zich verbaast hoe onderzoekers de massa van elk van die atomen proberen te berekenen en ten slotte het elektron ontdekt als voorloper op de lawine van deeltjes in de twintigste eeuw. Daar ontdekken we samen met de ongeëvenaarde Rutherford en zijn team het alfadeeltje, de kern, het proton en het neutron.

Figuur 1. De Large Hadron Collider in het CERN.

En dan is het hek van de dam, met de waarnemingen van neutrino's, positronen, muonen, kaonen, pionen... tot een reeks van zes quarks en zes leptonen ons model van de materie een stevige onderbouw biedt. Maar dan zijn we al in de jaren 1980, aan de vooravond van de eenentwintigste eeuw die zich aandient met het Englert-Brout-Higgsboson (ja, ja, het beruchte godsdeeltje, en noem dat nu nooit meer zo). In het kielzog daarvan volgt een hele reeks aan wiskundige modellen rond supersymmetrie en elfdimensionale ruimten voor branen en strings, maar daar missen we tot nog toe de kracht van het experimenteel bewijs om deze theorieën te verifiëren en zo algemeen aanvaard te krijgen. De mensheid zoekt verder.

Zo krijgt u ook inzicht in hoe de wetenschap traag maar zeker voortbolt – een onstuitbare kracht die finaal terecht komt bij het juiste antwoord (ook al duurt dat drieduizend jaar). Want ook dat is wetenschap: geen snelle bevrediging, geen hapklare brokken, maar keer op keer weer op zoek naar eerder gemaakte fouten, valse deducties, gemiste experimentele kansen, foute metingen, verkeerde conclusies... om dan aan het einde van al dat labeur een glimp op te vangen van het hart van de materie.

Wij wensen u alvast goede reis.

Episode 1: Het atoom ziet het levenslicht

Wat waar is voor de gehele exacte wetenschap, geldt zeker ook voor de chemie als onderdeel: de eerste stappen zijn gezet door de Griekse filosofen, die zich al bezighielden met de vraag naar de opbouw van materie en de ontsluiering van de onderliggende structuur.

Een van de grootste natuurfilosofen van de Grieken was ongetwijfeld Thales van Milete (624-546 v. Chr.). Wellicht is hij in ons onderwijs vooral bekend omwille van zijn meetkundige stelling dat bij een evenwijdige projectie van een rechte op een andere de verhoudingen bewaard blijven. Of ook niet, natuurlijk. De man zelf zou met die stelling in de hand de hoogte van de piramiden berekend hebben. Daarnaast is hij ook een van de eerste denkers (voor zover ze ons bekend zijn) die ideeën ontwikkelde over de natuur van de materie rondom ons.

Thales beschouwde water als het beginsel van alles, waaruit alle andere stoffen zijn ontstaan. Dit is niet zo vreemd als het op het eerste gezicht lijkt: wanneer water stolt, krijg je een vaste stof (ijs), en als dit smelt, krijg je weer vloeibaar water. Anderzijds verdampt water en gaat die waterdamp op in de lucht. Water is daarnaast de bron van leven: een malse regen op een droge bron laat planten ontkiemen uit de aarde. Daarnaast dreef volgens Thales de aarde zelf op water (de oeroceaan Oceanus), volgens Homerus de bron van alle andere zeeën, bronnen en rivieren.

Thales was niet de enige die zich de aard van een dergelijk beginsel trachtte in te beelden. Anaximenes (611-529 v. Chr.) dacht dat het beginsel lucht was, in plaats van water. Hij zag lucht als een neutraal fluïdum dat overal voorkomt en natuurlijke processen ondersteunt. Natuurkrachten werken volgens Anaximenes voortdurend in op lucht om deze te transformeren in nieuwe materialen, die we herkennen in de georganiseerde wereld. Lucht werd in Griekse teksten van die tijd bovendien in verband gebracht met de ziel (de adem van het leven). Net zoals de ziel het lichaam aanstuurt, zo kan lucht de vorming van de wereld zelf ook aansturen. Op grond van deze analogie schreef Anaximenes dan ook goddelijke eigenschappen toe aan lucht. Volgens Heraclitus (540-475 v. Chr.) was het beginsel van alle materie dan weer vuur.

Figuur 2. Thales van Milete

Thales in de Nederlandse poëzie

Een opmerkelijke anekdote over Thales lezen we in de geschriften van die andere grote Griekse wijsgeer: Plato. Hierbij leren we dat Thales op een nacht zodanig ingespannen naar het nachtelijke hemelgewelf liep te speuren, dat hij struikelde en in een put viel. Een vooralsnog anonieme Nederlandstalige dichter uit de negentiende eeuw maakte er het volgende – moraliserende – versje over. Overlevering - met dank aan mijn overgrootmoeder zaliger.

De Sterrenkijker

*Een sterrenkijker stond
te lonken, rond en rond,
Naar 't schitterend stergewemel
dat fonkelde aan de hoge hemel.
Terwijl hij door zijn kijkbuis ziet,
ontwaart hij enen vuilput niet
Die gaapte aan zijn voeten.
Hij ploft erin tot boven zijne kin.
Daar ligt de sukkelaar nu te spartelen en te wroeten.
Een boer komt bij en zegt: "Mijn vriend,
gij hebt die lesse wel verdiend.
Gij wilt zo wijd en verre,
de loop nazien van elke sterre
Terwijl uw kort gezicht
niet ziet hetgeen voor uw voeten ligt."
Die boer sprak billijk,
"Veel geleerden willen weten,
al wat daarboven ommegaat,
maar zij vergeten te zien
hoe het met hunzelve staat."*

Van dien boer echter geen eieren, dank u. Als we als wetenschappers niet meer mogen dromen, omdat we dan misschien in een put zouden tuimelen, dan kunnen we er maar beter mee ophouden. Immers – wie nooit in een put wil vallen, mist elke kans om naar de sterren te grijpen.

Figuur 3. Empedocles

Grieks wijsgeer uit Acragas (Agrimentum) te Sicilië. Over zijn dood bestaan verschillende legenden. Zo zou de man volgens Diogenes Laertius zelfmoord hebben gepleegd door in de Etna-vulkaan te springen. Hij zou hiermee willen bewijzen dat hij onsterfelijk was. Dit werd later gepersifleerd in een satire van Lucianus van Samosata, waar de filosoof door een uitbarsting van de Etna naar de maan werd geslingerd.

Anaximander (610-546 v. Chr.) ging nog een stap verder. Vermits geen enkel van de voorgestelde beginselen in staat was om het bestaan van de tegenpool te verklaren (hoe kon water bijvoorbeeld dienen als beginsel voor het bestaan van vuur), moesten alle bekende stoffen uit een onwaarneembare oersubstantie bestaan: het Apeiron. Uit de oertoestand van het Apeiron kwamen vervolgens warm en koud, vochtig en droog en alle andere tegenstellingen in de wereld voort. Daarnaast postuleerde Anaximander dat onze wereld er slechts één was uit vele, die alle zijn ontstaan als gevolg van een eeuwigdurende beweging van die oorspronkelijke oermassa.

Ook Empedocles (430-390 v. Chr.) bouwde verder op deze ideeën. Hij combineerde de theorieën van Thales, Anaximenes en Heraclitus en voegde er zijn eigen oerelement aan toe: aarde. Deze vier natuurlijk voorkomende 'elementen' van de kosmos vertegenwoordigen een fundamentele natuurlijke indeling van materie op macroscopisch niveau, en tegelijk ook op microscopisch vlak. Empedocles benadrukt deze parallel en gebruikt de termen 'zon', 'zee' en 'aarde' door elkaar met 'vuur', 'water' en 'zand'. Vuur krijgt bovendien een speciale rol toegekend als het fundamentele beginsel van levende wezens.

In de marge van de Griekse filosofie ontwikkelden zich ook meer "exotische" theorieën – voor de tijd van de Grieken dan. Neem nu Leucippus en Democritus (460-370 v. Chr.) die rond 420 v. Chr. naar voren schoven dat er een ondergrens is aan de deelbaarheid van de materie: wanneer je materie in stukken kapt, erven die stukken de materiaaleigenschappen van het moedermateriaal. Een boomstam kappen verandert niets aan het feit dat de verkregen blokken uit hout bestaan (die even goed branden als de volledige boom), en met een gebroken krijtje kan je toch nog schrijven. Dat liedje blijft echter niet duren. Uiteindelijk kunnen die deeltjes niet meer verder gesplitst worden zonder aan de karakteristieke eigenschappen van de betrokken materiesoort te raken: ga je die grens voorbij, dan heb je geen krijt of hout meer.

Deze ondeelbare deeltjes kunnen een oneindig aantal combinaties vormen. Ze bewegen doelloos door elkaar en creëren nieuwe verbindingen door met elkaar te botsen. De beroemde politicus en advocaat Marcus Tullius Cicero vatte die denkbeelden als volgt samen:

"[Democritus] gelooft in het bestaan van atomen - zoals hij ze noemt - d.w.z. vaste ondeelbare stukjes die voortsnellen in een lege oneindigheid, waarin niets bestaat – hoogste noch laagste noch midden, centrum noch uiterste omtrek. De atomen bewegen, komen tot botsing en gaan zo verbindingen aan, en zo ontstaat alles wat is en wat kan worden waargenomen. Bovendien kent hij aan de beweging van atomen geen startmoment toe, maar past deze beter in de eeuwigheid van de tijd."

(Cicero, De finibus bonorum et malorum, I, 17)

En zo ontstond een bijzonder modern klinkend concept: voor het eerst spraken mensen over atomen! Ook het woord atoom ontlenen we overigens aan de gedachtegang van Democritus: ἄτομος [atomos] betekent namelijk letterlijk 'ondeelbaar', 'niet meer te versnijden'. Niet alle atomen waren, nog volgens Democritus, hetzelfde van aard: vaste stoffen bestaan uit kleine puntige atomen (die in mekaar vasthaken), vloeistoffen uit grote ronde atomen en olie van allerlei oorsprong uit zeer fijne, kleine atomen die gemakkelijk langs elkaar heen bewegen.

De filosoof Epicurus ontwikkelde deze gedachte verder en het is een van zijn volgelingen, de dichter Lucretius (99 – 55 v. Chr..), die het hele concept aan ons overleverde in zijn werk *De Rerum Natura* ('Over de natuur der dingen'). Dit gedicht, opgebouwd uit 7415 verzen (dactylische hexameters, voor wie nog wat kent van klassieke poëzie) legde de toehoorders in detail uit hoe atomen de wereld opbouwen, hoe ze bewegen en welke vormen ze aannemen, en dat ze geen kleur, geur, temperatuur en andere dergelijke eigenschappen hebben. Ook de goden bestaan volgens de epicuristische leer uit atomen – buitengewoon fijne atomen weliswaar. De goden leven echter ver weg, in de ruimte tussen de universa, waar ze een leven van volmaakte vreugde en harmonie kennen. Als de mens eenzelfde leven wil kennen, moet hij zich bevrijden van angst voor de dood en voor de goden. Dit kan door zelf op onderzoek uit te gaan, en door te leren leven met onzekerheid.

Verder beschreef Lucretius ook de theorieën van Epicurus rond gevoel en zicht en voegde hij zijn eigen, vaak bijtende analyse over passionele seksualiteit en liefde toe. Ook het thema van biologische evolutie komt (zeer kort) aan bod. Het onafgewerkte zesde deel, ten slotte, bevat technische verklaringen van weerkundige en geologische processen (donder, bliksem, vulkanisme) en eindigt met een beschrijving van de pestepidemie in Athene van 430 v. Chr.

Overigens werd het werk pas uitgegeven na de dood van Lucretius door Cicero. Deze deed dat niet per se omdat hij achter de epicuristische filosofie stond (integendeel), maar vooral omdat hij de stijl en het literair genie van de dichter bijzonder bewonderde.

Dat deze atoomleer echter niet verder verspreid is geraakt tijdens de daaropvolgende eeuwen, is te wijten aan Aristoteles (384-322 v. Chr.). In zijn boeken over de natuur van de kosmos bestreed Aristoteles de atoomtheorie van de Epicuristen met verve. Hij zorgde er zo voor, dat het model van Empedocles met de vier oerelementen tot in de middeleeuwen als basis voor onze inzichten in de materie bleef gelden. *De Rerum Natura* werd pas in 1417 teruggevonden in een Duits klooster. Pas tijdens de wetenschappelijke ontplooiing in de zestiende en zeventiende eeuw kwam de atoomtheorie stilaan weer tot leven.

Figuur 4. Democritus van Abdera

*Democritus werd geboren in Abdera (Griekenland) in 460 v. Chr.
Hij werd 90 jaar oud. Hij studeerde natuurkunde en meetkunde in Thracië, Athene
en Abdera. Democritus maakte grote reizen naar verre landen, waaronder India,
Egypte en Babylon. Hij was nooit getrouwd.*

Figuur 5. De Rerum Natura van Lucretius.

Eerste verzen van het monumentale leergedicht zoals uitgegeven door Tanaquil Faber in 1675.

Episode 2: Het atoom ziet opnieuw het levenslicht

Willen we de geboorte van de moderne chemie een plaats geven op de tijdlijn, dan kunnen we onmogelijk voorbij de persoon van Robert Boyle. De man is wellicht het best bekend van de naar hem genoemde gaswet, die stelt dat bij een constante hoeveelheid gas en een constante temperatuur de druk (p) van een gas omgekeerd evenredig is aan het volume (V) van dit gas. In symbolen wordt dat dan

$$p \cdot V = C^{te}$$

Daarnaast ontdekte hij de rol van lucht bij de overdracht van geluiden, het uitzetten van bevriezend water, de begrippen relatieve dichtheid en breking van licht, en droeg hij bij tot het begrijpen van de structuur van kristallen, kleuren, hydrostatica, enz... Maar ondanks die belangrijke bijdragen tot de natuurkunde lag de scheikunde hem toch het meest aan het hart. Boyle werd alleszins voor de chemie wat Newton en Galilei voor de fysica hebben betekend.

Er zijn overigens enkele flagrante overeenkomsten tussen Boyle en zijn twee medepioniers van het wetenschappelijk denken. Met Galilei deelt hij zijn geloof in experimenteel onderzoek: Boyle weigerde a priori elke inmenging van theoretische bespiegelingen bij het opstellen en uitwerken van zijn experimenten. Hij trachtte elk experiment onbevooroordeeld aan te vatten, en noteerde elk detail, hoe onbelangrijk het ook leek – volgens Boyle mocht men niet zomaar aannemen dat de plaats van het experiment, de weersomstandigheden of de posities van zon of maan geen invloed op de metingen hadden.

Figuur 6. Robert Boyle

Boyle was een van de eerste moderne onderzoekers die openlijk de leer van de vier Elementen in twijfel trok, en haalde daarmee de grote Aristoteles van zijn voetstuk. In zijn boek *The Sceptical Chymist* trekt hij reeds de kaart van de atomen, al blijft het bij Boyle nog enkel bij een hypothese. Hij schuift volgende algemene beginselen naar voren, waar we met onze moderne bril inderdaad de begrippen atoom en element (atoomsoort) in zien terugkomen.

Stelling I. Het lijkt niet absurd om te veronderstellen dat wanneer gemengde lichamen voor de eerste keer werden geproduceerd, de universele materie waaruit deze lichamen, net zoals de rest van het universum, waren opgebouwd, was opgedeeld in kleine deeltjes van verschillende afmetingen en vormen.

Stelling II. Het is eveneens niet onmogelijk dat deze kleine deeltjes zich hier en daar verbonden hebben in kleine clusters, en dat ze, door zo samen te smelten, een grote reeks van kleine primaire verbindingen van massa's hebben gevormd die niet gemakkelijk weer uit elkaar vielen in de deeltjes waar ze uit opgebouwd waren.

Boyle voegt bij wijze van voorbeeld toe, dat "goud kan vermengen, niet enkel met zilver, koper, tin en lood, maar ook met antimoon, *Regulus Martis* (een naar alchemistenrecept gezuiverde vorm van ijzer) en vele andere mineralen, en zo stoffen kan laten ontstaan die sterk van dat oorspronkelijke goud verschillen".

Stelling III. Ik [Boyle dus] zal niet a priori ontkennen dat dergelijke verbindingen, van dierlijke of plantaardige natuur, met de hulp van vuur kunnen ontleed worden in een welbepaald aantal stoffen [...], die onderling van mekaar verschillen.

Stelling IV. Tegelijk kan men wel toestaan, dat deze onderling verschillende stoffen zonder al te veel problemen elementen of principes kunnen genoemd worden.

Net als Newton is Boyle ook een praktiserend alchemist. Beiden hebben gepoogd om de transmutatie van lood in goud in de praktijk te brengen. Toch hield hij niet dogmatisch vast aan de filosofie van de alchemie. Dat is te merken aan de vierde stelling: ook het begrip principe, ontleend aan de alchemie, geeft hij een eigen definitie.

Een volledige wetenschappelijke basis voor de atoomtheorie komt er echter pas in 1808. In zijn werk *A new System of Chemical Philosophy* postuleert John Dalton (1766-1844) het bestaan van atomen. Voor Dalton is een stof het resultaat van een specifiek arrangement van atomen (een molecule), vaak behorende tot een aantal verschillende elementen (atoomsoorten), dat kan verbroken en weer opgebouwd worden in een chemische reactie. Deze nieuwe inzichten zijn echter niet enkel te danken aan het werk van Dalton. De man steunt zelf namelijk op een aantal chemische wetten die tijdens de eeuwen voor hem zijn uitgewerkt.

De eerste van deze wetten komt van de Franse chemicus Antoine Lavoisier (1743-1794): **de wet van behoud van massa**. Deze zegt dat de totale massa aanwezig vóór een chemische reactie gelijk is aan de totale massa die aanwezig is na de chemische reactie; met andere woorden, wat er aan massa in de reactie gaat, moet er ook uitkomen.

Dit concept was in eerste instantie niet gemakkelijk om te begrijpen voor de toenmalige wetenschappers. Volgens Lavoisier moest het resultaat van de verbranding van een grote houten balk immers even zwaar wegen als de balk zelf. Maar waar was deze massa dan naartoe? Immers, al wat ze zagen was een hoopje as?

Tot Lavoisier met zijn wet voor de dag kwam, geloofde men in de zogenoemde phlogistontheorie om verbranding te verklaren. Volgens die theorie bevatten alle brandbare materialen een hoeveelheid phlogiston, een substantie zonder kleur, geur, smaak of massa, die vrijgesteld werd door verbranding (te merken aan de warmte die vrijkwam). Deze theorie dateerde uit de zeventiende eeuw en was naar voren geschoven door de Duitse arts Georg Stahl (1660-1734). Het werk *Réflexions sur le phlogistique pour servir de suite à la théorie de la combustion et de la calcination* van Lavoisier uit 1777 maakte echter een einde aan die theorie. De Franse onderzoeker rapporteert daarin zijn eigen, nauwkeurige metingen van de hoeveelheden gassen die vrijkwamen tijdens de verbranding. Die waarnemingen toonden ontegensprekelijk aan waar die verdwenen massa dan wel heen was: omgezet in een gasvormig product. Daarnaast verbrandde hij fosfor en zwavel in lucht, en toonde aan dat de producten van die chemische reactie meer wogen dan het originele zwavel en fosfor zelf (uiteraard doordat het verbrandingsproduct er naast het fosfor nog een hoeveelheid zuurstof had bijgekregen). Dit kon twee zaken betekenen: ofwel had het phlogiston een negatieve massa (en dat was absurd), ofwel was de theorie fout. Uiteindelijk moest zelfs de meest overtuigde aanhanger van het bestaan van phlogiston toegeven dat Lavoisier dichter bij de waarheid zat.

Lavoisier maakte ook komaf met de oud-Griekse definitie van het begrip element. Volgens de Fransman is een element een eenvoudige stof die met geen enkele analytische chemische methode verder kan worden ontleed – een basistype atoom, of een atoomsoort, zeg maar. Elementen zijn overigens niet tastbaar: het zijn aanduidingen, etiketten voor groepen gelijksoortige atomen.

In zijn *Traité Élémentaire de Chimie* uit 1789 lijstte hij 33 stoffen op die voldoen aan zijn nieuwe definitie. Hij deelde die 33 elementen overigens al meteen in, in vier klassen:
– Gassen
– Niet-metalen
– Metalen
– "Aarden" (dit bleken later oxiden en sulfaten te zijn, waar we ondertussen wel de samenstellende elementen van kennen).

Lavoisier beschouwde overigens licht en warmte ook als elementen. Ook daarover hebben we ondertussen een modernere en juister beeld.

TRAITÉ ÉLÉMENTAIRE DE CHIMIE,

PRÉSENTÉ DANS UN ORDRE NOUVEAU

ET D'APRÈS LES DÉCOUVERTES MODERNES;

Avec Figures:

Par M. LAVOISIER, *de l'Académie des Sciences, de la Société Royale de Médecine, des Sociétés d'Agriculture de Paris & d'Orléans, de la Société Royale de Londres, de l'Inſtitut de Bologne, de la Société Helvétique de Baſle, de celles de Philadelphie, Harlem, Mancheſter, Padoue, &c.*

TOME PREMIER.

A PARIS,

Chez CUCHET, Libraire, rue & hôtel Serpente.

M. DCC LXXXIX.

Sous le Privilège de l'Académie des Sciences & de la Société Royale de Médecine.

Figuur 7. Voorpagina van het boek Traité Élémentaire de Chimie.

Voorpagina van Lavoisiers Traité Élémentaire de Chimie uit 1789 wordt gezien als de eerste handleiding tot de moderne scheikunde.

	Noms nouveaux.	Noms anciens correspondans.
Substances simples qui appartiennent aux trois règnes & qu'on peut regarder comme les élémens des corps.	Lumière............	Lumière.
	Calorique..........	Chaleur. Principe de la chaleur. Fluide igné. Feu. Matière du feu & de la chaleur.
	Oxygène...........	Air déphlogistiqué. Air empiréal. Air vital. Base de l'air vital.
	Azote..............	Gaz phlogistiqué. Mofete. Base de la mofete.
	Hydrogène.........	Gaz inflammable. Base du gaz inflammable.
Substances simples non métalliques oxidables & acidifiables.	Soufre.............	Soufre.
	Phosphore.........	Phosphore.
	Carbone...........	Charbon pur.
	Radical muriatique.	Inconnu.
	Radical fluorique..	Inconnu.
	Radical boracique.	Inconnu.
Substances simples métalliques oxidables & acidifiables.	Antimoine.........	Antimoine.
	Argent.............	Argent.
	Arsenic............	Arsenic.
	Bismuth...........	Bismuth.
	Cobolt.............	Cobolt.
	Cuivre.............	Cuivre.
	Etain..............	Etain.
	Fer................	Fer.
	Manganèse........	Manganèse.
	Mercure...........	Mercure.
	Molybdène........	Molybdène.
	Nickel.............	Nickel.
	Or................	Or.
	Platine............	Platine.
	Plomb.............	Plomb.
	Tungstène.........	Tungstène.
	Zinc...............	Zinc.
Substances simples salifiables terreuses.	Chaux.............	Terre calcaire, chaux.
	Magnésie..........	Magnésie, base du sel d'Epsom.
	Baryte.............	Barote, terre pesante.
	Alumine...........	Argile, terre de l'alun, base de l'alun.
	Silice..............	Terre siliceuse, terre vitrifiable.

Figuur 8. Indeling van de elementen volgens Lavoisier.

Figuur 9. Portret van Lavoisier en zijn echtgenote, scheikundige Marie-Anne Pierrette Paulze.

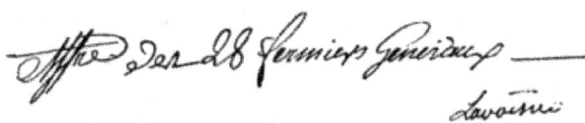

Figuur 10. Doodvonnis van Lavoisier.

Lavoisier vulde zijn dagen niet enkel met scheikunde, maar ook met het innen van de belastingen voor de Franse koning, en dat was uiteindelijk zijn ondergang. Als een van de 28 vooraanstaande belastinginners van het Ancien Régime werd Lavoisier gezien als een vijand van de Franse revolutie. De vijandige sfeer tegen hem werd nog verder opgestookt door beschuldigingen van Jean-Paul Marat. In 1794 werd hij op 50-jarige leeftijd onder de guillotine ter dood gebracht.

De tweede wet die leidde tot de moderne atoomtheorie, is **de wet van constante samenstelling**, van de hand van een andere Franse scheikundige, Louis Joseph Proust (1754-1826). Deze wet stelt dat wanneer een verbinding is opgesplitst in zijn samenstellende elementen, de bestanddelen altijd in dezelfde (massa)verhoudingen voorkomen, ongeacht de hoeveelheid of de bron van de oorspronkelijke stof. Reagentia moeten met andere woorden steeds in dezelfde verhouding gemengd worden om hetzelfde product op te leveren. Zo zullen ijzer en zwavel steeds in de massaverhouding 7:4 reageren tot ijzer(II)sulfide (FeS).

Joseph Proust onderzocht deze wetmatigheid in een reeks experimenten met (onder andere) kopercarbonaat. Hiervoor maakte hij in zijn laboratorium zelf verschillende hoeveelheden basisch kopercarbonaat en vergeleek de samenstelling hiervan met die van de mineralen malachiet of azuriet. Ze bleken exact hetzelfde.

Figuur 11. Joseph Proust

Proust kwam niet alleen met zijn wet voor de dag, maar hij was ook in staat om te bewijzen dat de suiker in druiven dezelfde is als de suiker in honing (in beide gevallen gaat het over glucose en niet over sucrose).

Figuur 12. Rozetten van diepblauw azuriet op een bed van malachiet, uit China.

Basisch kopercarbonaat is een koper(II) carbonaat hydroxide. Het is een ionische verbinding (een zout), bestaande uit de ionen koper(II) (Cu^{2+}), carbonaat (CO_3^{2-}) en hydroxide (OH^-).

Van deze verbinding bestaan twee varianten. De eerste heeft als brutoformule $Cu_2CO_3(OH)_2$. Het is een groene kristallijne vaste stof die in de natuur voorkomt als het mineraal malachiet. De tweede heeft als brutoformule $Cu_3(CO_3)_2(OH)_2$, een blauwe kristallijne vaste stof, bekend als het mineraal azuriet. Beide varianten komen ook voor in de koperoxidelagen op verweerde messing, brons en koper. Azuriet en malachiet waren twee van de zeven mineralen die ten tijde van de Egyptenaren in verfmengsels werden gebruikt, respectievelijk als blauw en groen pigment.

Basisch koper(II)carbonaat wordt door verdund zoutzuur ontleed in het zout koper(II)chloride ($CuCl_2$) en koolstofdioxide (CO_2). Bij verhitting valt het uiteen tot CO_2 en CuO, koper(II)oxide. Het is deze laatste reactie die Proust gebruikte om aan te tonen dat koper(II)carbonaat steeds uit dezelfde hoeveelheden aan samenstellende stoffen bestaat. Ook de minerale varianten malachiet en azuriet vormen bij decompositie CO_2 en CuO.

De Engelsman John Dalton (1766-1844) voegt daar nog de **wet van de multiple proporties** aan toe: indien atomen die behoren tot twee verschillende elementen samen meer dan één verbinding kunnen vormen, en blijft daarbij de massa van één van beide atomen constant, dan zijn de massa's van het tweede atoom dat we nodig hebben om die verschillende verbindingen te maken, verhoudingen van kleine gehele getallen. Dat klinkt abstract, maar een paar voorbeelden maken veel duidelijk. Dalton kwam deze wetmatigheid op het spoor toen hij de samenstelling van methaan (CH_4) vergeleek met die van etheen (C_2H_4, ethyleen), en daarbij vaststelde dat ethyleen dubbel zoveel koolstof bevatte als methaan, per hoeveelheid waterstof.

Ook de oxiden van koolstof dienen goed als voorbeeld. Koolstof kan namelijk op twee manieren een verbinding vormen met zuurstof. 100 g koolstof kan reageren met 133 g zuurstof en dat levert 233 g koolstofmonoxide op (CO), maar ook met 266 g zuurstof tot 366 g koolstofdioxide (CO_2). De massa's zuurstof die we nodig hebben, verhouden zich nu als 266 op 133 oftewel 2 op 1.

Nog een voorbeeld? Proeven van Proust op tinoxides toonden aan dat deze verbindingen ofwel 88.1% tin en 11.9% zuurstof bevatten, ofwel 78.7% tin en 21.3% zuurstof. Het gaat hierbij respectievelijk om SnO (tin(II)oxide) en SnO_2 (tin(IV)oxide). Dalton rekent deze gegevens om, en vindt dat 100 g tin ofwel met 13,5 g zuurstof reageert, ofwel met 27 g zuurstof. 13,5 verhoudt zich tot 27 zoals 1 tot 2. Zoals de opgegeven formules al aangeven, reageert één atoom tin inderdaad met één, of met twee atomen zuurstof.

Dalton ging echter nog een hele stap verder, en blies de atoomtheorie van Democritus nieuw leven in. Niet dat er in tussentijd niemand over atomen gesproken had: Boyle had het beeld van atomen opgeroepen in zijn stellingen, en ook de grote Isaac Newton had gespeeld met het concept "atoom" om bepaalde eigenschappen van gassen te verklaren. Dalton wist dat overigens: in zijn notities maakt hij gewag van wat Newton in zijn *Principia* over atomen had geschreven. Het was echter het genie van Dalton zelf dat de atomen op het voorplan schoof met een eigen theorie (gepubliceerd in *A New System of Chemical Philosophy*, uit 1808).

Figuur 13. John Dalton.

John Dalton werd geboren in 1766 in Eaglesfield, een klein dorpje in het noorden van Engeland. Net als Priestley en Faraday behoorde hij tot de geloofsgemeenschap van de Quakers. Hij leerde op eigen houtje wat hij kon vinden over wetenschappen en wiskunde en begon al op jonge leeftijd anderen te onderwijzen met de opgedane kennis. Heel zijn leven lang bleef Dalton leren en studeren. Vanaf 24 maart 1787 hield hij bijvoorbeeld een weerkundig dagboek bij, dat hij tot op zijn sterfbed bleef aanvullen. Die dagelijkse observaties waren meteen de basis voor zijn eerste boek, Meteorological Observations and Essays (1793). Zijn eerste echte wetenschappelijke paper beschreef overigens een aandoening waar hij zelf aan leed: rood-groenkleurenblindheid, naar hem daltonisme genoemd.

Hierbij maakte hij de volgende veronderstellingen:

Ten eerste - alle materie bestaat uit kleine deeltjes, die we atomen noemen.

Ten tweede zijn die atomen onverwoestbaar en onveranderlijk. Atomen van een element kunnen niet worden gemaakt, vernietigd, opgesplitst in kleinere delen of omgezet in atomen van een ander element. Hiervoor haalde Dalton de mosterd bij Lavoisier. Echter, zoals uit het vervolg van het verhaal zal blijken, is dit een veel te eenvoudige voorstelling van atomen. De ontdekking van de subatomaire deeltjes zoals het proton en het neutron zorgt ervoor dat we moesten afstappen van de ondeelbaarheid van atomen, en onze kennis over het verval van radioactieve atoomkernen leert ons dat atomen wel degelijk kunnen transmuteren (veranderen in atomen van andere elementen). Zolang we spreken over chemische reacties en transformaties blijft de onveranderlijkheid van atomen echter wel gelden.

Ten derde hebben volgens Dalton alle atomen van dezelfde soort identieke massa's. Ook dit idee hebben we moeten bijstellen: we weten ondertussen dat niet de massa van het atoom, maar wel de lading van de kern (het aantal protonen in die kern) bepaalt wat de eigenschappen van dat atoom zijn. Meer nog - we kennen nu het bestaan van isotopen: gelijksoortige atomen, met dezelfde chemische eigenschappen en nog steeds dezelfde kernlading, maar met licht verschillende massa's. In een volgende episode gaan we daar trouwens dieper op in. In de moderne atoomtheorie, is deze eigenschap dan ook gewijzigd als volgt: "De atoomsoorten worden gekenmerkt door de nucleaire lading van hun atomen".

Nu, wanneer stoffen reageren, vormen er zich nieuwe combinaties van hun atomen in eenvoudige verhoudingen. Hiermee verklaarde Dalton de wet van Proust. Dit hoeven niet altijd dezelfde verhoudingen te zijn: stoffen kunnen combinaties vormen in verschillende verhoudingen, maar dat leidt dan tot andere producten.

Een goed voorbeeld vormen de verschillende verbindingen tussen stikstof en zuurstof: stikstofmonoxide (NO), stikstofdioxide (NO_2), stikstofmonoxide (N_2O), distikstoftrioxide (N_2O_3), ... Door dit deeltje van zijn theorie kan

Dalton uitleggen waarom de gewichtsverhoudingen van stikstof en zuurstof in verschillende stikstofoxiden veelvouden van elkaar zijn.

Naam	Formule	Beschrijving
stikstofmonoxide	NO	Kleurloos gas
stikstofdioxide	NO_2	Bruin gas, belangrijke luchtpolluent
distikstofmonoxide	N_2O	Kleurloos gas. Gebruikt als verdovend middel tijdens operaties en tandverzorging. Ook wel lachgas genoemd.
distikstoftrioxide	N_2O_3	Blauwe vaste stof (onder de -21°C)
distikstoftetroxide	N_2O_4	Kleurloze vloeistof - kleurloos gas. Wordt gebruikt in sommige vormen van raketbrandstof.

Dalton had met zijn atoomtheorie meteen ook een praktische manier gevonden om atomen te wegen en maakte zo van de scheikunde een echte kwantitatieve wetenschap. Hij bepaalde zelf ook van heel wat atomen de massa en gebruikte hiervoor de massa van het waterstofatoom als uitgangsbasis (hij gaf die de relatieve waarde van één).

Jammer genoeg ging hij hierbij uit van een belangrijke – maar verkeerde – veronderstelling, namelijk dat verbindingen in hoofdzaak binair moesten zijn (dat wil zeggen, dat ze moesten bestaan uit twee atomen). Water is voor John Dalton niet H_2O, maar HO; ammoniak is niet NH_3 maar NH. Zo slopen er fouten in zijn tabellen: stikstof werd 5, zuurstof kreeg een massa van 7. De moderne waarden zijn 14, respectievelijk 16. Hun opvolgers maakten daar werk van (met onder andere van de Fransman Gay-Lussac en de Italiaan Avogadro).

De atoomtheorie wordt vervolgens even centraal voor de scheikunde als de evolutietheorie van Darwin dat wordt voor de biologie, of de wetten van Newton voor de klassieke mechanica. Tegenwoordig zijn we zelfs in staat om het bestaan van atomen direct aan te tonen en kunnen we ze rechtstreeks visualiseren met behulp van moderne vormen van microscopie.

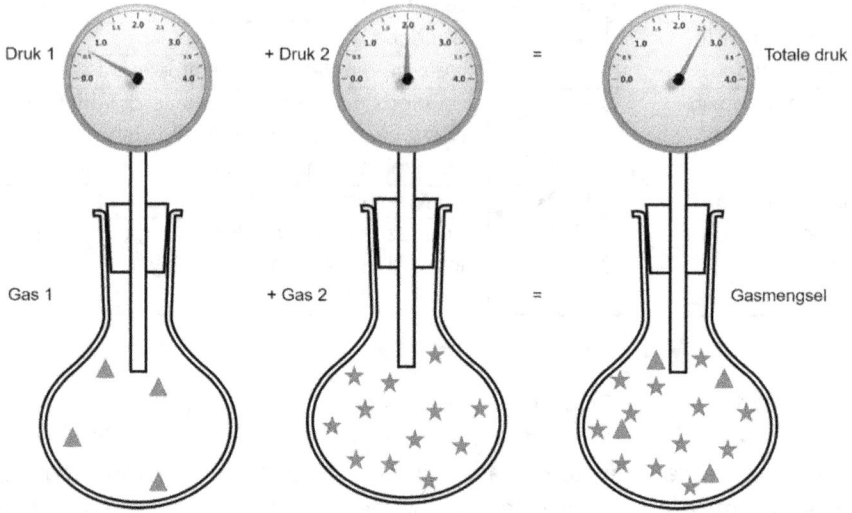

Figuur 14. De gaswet van Dalton.

Tussen 1795 en 1805 werkte hij aan zijn belangrijkste verwezenlijkingen: de atoomtheorie en zijn gaswet (de wet van de partieeldrukken, oftewel "de totale druk van een mengsel van gassen is gelijk aan de som van de drukken die de gassen zouden uitoefenen als ze alleen zouden voorkomen").

Erkenning voor zijn werk kreeg Dalton pas op latere leeftijd. In 1822 werd hij lid van de Royal Society, in 1826 kreeg hij zijn eerste Royal Medal, en in 1833 kende Groot-Brittannië hem een staatspensioen toe. Hij stierf op 27 juli 1844. 40 000 mensen woonden zijn begrafenis bij.

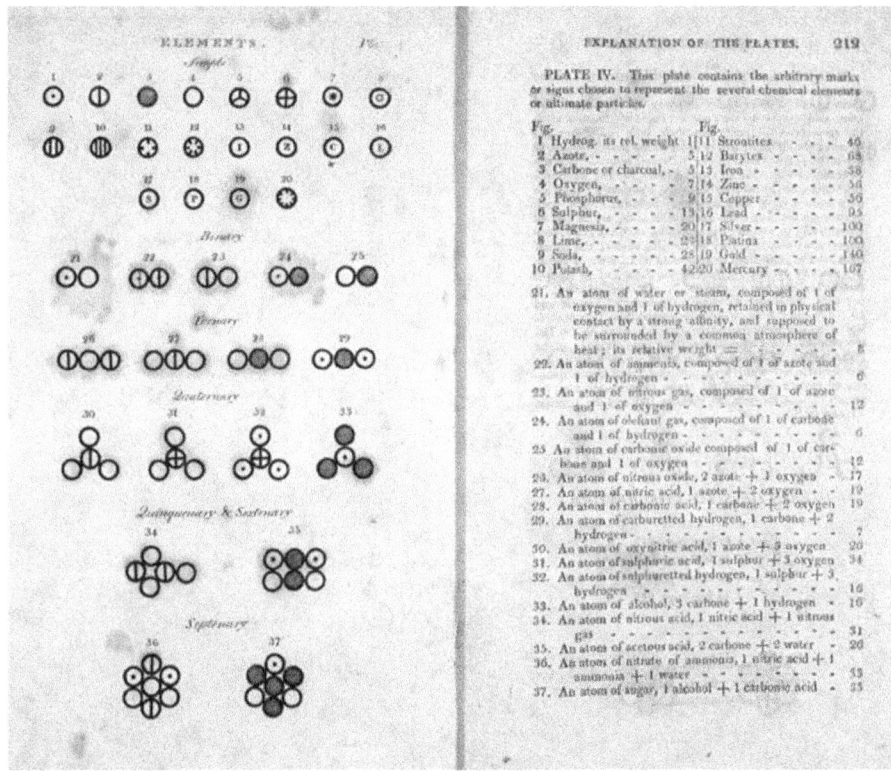

Figuur 15. De atoomsymbolen van Dalton.

John Dalton ontwikkelde ook een eigen systeem om de elementen en de atomen in verbindingen symbolisch voor te stellen. Enkele jaren later zou Berzelius voor de dag komen met het systeem dat we vandaag nog steeds hanteren.

Episode 3: Atomen in proporties

Door het monnikenwerk van Dalton kreeg de atoomtheorie vorm in het begin van de negentiende eeuw. De fout waarvan sprake in het vorige deel moest echter eerst worden rechtgezet, voor de scheikunde ook kon beginnen rekenen met de juiste massa's. Dit was een uitdaging waar de Fransman Joseph Louis Gay-Lussac en de Italiaan Amedeo Avogadro voor tekenden.

Gay-Lussac is vooral bekend van zijn werk rond de fysica van gassen. Zo ontdekte hij dat het volume van een gas recht evenredig toeneemt met de temperatuur van dat gas. Deze wet heet ook wel de wet van Charles, naar Jacques Charles die dit verband vijftien jaar tevoren al gevonden had (maar verzuimd had dit te publiceren).

In 1808 kwam Gay-Lussac echter met zijn grootste ontdekking voor de dag: de **wet van de gecombineerde volumes**. Uit eigen metingen en uit die van anderen had hij afgeleid dat gassen bij constante druk en temperatuur reageren in eenvoudige verhoudingen van gehele getallen. Bovendien geldt dit ook voor de verhouding tussen de producten en de reagentia in een dergelijke reactie.

Een voorbeeld maakt dit duidelijker: om water te maken, reageren twee delen waterstofgas met een deel zuurstofgas. Doen we dat bij een temperatuur boven de 100°C (zodat ook het water in zijn gasvormige toestand verkeert), dan produceert deze reactie twee delen waterdamp.

Een deel stikstofgas en drie delen waterstofgas leveren ons twee delen ammoniakgas op.

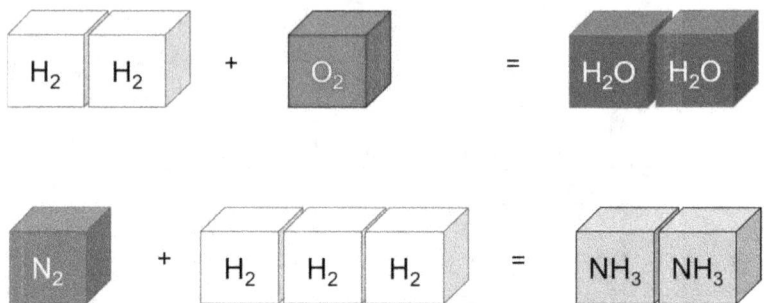

Figuur 16. Voorbeelden van de wet van gecombineerde volumes

Ironisch genoeg was het net John Dalton die geen geloof hechtte aan deze wet, hoewel die zijn eigen theorie net ondersteunde. In Daltons visie was het ongeloofwaardig is dat verschillende gassen telkens evenveel deeltjes in eenzelfde volume vasthouden, omdat de atomen van die gassen zelf van grootte verschillen en daarom, nog steeds volgens Dalton, verder van mekaar zouden zitten. Ondertussen weten we dat het effect van de grootte van de atomen zelf minder belangrijk is dan Dalton dacht – toch zeker wanneer het gaat over de kleine atomen waarmee toen gewerkt werd.

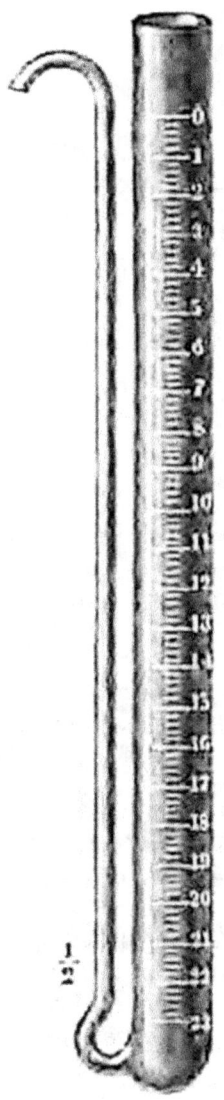

Figuur 17. Buret, ontwikkeld door Louis Gay-Lussac.

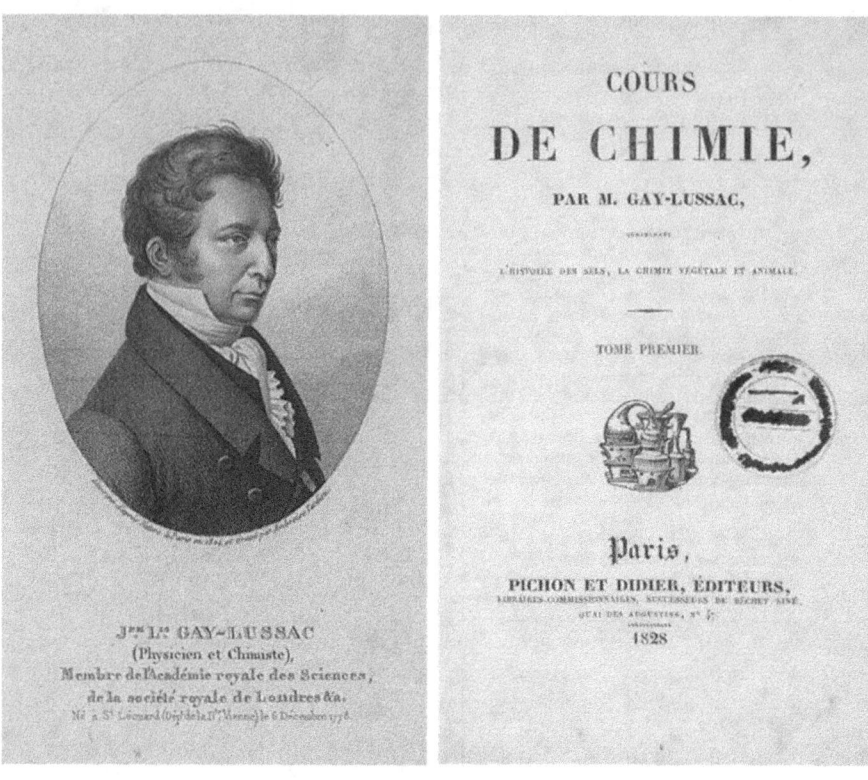

Figuur 18. Gay-Lussac en zijn handboek Chemie

Louis Joseph Gay-Lussac (Saint-Léonard-de-Noblat, 6 december 1778 – Parijs, 9 mei 1850) was een Frans scheikundige en natuurkundige. Hij werd in 1808 hoogleraar in de natuurkunde aan de Sorbonne, in 1809 hoogleraar scheikunde aan de École Polytechnique te Parijs en in 1832 werd hij hoogleraar in de scheikunde aan de Jardin des Plantes.

Samen met Louis-Jacques Thénard (1777-1857), zijn collega aan de École Polytechnique, onderzocht Gay-Lussac elektrochemische methoden om de zeer reactieve metalen natrium en kalium te isoleren in hun metallische vorm. Hij ontdekte het element boor, en deed onderzoek naar de scheikundige opbouw van binaire zuren (zuren die zoals zoutzuur bestaan uit twee elementen). Hij onderzocht de eigenschappen van een nieuwe stof, ontdekt door Bernard Courtois, en bevestigde daarbij dat het over een nieuw element ging, nl. jodium.

Figuur 19. Gay-Lussac en Biot analyseren de atmosfeer

In 1804 steeg Gay-Lussac meerdere keren in met waterstof gevulde ballonnen tot een hoogte van meer dan 7.000 meter boven de zeespiegel om andere aspecten van gassen te onderzoeken. Hij deed metingen van magnetische velden, druk, temperatuur en vochtigheid op verschillende hoogten, en nam verschillende luchtmonsters die hij in het laboratorium verder analyseerde.

Ook later in zijn leven bleef Gay-Lussac zeer actief. Hij ontwikkelde een nauwkeurige methode voor het analyseren van het alcoholgehalte van sterke dranken en verwierf een patent voor een nieuwe methode voor het produceren van zwavelzuur.

De tweede wetenschapper die ons op het juiste spoor zette om de juiste atoommassa's te vinden, was Amedeo Avogadro. Hij schoof de hypothese naar voren dat gelijke volumes gassen, met dezelfde temperatuur en onder dezelfde druk, wel degelijk evenveel moleculen bevatten (en dat de massa of de grootte van die moleculen daar dus niets mee te maken had). Dit bleek een belangrijke doorbraak: hieruit volgde immers, dat de verhouding tussen de molaire massa's van twee gassen dezelfde is als de verhouding van de dichtheden van de twee gassen onder dezelfde omstandigheden van temperatuur en druk.

Avogadro redeneerde verder dat eenvoudige gassen niet bestaan uit afzonderlijke atomen, maar integendeel verbindingen zijn, moleculen van twee (of meer) atomen. Dit legde meteen de metingen van Dalton en de wet van Gay-Lussac op een heel aanschouwelijke manier uit: waterstofgas (H_2) en zuurstofgas (O_2) moeten tijdens het reageren in twee splitsen (zie ook de figuur hiervoor). En omdat er tweemaal zoveel waterstof nodig was dan zuurstof, moest de finale molecule water wel bestaan uit twee waterstofatomen en één zuurstofatoom. Met dit inzicht konden de negentiende-eeuwse scheikundigen eindelijk atoommassa's beginnen bepalen.

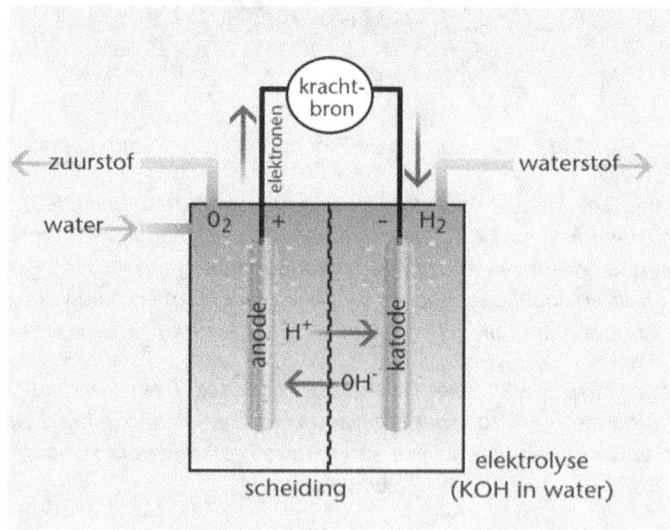

Figuur 20. Elektrolyse van water

De proef is u wellicht bekend: we leggen een gelijkstroom aan in een vat water waaraan een elektrolyt is toegevoegd (zoals KOH, om de geleiding van de stroom optimaal te laten verlopen), en we zorgen ervoor dat elke elektrode in een apart (maar wel onderling verbonden) compartiment ondergedompeld wordt. Vrij snel zie je bubbels opkomen, aan elk van beide elektroden. Als je het ene gas opvangt in een proefbuisje en er een brandende lucifer bijhoudt, ontploft het (dat wijst op de aanwezigheid van waterstofgas); het andere gas doet een gloeiende houtspaander feller opgloeien (en dat is dan zuurstof).

Het toestel (het Hofmanntoestel) dat daarvoor vaak gebruikt wordt, staat links in de figuur. De reactie staat rechts op het schema.

Het verloop van de elektrolyse kunnen we als volgt verklaren. In de oplossing zijn vooral watermoleculen, kaliumkationen (K^+) en hydroxide-anionen (OH^-) aanwezig. De K^+-ionen blijven ongewijzigd, maar aan de anode worden hydroxide-ionen geoxideerd:

$$2\ OH^- \rightarrow H_2O + 1/2\ O_2 + 2\ e^-$$

Aan de kathode worden watermoleculen gereduceerd:

$$H_2O + e^- \rightarrow OH^- + 1/2\ H_2 + OH^-$$

De som van beide reacties is de elektrolytische splitsing van water:

$$2\ H_2O \rightarrow O_2 + 2\ H_2$$

Meer weten over de gassen die samen reageren tot water? In onderstaande video wordt elektrolyse van water getoond (het splitsen van water in waterstofgas en zuurstofgas met behulp van elektrische stroom). Dit klassieke experiment toont dat water kan gesplitst worden in een volume zuurstofgas en twee maal datzelfde volume waterstofgas.

https://www.youtube.com/watch?v=0X604USY6hs

Figuur 21. Avogadro

Lorenzo Romano Amedeo Carlo Avogadro di Quaregna e Cerreto werd geboren te Turijn op 9 augustus 1776 en overleed er bijna tachtig jaar later, op 9 juli 1856.

Figuur 22. Gaylussacia baccata

Bij wijze van uitsmijter: ter ere van Gay-Lussac werd een genus van de heidefamilie (Ericaceae) naar hem genoemd: Gaylussacia, een endemische groep uit Noord- en Zuid-Amerika. In het Engels heten deze planten huckleberry of dangleberry.

Episode 4: Hoe drukken we een massa van een atoom uit?

Als we de massa van een atoom willen uitdrukken in de internationaal aanvaarde (SI)- eenheid, de gram of de kilogram, dan verkrijgen we extreem kleine waarden. Eén zwavelatoom weegt bijvoorbeeld $5,3 \times 10^{-26}$ kg – een hoeveelheid die we ons onmogelijk kunnen voorstellen; daarenboven bevat zelfs het kleinste staal waar we mee zouden willen werken al triljoenen atomen. Om vervelende berekeningen die gemakkelijk leiden tot fouten te vermijden, hebben we andere eenheden nodig. We zetten de drie gangbare mogelijkheden even op een rijtje.

De relatieve atoommassa

Toen John Dalton probeerde om atoommassa's te bepalen, deed hij dat door de massa's van alle atomen in te schatten in verhouding met die van het waterstofatoom. Ook de Engelse onderzoeker William Prout stond achter dit idee. Hij had correct begrepen dat waterstof het lichtste van alle atomen is, en dus een goede basis om alle andere massa's mee in te schatten. Een dergelijke standaardeenheid om massa's van atomen en moleculen uit te drukken noemen we de atomaire massa-eenheid (u of a.m.e.). Die massa's werden in die tijd dan relatief ten opzichte van de massa van het waterstofatoom uitgedrukt. Een op deze manier uitgedrukte massa noemde men de relatieve atoommassa (A_r). Her en der (en dan vooral in de biochemie, wanneer men de massa van een eiwit wil aanduiden) gebruikt men ook nog wel de Dalton (Da, waarbij 1 Da = 1 u), ter ere van het werk van John Dalton rond de atoomtheorie.

Niet dat er geen aardig rondje over gebakkeleid is – zoals dat past binnen de wetenschappen, op een waardige en academische manier. De Zweed Jacob Berzelius verdedigde, op basis van zijn eigen meetresultaten, dat zuurstof een betere basis was voor een relatieve schaal met atoommassa's en gaf de massa van het zuurstofatoom de waarde 100 mee. Hij vond zuurstof vooral een goede referentie omdat het reageert met de meeste andere elementen, zodat vele atoommassa's direct zouden kunnen worden berekend. Het nadeel van waterstof als referentie was immers juist dat dit element slechts met een beperkte groep elementen reageert. Bovendien kon de verhouding tussen zuurstof en waterstof nooit met absolute nauwkeurigheid worden bepaald, zodat eventuele fouten in deze verhouding een effect zouden hebben op alle andere waarden voor atoommassa's. De resultaten van Berzelius' metingen weerlegden overigens Prouts hypothese dat de onderlinge verhoudingen tussen de massa's van verschillende atomen steeds gehele getallen moeten opleveren. Volgen we de schaal van Berzelius, dan is de verhouding tussen de massa's van koolstof en waterstof gelijk aan 76,438 / 6,25 = 12,23, en dat is geen geheel getal.

De Leuvense chemicus Jean Servais Stas, bracht in een reeks experimenten samen met zijn promotor Jean Dumas in Parijs finaal klaarheid in de zaak. Dumas en Stas kwamen uit op een waarde van 75,02 voor de relatieve atoommassa van koolstof (volgens het systeem van Berzelius). En inderdaad, deze waarde past veel beter in de theorie van Prout: als waterstof een relatieve massa van 1 heeft en zuurstof 16, dan is die van koolstof 75 100sten van die van zuurstof, oftewel 12. En dat is net wat we vandaag de dag als massa hanteren. Latere metingen, van de massa's van stikstof, chloor, zwavel, natrium, kalium, zilver en lood, lieten echter een ander beeld zien. De relatieve atoommassa van chloor bleek bv. uit te komen op een waarde van 35,5! En ook die waarde gebruiken we vandaag nog steeds. Niet alle atoommassa's verhouden zich dus noodzakelijkerwijs als gehele getallen. De discussies werden overigens pas echt beslecht op het Karlsruhe-congres van 1865 door de bijdrage van de Italiaan Stanislao Cannizarro.

Wilhelm Ostwald probeerde in 1912 het systeem een andere basis te geven en koos nog voor 1/16de van de massa van een zuurstofatoom. Echter, na de ontdekking dat er meerdere isotopen van zuurstof bestaan, werd ook die referentiewaarde losgelaten. De definitie die vandaag in zwang is (sinds 1961), gebruikt 1/12de van de massa van een ^{12}C-isotoop als fundament om atoommassa's met elkaar te vergelijken. Anders gezegd, sindsdien heeft een atoom ^{12}C heeft een massa van 12 atomaire massa-eenheden (a.m.e) en komt 1 a.m.e overeen met een massa van $1,6605402 \times 10^{-24}$ g.

Het concept mol

Met de tweede manier om macroscopische massa's en aantallen deeltjes te koppelen, verbinden we meteen het atomaire niveau aan het macroscopische niveau (en dat is het geniale van het hele concept). Om te kunnen spreken over een hoeveelheid deeltjes (atomen, moleculen, ...) die we ons op macroscopische schaal kunnen voorstellen, voeren we een eenheid van stofhoeveelheid in, een eenheid die een aantal atomen, moleculen, ionen, elektronen, ... weergeeft. We noemen deze de **mol**. Maar hoeveel atomen, moleculen, ... zijn dat dan?

Oudere werken spreken ook wel over de grammolecule van een stof. Die was gedefinieerd (onder andere door August Horstmann) als de massa van een hoeveelheid stof die in gasvormige toestand hetzelfde volume inneemt als 2 g waterstofgas (H_2).

Om tot dit begrip te komen, moesten ook hier enkele wetenschappelijke horden genomen worden. Het nemen van de eerste hebben we te danken aan het werk van Johann Joseph Loschmidt (1821-1995). Hij gebruikte de kinetische gastheorie en haalde hieruit de gemiddelde afstand tussen twee gasmoleculen. Zo kwam hij tot twee belangrijke waarden. Ten eerste was er de grootte van een gasmolecule. Loschmidt rekende uit dat die gemiddeld genomen een diameter hebben van 10^{-7} cm (nog anders gezegd, een miljoenste van een millimeter). Bovendien bouwde hij verder op het werk van Avogadro en berekende hij hoeveel gasdeeltjes er voorkomen in een kubieke meter: $1,83 \times 10^{18}$ deeltjes per kubieke centimeter. Dit getal staat bekend als de constante van Loschmidt. Ondertussen is de waarde van deze constante bijgesteld en bedraagt ze nu $2{,}6867773 \times 10^{25}$ per m³. De Hongaar Kàroly Than slaagde er ten slotte in 1889 in om het volume van een grammolecule van een gas te berekenen: 22,330 liter volgens hem (en 22,4 liter per mol volgens de meest recente berekeningen)

De term "mol" kwam pas in zwang rond 1900 door toedoen van Wilhelm Ostwald (1853-1932) die deze definieerde als de moleculaire massa, uitgedrukt in gram. Enkele jaren later maakte hij de connectie met het specifiek volume van een ideaal gas, namelijk 22,414 liter: "eine solche Menge irgendeines Gases, welche das Volum von 22412 ccm im Normalzustand einnimmt nennt man ein Mol."

Figuur 23. Johan Joseph Loschmidt (links) en Karoly Than (rechts)

En het beroemde getal van Avogadro dan? Dàt dook pas op in 1909, in een publicatie van de Franse fysicus Jean Baptiste Perrin (1870-1942). Hij stelde dat er een natuurconstante N moet bestaan, die de verbinding kon maken tussen de massa van een individueel atoom en de massa van een grammolecule van dat atoom. "Als we die constante kennen," zei Perrin, "dan is de massa van elke molecule gekend; zelfs de massa van elk individueel atoom zal bekend zijn [...] De massa van een molecule water, is 18/N; die van een molecule zuurstof 32/N en zo verder voor elke molecule. Op dezelfde manier is de massa van een zuurstofatoom, verkregen door de massa van een gramatoom te delen, gelijk aan 16/N; die van een waterstofatoom is dan 1,008/N en zo verder voor elk atoom."

Perrin droeg bovendien de naam van deze fundamentele waarde op aan Amedeo Avogadro – die het getal dus zelf nooit berekend heeft, maar die wel door zijn inzichten (en zijn gaswet) de peetvader van de moleculaire massa's was geworden.

Vermits we sinds 1961 $1/12^{de}$ van de massa van een ^{12}C-isotoop gebruiken als referentie-eenheid voor de relatieve atoommassa's en de definitie van een mol van een stof gelinkt is aan die van de relatieve atoommassa van die stof, hanteren we vandaag de dag deze definitie:

Eén mol komt overeen met het aantal atomen in 12 g ^{12}C. Het aantal deeltjes in een mol komt overeen met het getal van Avogadro (N_A). Vermits de exacte massa van een atoom ^{12}C $19,92648 \times 10^{-24}$g is, komt het aantal atomen in 12 g ^{12}C overeen met

$$\frac{12 \text{ g}}{19,92648 \times 10^{-24} \text{ g}} = 6,022 \times 10^{23} = N_A$$

Om te begrijpen hoe fenomenaal groot dit getal is, bedenk gewoon dat N_A cm overeenkomt met 40 miljard maal de afstand tussen aarde en zon!

Een eerste poging om de juiste waarde van het getal van Avogadro te berekenen maakte gebruik van het getal van Loschmidt. Met de oorspronkelijke waarde van dit getal en de waarde van Kàroly Than voor het volume van een mol aan gas wordt dit $1,83 \times 10^{18}$ moleculen/cm^3 x 22,330 cm^3/mol = $4,09 \times 10^{22}$ moleculen per mol. Over de jaren heen is de waarde van het getal van Avogadro steeds nauwkeuriger bepaald, Perrin berekende het getal van Avogadro op basis van een studie van Brownse beweging (het feit dat microscopisch kleine deeltjes in een suspensie at random blijven bewegen). Sindsdien zijn er nog verschillende manieren uitgetest om het getal van Avogadro zo nauwkeurig mogelijk te bepalen.

Moderne methoden maken gebruik van X-straaldiffractiemethoden. Daarmee worden de onderlinge afstanden van atomen in een kristal bepaald. Kent men zo het aantal atomen per volume, en kent men (zeer nauwkeurig) de massadichtheid van het kristal, dan kan men daaruit het getal van Avogadro afleiden.

Figuur 24. Wilhem Ostwald (links) en Jean Perrin (rechts)

Bekijken we dat eens met een concreet voorbeeld. Het metaal goud heeft een dichtheid van 19,3 g/cm³ en een molaire massa van 197 g/mol. Microscopisch bestaat het uit een kristal waarin per kubus met een zijde van $4,08 \times 10^{-8}$ cm vier goudatomen te vinden zijn.

Dit volume van $[4,08 \times 10^{-8}$ cm$]^3$ oftewel $6,79 \times 10^{-23}$ cm³ weegt dan $131,047 \times 10^{-23}$ g. Eén enkel atoom weegt een vierde hiervan, zijnde $32,76 \times 10^{-23}$ g. 1 mol weegt 197 g, en dit getal gedeeld door de massa van één atoom moet dan het aantal atomen in 1 mol opleveren, zijnde $6,013 \times 10^{23}$ atomen/mol. Niet zo erg verschillend van het ideale antwoord, niet?

Jaar	Onderzoeker	Methode	Waarde ($\times 10^{23}$)
1865	Loschmidt	Gastheorie	72
1873	Van der Waals	Gastheorie	11
1890	Röntgen	Atomaire film op water	7
1890	Rayleigh	Atomaire film op water	6,08
1901	Planck	Theorie ($N_A = R/k_B$)	6,16
1903	Wilson	Oliedruppelmethode	9,3
1904	JJ Thomson	Oliedruppelmethode	8,7
1908	Einstein	Diffusietheorie	6
1908	Perrin	Brownse beweging	6,7
1909	Rutherford	Theorie alfadeeltjes	6,16
1914	Fletcher	Brownse beweging	6,0
1914	Nordlund	Diffusie in vloeistof	5,91
1915	Westgreen	Diffusie in vloeistof	6,06
1917	Millikan	Oliedruppelmethode	6,064
1923	Shaxby	Diffusie in vloeistof	5,9
1924	Du Nouy	Dunne films	6,004
1929	Birge	X-straaldiffractie	6,0644
1931	Bearden	X-straaldiffractie	6,019
1941	Birge	Calciet, NaCl, KCl	6,022 83
1945	Birge	Diamant, LiF	6,023 38
1949	Straumanis	Calcietkristallen	6,024 03
1965	Bearden	X-straal kristaldensiteit	6,022 088
1974	Deslattes	X-straal kristaldensiteit	6,022 094 3
1992	Seyfried	X-straal kristaldensiteit	6,022 136 3
1994	Basile	X-straal kristaldensiteit	6,022 137 9
1995	De Bièvre	X-straal kristaldensiteit	6,022 136 5
1999	Fuji	X-straal kristaldensiteit	6,022 155 0
2001	De Bièvre	X-straal kristaldensiteit	6,022 133 9

Figuur 25. Het getal van Avogadro

Hoe de waarde van het getal van Avogadro door de jaren heen steeds nauwkeuriger bepaald werd, en met steeds nieuwere methoden.

De elektronVolt (eV)

De relatie tussen massa en energie-inhoud van een stof wordt ten slotte gegeven door de beroemde formule van Albert Einstein

$$E = mc^2$$

Met andere woorden, massa en energie zijn te langen leste elkaars equivalent (en kunnen in elkaar worden omgezet, gegeven een constante factor van de lichtsnelheid in het kwadraat). En dat leidt tot een opmerkelijke eenheid, die vooral van belang is voor elementaire deeltjes: de elektronVolt (eV). 1 eV komt overeen met de hoeveelheid energie die er nodig is om een lading gelijk aan die van een elektron te verplaatsen over een potentiaalverschil van 1 volt en is bij benadering $1,6 \times 10^{-19}$ joule. Dit getal geeft meteen de energie-inhoud van het betrokken deeltje weer.

De a.m.u. van enkele bladzijden geleden wordt 1 u = $1,6605 \times 10^{-27}$ kg = $938,3 \times 10^6$ eV. De massa van een proton is dan 1,0073 u, gelijk aan een totale energie van $938,3 \times 10^6$ eV. Het neutron heeft een massa van 1,0087 u en een totale energie van $939,6 \times 10^6$ eV. Voor het zeer lichte elektron geldt dan een massa van $5,4859 \times 10^{-4}$ u of een energie van 511×10^3 eV.

Episode 5: Het elektron duikt op

Van elektriciteit tot elektron

Elektriciteit (en het verwante magnetisme) waren reeds langer bekend in de wetenschappen. Zelfs Thales van Milete had er zijn eigen theorieën over. Plinius de Oudere (23-79 n. Chr) en Scribonius (1-59 n. Chr.) schreven over de verdovende schokken van de siddermeerval in de Nijl.

*Figuur 26. William Gilbert (1544–1603, links),
Otto von Guericke (midden) en
Charles François de Cisternay du Fay (1698-1739, rechts)*

En toch was het wachten op de zeventiende-eeuwse wetenschap, met mensen als de Engelsman William Gilbert (die een studie maakt van zeilsteen, een ijzererts dat van nature reeds magnetisch is), Otto von Guerike (die in 1663 een machine ontwerpt om via wrijving elektrostatische ladingen op te wekken), Stephen Gray en Charles François Du Fay (die samen begrippen als geleiding en isolatie uitwerken). Het was ook Gilbert die het woord *electricus* bedacht, letterlijk "amberachtig", naar het Griekse elektron, amber. Hij deed dat na een studie van het gedrag van amber (barnsteen) dat werd opgewreven met een doek en zo statisch opgeladen werd.

In de achttiende eeuw zetten mensen als Benjamin Franklin, Luigi Galvani en Alessandro Volta het werk verder. De eerste toonde aan dat bliksem een elektrisch verschijnsel is (met een beroemd en niet geheel ongevaarlijk experiment waarbij hij een vlieger opliet in het midden van een onweer); Galvani ontdekte dat elektrische stroom een rol speelt in de manier waarop zenuwcellen spieren laten samentrekken. Volta maakte

Figuur 27. Benjamin Franklin

een eerste vorm van batterij (de "zuil van Volta") en zorgde zo voor een interessante en redelijk constante bron van spanning, wat verder experimenteel werk vergemakkelijkte. Volta maakte als eerste een energiecel, de naar hem genoemde voltaïsche cel: plaatjes koper werden, gescheiden door een schijfje karton, gedrenkt in een zoutoplossing. Daarop plaatste Volta een aantal van die energiecellen boven op elkaar, wat in het Italiaans 'una pila' (een stapel) genoemd werd. In het Frans werd dit 'une pile', wat dus steeds een aaneenschakeling van meerdere voltaïsche cellen is. In het Nederlands spreken we van een batterij cellen, kortweg batterij. De gekende 1,5 V-spanningsbron is dus strikt genomen geen batterij, maar een cel.

De kroon op het werk volgde in de negentiende eeuw, toen de wetenschap besefte dat elektriciteit en magnetisme twee keerzijden van dezelfde medaille zijn. Het basiswerk werd uitgevoerd door Hans Christian Ørsted en André-Marie Ampère in 1819-1820, maar het elektromagnetisme kreeg een stevige theoretische basis in het werk *On Physical Lines of Force* van James Clerk Maxwell (1861-1862). Hoe belangrijk dit werk wel was, mag blijken uit volgende commentaar van de Amerikaanse fysicus en Nobelprijswinnaar Richard Feynman:

> *"From a long view of the history of the world—seen from, say, ten thousand years from now—there can be little doubt that the most significant event of the 19th century will be judged as Maxwell's discovery of the laws of electromagnetism. The American Civil War will pale into provincial insignificance in comparison with this important scientific event of the same decade."*

De kathodestraalbuis, basisgereedschap voor atomisten

Wat nog ontbrak, was een sluitende theorie over wat er aan de grondslag lag van deze elektromagnetische verschijnselen. En die moest wachten tot helemaal aan het einde van de negentiende eeuw. Het toestel dat hierbij een cruciale rol gespeeld heeft, is de kathodestraalbuis (voorgesteld op Figuur 29). Dit toestel produceerde vreemde stralen, die konden worden opgevangen op een fosforescerende laag. De man die het raadsel van de kathodestraal opgelost kreeg, is Joseph John Thomson.

Thomson ontdekte dat de kathodestraal zowel door een elektrisch veld als door een magneetveld werd afgebogen (meer uitleg bij de figuur). Dit kon volgens hem enkel gebeuren indien deze straal bestond uit negatief geladen deeltjes met een zeer kleine massa. Hij sprak zelf van "corpusculen", maar al gauw noemde de wetenschappelijke wereld deze deeltjes elektronen (wellicht op voorspraak van G. J. Stoney in 1894).

Thomson deed echter meer. Hij mat de massa-ladingsverhouding (e/m) en ontdekte dat deze 1700 maal kleiner was dan die van een waterstofion (H⁺), het kleinste bekende ion. Ondertussen (talloze metingen later) hebben we dit als waarde voor de verhouding tussen lading en massa van het elektron:

$$\frac{e}{m} = -1{,}76 \times 10^8 \ coulomb/gram$$

en weten we dat een proton 1836 maal zwaarder is dan een elektron. Aan de hand van de gemeten elektrische lading en massa toonde Thomson ook aan dat zo'n elektron veel kleiner was dan een atoom Bovendien stelde hij vast dat hij de kathode en de anode in de kathodebuis uit verschillende metalen kon vervaardigen en dat die nieuwe deeltjes (de elektronen) dus in vele atoomsoorten, en wellicht in allemaal, zouden voorkomen. In een publicatie uit 1916 (*On the Number of Corpuscles in an Atom*) betoogde Thomson dat het aantal elektronen in dezelfde grootteorde moest liggen als de atoommassa (wel, het is gelijk aan het aantal protonen, en dat is min of meer evenredig met die atoommassa, weten we ondertussen). En dus beredeneerde hij dat elektronen weleens een standaardonderdeel zouden kunnen zijn van het atoom zelf.

Figuur 28. J.J. Thomson

Joseph John Thomson (Manchester, 18 december 1856 – Cambridge, 30 augustus 1940), de ontdekker van het elektron. Hij won de Nobelprijs voor Natuurkunde in 1906, "voor zijn theoretisch en experimenteel onderzoek naar de geleiding van elektriciteit door gassen".

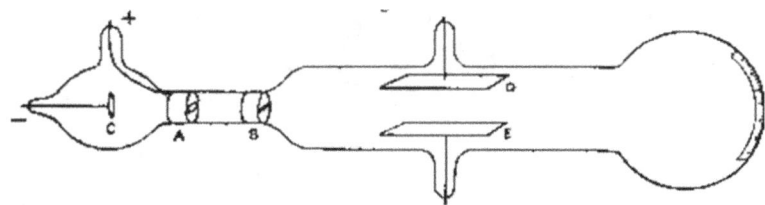

Figuur 29. De kathodestraalbuis waarmee Thomson zijn experimenten uitvoerde.

C is de kathode, A de anode (met een opening in het midden). Wanneer een (hoge) elektrische spanning wordt aangelegd tussen A en C, vormt er zich een straal die eerst doorheen de anode gaat, en dan doorheen een geaarde metalen *ring (B) passeert. Vervolgens gaat deze straal tussen twee platen uit aluminium (D en E). Daarna botst deze straal aan het rechteruiteinde op een oppervlak, bedekt met een fosforescerende substantie, zodat het duidelijk is waar de straal op het oppervlak botst.*

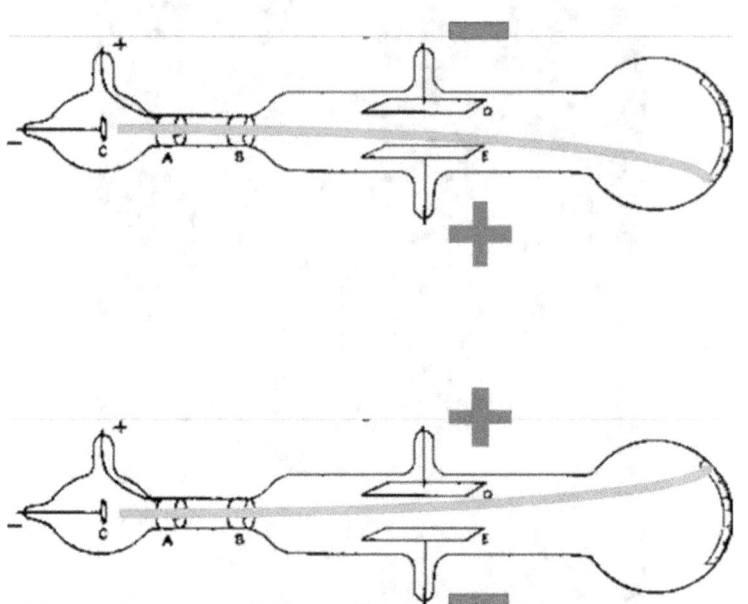

Normaal gesproken gaat de straal rechtdoor. Wanneer er echter een elektrisch veld wordt aangelegd tussen de platen D en E, zal dit veld de straal doen uitwijken, weg van de negatieve pool. De uitwijking zelf is evenredig met de sterkte van het elektrisch veld.

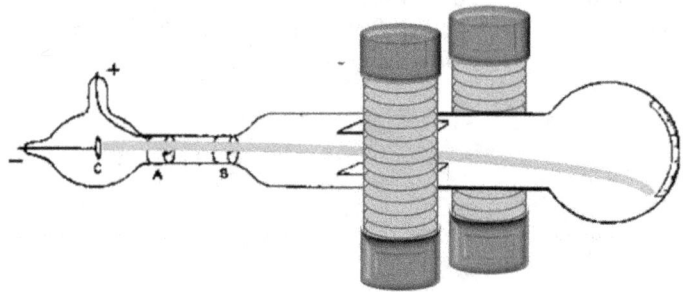

Hetzelfde gebeurt echter ook wanneer we de straal in een magnetisch veld plaatsen. De straal buigt af, loodrecht op de magnetische veldlijnen. Dit verschijnsel gebeurt onder invloed van een kracht, die we de lorentzkracht noemen.

Om de algemene neutrale lading van het atoom te verklaren, veronderstelde hij dat de elektronen verspreid over het atoom zelf voorkwamen, zoals de krenten en vruchten in een plumpudding (of voor de Vlaamse smaak, een rozijnenbrood). De negatieve ladingen zouden dan puntladingen zijn, verdeeld over een uniform positief geladen materie waar dan de rest van het atoom uit bestond. Hierbij geldt wel, dat Thomson ervan overtuigd was dat de elektronen doorheen die positieve massa konden bewegen (en de meeste rozijnen in een rozijnenbrood niet).

Figuur 30. Van plumpudding tot atoommodel.

Links, de traditionele Engelse plumpudding (een kerstdessert). Rechts, het atoommodel volgens Thomson, voorgesteld in 1900.

Thomson hoopte nog om met de mogelijke bewegingen van elektronen in hun positieve matrix een verklaring te bieden voor het bestaan van spectraallijnen. Dat is hem echter nooit gelukt. Een passende verklaring voor die lijnen kwam er pas nadat Rutherford en Bohr hun zeg gedaan hadden over de interne structuur van het atoom.

Niet alleen Thomson ontsluierde de geheimen van het elektron. Ook Robert Millikan heeft zijn bijdrage geleverd, door de lading van het elektron op te meten. Volgens zijn metingen bedraagt deze lading $1{,}592 \times 10^{-19}$ coulomb. Millikan gebruikte echter een foute waarde voor de viscositeit van lucht in zijn berekeningen. Volgens modernere metingen is de lading van een elektron eerder $1{,}602 \times 10^{-19}$ coulomb. Eens dat gebeurd was, was het niet moeilijk om uit de metingen van Thomson (lading per massa) en die van Millikan (de lading) nu ook de massa van dit nieuwe deeltje af te leiden. Bovendien zorgde deze waarde voor een van de meest nauwkeurige bepalingen van het getal van Avogadro tot dan toe.

En zo was bij het begin van de twintigste eeuw het "ondeelbare" atoom… weer klaar om in kleinere deeltjes te worden opgesplitst.

 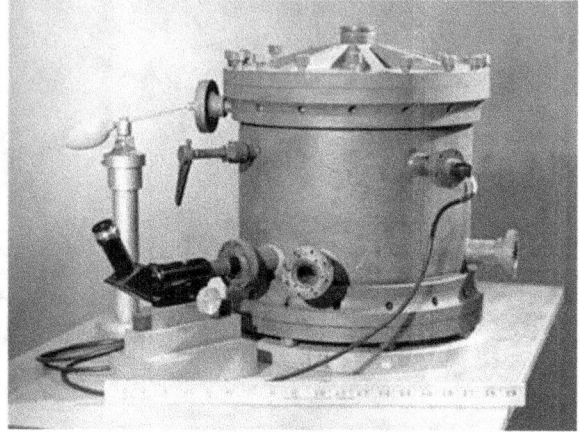

Figuur 31. Robert Millikan

Links: Robert Andrews Millikan (22 maart 1868 – 19 december 1953), Nobelprijswinnaar voor Natuurkunde uit 1923. Hoewel hij een bachelordiploma in klassieke letteren had behaald, daagde zijn docent Grieks hem uit om een inleidende cursus natuurkunde te geven. Dit beviel hem zo erg, dat hij zijn leven lang is blijven bijdragen aan populaire teksten en inleidende cursussen rond wetenschappen.

Rechts: De originele opstelling waarmee Millikan in 1909–1910 zijn oliedruppelexperimenten uitvoerde.

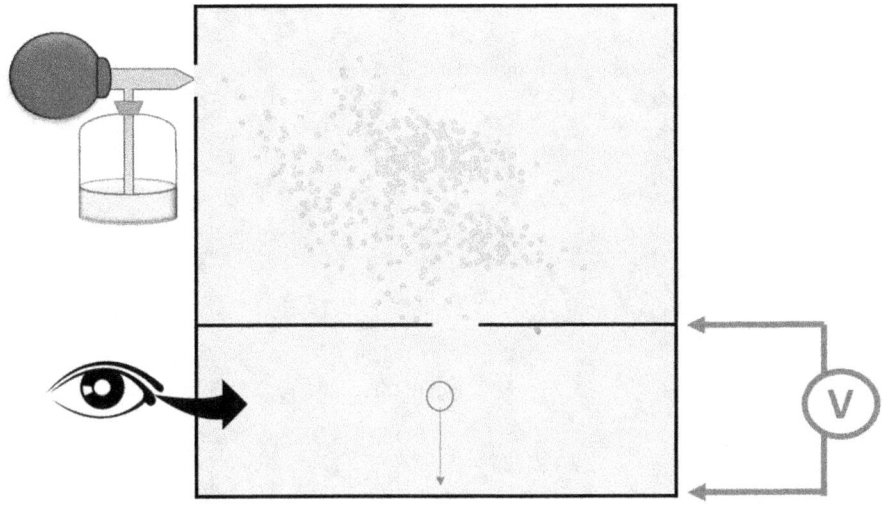

Figuur 32. Werking van de oliedruppelkamer van Millikan.

Met behulp van een verstuiver bracht Millikan een fijne nevel van oliedruppeltjes in de kamer. Sommige van deze kleine druppeltjes vielen door een gat in het bovenste niveau. Millikan liet ze eerst vallen tot ze een constante snelheid bereikt hadden. Met een microscoop in de zijwand van het toestel mat hij eerst de eindsnelheid en berekende op basis daarvan de massa van elke oliedruppel. Vervolgens bracht hij een lading op de vallende druppels door de onderste kamer te bestralen met röntgenstralen. Dit ioniseerde de lucht in die kamer, zodat één of meer vrije elektronen zich hechtten aan de oliedruppels. Bovendien gebruikte hij de boven- en onderwand van die onderste kamer om een elektrisch veld aan te leggen, net sterk genoeg om de val van de druppels te stoppen (die dan bleven zweven in mid-air). Uit de sterkte van het elektrisch veld op dat moment, kon hij dan de lading van de druppels en dus de lading van een elektron berekenen.

Episode 6: Atomen geven stralen af

Zwarte vlekken voor de ogen van Becquerel

Het zal je maar overkomen. Je hele levenswerk draait om fosforescentie, magnetisme en de polarisatie van licht, en al dat werk wordt op een dag overschaduwd door een haast toevallige ontdekking. Dat overkwam de Franse onderzoeker Antoine Henri Becquerel, op 1 maart 1896. Hij ontdekte het bestaan van radioactiviteit.

Zijn ontdekking volgde op een andere beroemde vondst, door de Duitser Wilhelm Conrad Röntgen, op 5 januari van datzelfde jaar: die van de X-stralen. Becquerel vermoedde dat uraniumzouten, waarvan men wist dat ze fosforescerend waren, een dergelijke vorm van straling zouden produceren. Zijn eerste experimenten leken dit ook aan te tonen. Hij verwoordde het zelf zo, in een lezing voor de Franse Academie des Sciences op 27 februari 1896:

We wikkelden een fotografische plaat met een twee lagen dikke bromide-emulsie in zwart papier, zodat de plaat niet vertroebelde na blootstelling aan de zon voor een dag. Aan de buitenkant van het pak kwam een plak van de fosforescerende stof en het geheel werd gedurende enkele uren aan de zon blootgesteld. Wanneer de fotografische plaat ontwikkeld wordt, kan men het silhouet van de fosforescerende stof in het zwart zien verschijnen op het negatief. Plaatst men een geldstuk of een metalen scherm tussen de fluorescerende stof en het pak, dan ziet men het beeld van deze objecten op het negatief. [...] Men moet uit deze experimenten concluderen dat de fluorescerende stof in kwestie stralen uitzendt, die door het ondoorzichtige papier dringen en zilverzouten reduceren.

Figuur 33. Fluorescentie en fosforescentie.

Links: Fluorescerende koralen (Underwater Observatory Marine Park, Eilat). Rechts: Fosforescente wijzerplaat (die nog verlicht blijft nadat het donker geworden is). Fluorescente stoffen absorberen elektromagnetische straling (licht, X-stralen, gammastralen) en zenden de energie ervan onmiddellijk terug uit bij een langere golflengte (zodat de kleur verandert).

Fosforescente stoffen doen hetzelfde, maar stralen de opgenomen energie over een langere tijd bij een lagere sterkte terug uit (denk aan het "glow in the dark"-fenomeen). Tenminste, dat is de eenvoudige verklaring. Een diepgaandere uitleg van deze processen vereist een goed begrip van de kwantummechanica en daar zijn we in ons verhaal hier nog ver af. Een ander voorbeeld van fosforescentie vinden we terug in kristallen van zinksulfide (ZnS) – een voorbeeld dat nog van pas komt in verdere episoden van ons verhaal. Wanneer dergelijke kristallen kleine hoeveelheden ionen van transitiemetalen (zoals Mn^{2+}, Cu^{2+} of Ag^+) bevatten, kunnen deze kristallen fosforescerend licht uitzenden. Zo zal de aanwezigheid van zilverionen zorgen voor blauw licht en de aanwezigheid van koperionen voor groen licht.

Alleen merkte hij zelf niet lang daarna op, dat hij zich schromelijk had vergist. Toen een experiment eens niet kon doorgaan (op een niet zo zonnige dag), bleek dat het uranium ook zonder licht in staat was om het fotografisch papier te zwarten. Bovendien waren sommige zouten van uranium niet fosforescent en lieten ze toch hun sporen na op de fotografische plaat. Ook kwam Becquerel nog te weten dat die uraniumstralen konden worden afgebogen door elektrische of magnetische velden. Daarin verschillen ze overduidelijk van X-stralen (of elektromagnetische straling in het algemeen, zoals licht). Er was kennelijk meer aan de hand, maar wat juist, daar zou de wetenschappelijke wereld enkele jaren voor moeten wachten.

Figuur 34. Henri Becquerel

Antoine Henri Becquerel (15 december 1852, Parijs, Frankrijk - 25 augustus 1908, Le Croisic, Bretagne, Frankrijk), hier te zien in zijn laboratorium. Voor zijn ontdekking van radioactiviteit kreeg Becquerel de helft van de Nobelprijs voor Natuurkunde in 1903. De andere helft van de prijs was bestemd voor Pierre en Marie Curie voor hun studie van de Becquerel-straling.

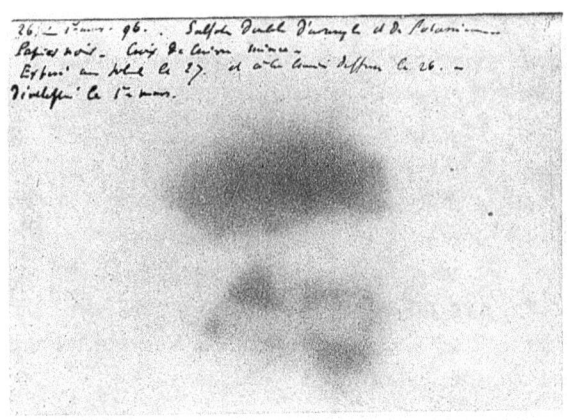

Figuur 35. Schaduwen van radioactief uranium op een fotografische plaat.

Figuur 36. De wetenschappelijke stamboom van de Becquerels.

Henri (links) stamde af van een lange stamboom van wetenschappers. Zijn vader, Alexander Edmond Becquerel (1820-1891, midden) had het fotovoltaïsch effect voor het eerst waargenomen (het principe waar we nu zonnecellen door laten werken). Grootvader Antoine César (rechts) had de differentiële galvanometer uitgevonden en ook een elektrolytische methode voor de extractie van metalen uit ertsen, met behulp van zwavel. Henri's zoon Jean (1878-1953, niet op de foto), ten slotte, is meteen de vierde op rij die de leerstoel natuurkunde bekleedde aan het Muséum National d'Histoire Naturelle te Parijs.

Pierre en Marie ontdekken thorium, radium en polonium

De ontdekkingen van Becquerel stimuleerden heel wat onderzoekers om dit onbekende fenomeen grondig te bestuderen. Zo ook de jonge Maria Sklodowska. Ze was geboren op 7 november 1867 in Warschau en opgevoed in goede Poolse traditie, bestemd om een bijdrage te leveren aan het heil en de welvaart van Polen... een land dat ondertussen was verdeeld tussen de grootmachten van die tijd en dus enkel nog bestond in de gedachten van wie het land nog eengemaakt en groots hadden gekend. De sleutel om Polen weer groot te maken was daarbij studie en educatie. Alleen was het in het Polen van Maria Sklodowska (onder het bewind van de Russische tsaar) niet mogelijk voor vrouwen om te studeren. Enkel een (duur) verblijf in een West-Europees land zou haar dus in staat stellen om een universitair diploma te halen. Maria sloot daarop een pact met haar oudere zus Bronya: Maria zou als au pair gaan werken zodat Bronya in Parijs haar diploma in de geneeskunde kon behalen en Bronya zou daarna op haar beurt de opleiding van Maria financieren.

Maria bracht daarop drie jaar door in een dorp op 150 kilometer van Warschau, als gouvernante van een eigenaar van een bietsuikerfabriek. Niet alleen onderwees ze zijn kinderen, maar ook leerde ze in haar vrije uren de kinderen van de Poolse landarbeiders in het dorp lezen (iets wat eigenlijk verboden was door de Russische overheid). Zelf studeerde ze wat ze maar kon vinden, maar vooral wiskunde, natuurkunde en scheikunde trokken haar aandacht. Ook dit was verboden, maar ze kon rekenen op een scheikundige in de fabriek van haar werkgever voor lessen en praktische training. Tijdens haar verblijf werd Maria verliefd op Kazmierz Zorawski, de zoon van haar werkgever. Zijn familie vond echter dat hij niet beneden zijn stand, met een gouvernante, mocht trouwen. Ondanks haar persoonlijke gevoelens bleef Maria echter in dienst bij de familie, omwille van haar belofte aan haar zus.

In 1889 keerde Maria terug naar Warschau. Haar vader verdiende ondertussen wat meer geld en kon de studies van Bronya in Parijs zelf financieren. Zelf bleef Maria nog twee jaar werken als gouvernante en leerkracht, terwijl ze op zondag en 's avonds scheikunde leerde in de zogenoemde *Vliegende Universiteit van Warschau*, een illegale organisatie die universitaire opleidingen organiseerde en telkens van plaats veranderde om niet door de Russen te worden ontdekt. Rond haar 24ste

verjaardag trok ze dan uiteindelijk naar Parijs. Ze veranderde haar naam in Marie en start als studente aan de Sorbonne. Op drie jaar tijd, door hard werk en concentratie, haalde ze er haar mastergraad in Wis- en Natuurkunde. Het leverde haar een studiebeurs op en de mogelijkheid om de magnetische eigenschappen van gehard staal te bestuderen in dienst van de *Société d'encouragement pour l'industrie nationale*. En toen? Toen was er Pierre.

Pierre Curie was een gepassioneerd onderzoeker, gedreven door zijn idealen en dromen en de nood aan goed wetenschappelijk werk. Op zijn 21ste had hij samen met zijn broer Jacques piëzo-elektriciteit ontdekt (het fenomeen dat mechanische druk kan zorgen voor elektrische potentiaalverschillen in kwartskristallen). Hij ontwikkelde er bovendien een toestel mee om zwakke elektrische ladingen mee te meten: de Curie-elektrometer. Later, tijdens zijn doctoraatsonderzoek rond magnetisme, ontdekte hij de wet van Curie (in een paramagnetisch materiaal is de magnetisatie omgekeerd evenredig met de temperatuur en evenredig met de sterkte van het externe magneetveld) en de Curie-temperatuur (de temperatuur waarop staal van een ferromagnetisch materiaal verandert in een paramagnetisch materiaal).

Pierre en Marie ontmoetten mekaar door hun gedeelde interesse in magnetisme – zij omwille van haar werk rond gehard staal, hij omwille van zijn doctoraatswerk. Het was liefde op het eerste gezicht. Ze trouwden op 26 juli 1895, niet lang na de doctoraatsverdediging van Pierre. Als huwelijksreis maakten ze een fietstocht door Bretagne.

Niet lang daarna geraakten de waarnemingen van Becquerel bekend in de wetenschappelijke wereld. Marie was onmiddellijk geïntrigeerd door deze vreemde verschijnselen, en maakt gebruik van de *École de Physique et Chimie*, de Parijse hogeschool waar Pierre ondertussen docent is geworden en waar het koppel een oude schuur mocht inrichten als laboratorium. Becquerel had nog ontdekt dat zijn nieuwe straling de elektrische eigenschappen van de lucht errond veranderde. Om dat te meten haalde Pierre zijn elektrometer weer boven. Het toestel bleek onvervangbaar in het verdere onderzoek.

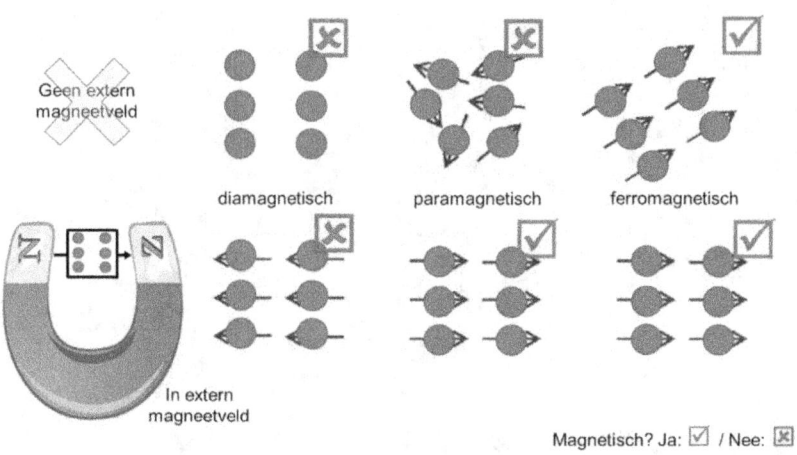

Figuur 37. Magnetische eigenschappen.

Materialen die onder invloed van een extern magneetveld zelf niet magnetisch worden (of zwak magnetisch, tegengesteld aan dat externe veld), noemen we diamagnetisch. Materialen die onder invloed van zo een veld zelf sterk magnetisch worden, zijn paramagnetisch. Wanneer een materiaal al van zichzelf magnetische eigenschappen heeft (of deze behoudt na magnetisatie door een extern veld), noemen we het ferromagnetisch.

Figuur 38. Pierre en Marie Curie in hun laboratorium, uit 1900.

 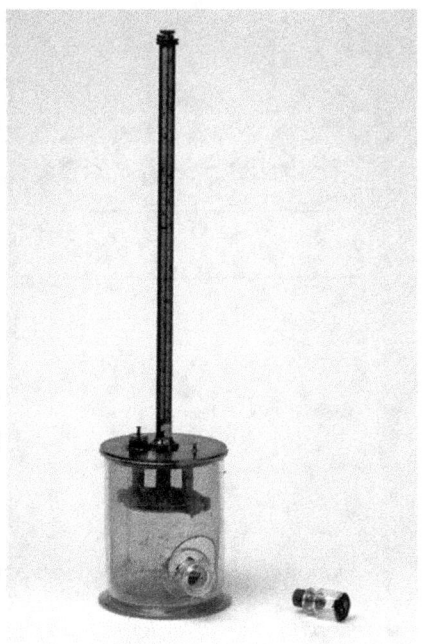

Figuur 39. Apparatuur van Pierre en Marie Curie.

Links: Piëzo-elektrische apparatuur, gebouwd door Pierre Curie rond 1889. Dit apparaat is een van twee oorspronkelijke piëzo-machines die de Curies gebruikten bij de ontdekking van radium en polonium. Het is de directe voorloper van de moderne dosimeter en als dusdanig een van de eerste instrumenten om radioactiviteit te meten. In de koperen bak zit er een dun stukje kwartskristal, geklemd tussen twee stangen. Dit kristal torst een kleine pan. Wanneer er gewichten worden toegevoegd aan de pan, wordt het kristal mechanisch belast en produceert dan een kleine elektrische lading.

Pierre kende dit fenomeen, het piëzo-elektrisch effect, zeer goed – zoals in de tekst vermeld had hij dit samen met zijn broer ontdekt. Hoewel de geproduceerde lading klein is - in de pico-ampère-range – hielp het de Curies om nauwkeurig de activiteit van radioactief materiaal te meten. Enerzijds maten ze de elektrische lading in een condensator, gekoppeld aan één kant van de elektrometer, anderzijds wekten ze een tegenstroom op door het piëzo-elektrisch kristal te belasten, door gewichten te plaatsen op de weegpan. Hierbij pasten ze de gewichten aan, tot beide elektrische stromen gelijk waren. Een wiskundige vergelijking maakte het mogelijk om uit het totale gewicht de totale radioactiviteit te berekenen.

Rechts: Quadrant-elektrometer, gebouwd door Pierre Curie.

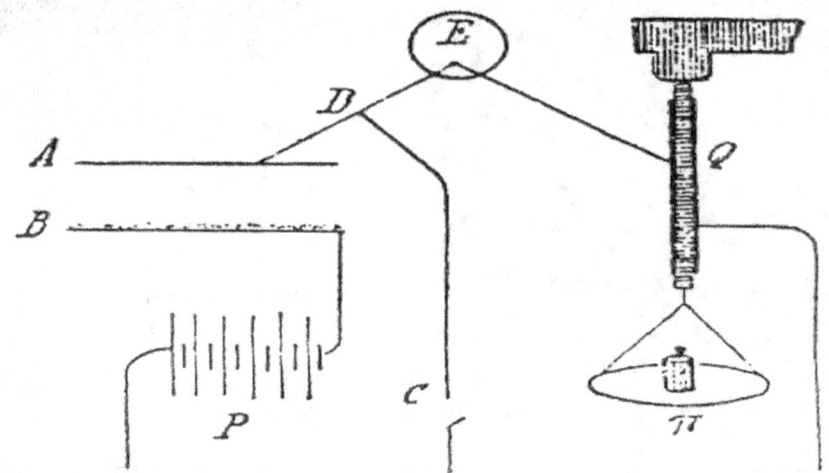

Figuur 40. Schematische weergave van de opstelling van de Curies.

Deze tekening (gemaakt door Marie Curie zelf voor een lezing aan de Sorbonne in 1904) legt uit hoe de experimentele opstelling eruitzag, die de Curies gebruikten tijdens hun onderzoek naar de straling van uraniumertsen. A, B: Plaatcondensator, die tevens diende als ionisatiekast. - C Schakelaar - E Elektrometer - H Weegschaal - P Batterij - Q Piëzoelektrisch kwarts.

Dankzij de elektrometer maakten Marie en Pierre immers in ijltempo nieuwe ontdekkingen over de vreemde straling. Om te beginnen bleek uit een vergelijking van verschillende uraniumzouten, dat enkel de aanwezige hoeveelheid uranium bepaalde hoe sterk de straling van het monster was. Verder ontdekten ze dat ook thoriumatomen radioactieve straling uitstuurden.

Als bron voor uranium gebruikten ze onder andere het mineraal uraniniet (ook wel pekblende genoemd). Uit de vele metingen bleek echter, dat het mineraal een sterkere straling uitstuurde dan het uranium zelf. Er moest dus een tweede radioactieve element in het erts verborgen zitten. In hun zoektocht naar dit onbekende element begon Marie het erts op verschillende manieren te ontbinden. Zo behandelden ze stukken pekblende in verschillende zuren, in de hoop dat het onbekende element gemakkelijk in het zuur zou oplossen (of juist neerslaan), en ze het zo konden afscheiden van de rest van het erts. Elke nieuwe verbinding die daarbij ontstond, werd met de elektroscoop nagemeten, om de sterkte van de straling van die verbinding te bepalen.

Figuur 41. Uraniniet, uit Tsjechië.

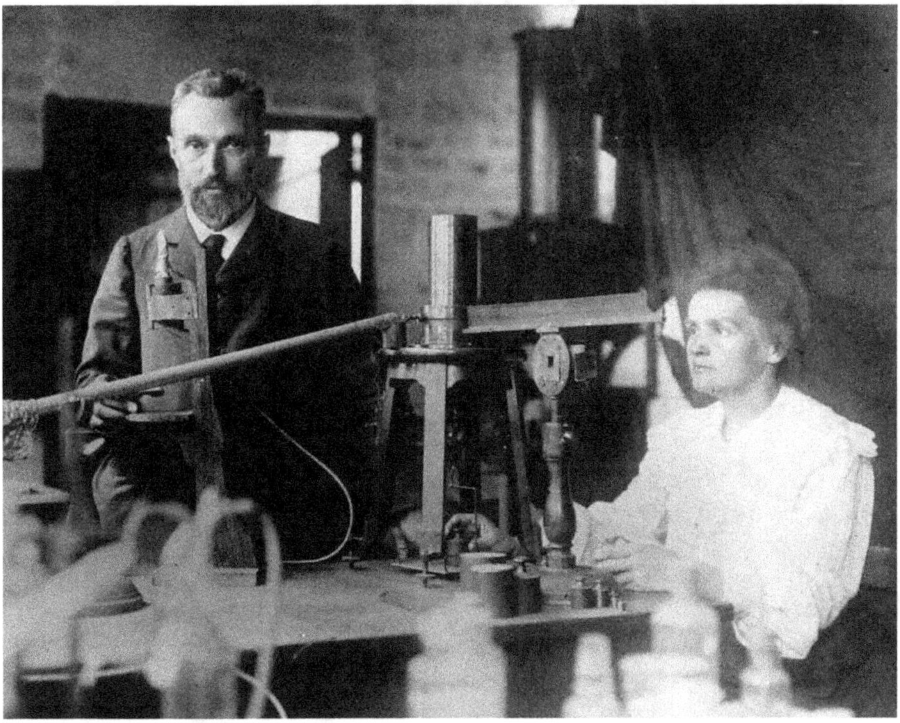

Figuur 42. Marie Curie achter de elektroscoop, Pierre Curie kijkt toe.

Die methode loonde. Twee nieuwe elementen doken op tijdens hun zoektocht: radium en polonium, beide stevige radioactieve stralers. Ook de term radioactiviteit zelf werd bedacht door de Curies.

Op 25 juni 1903 verdedigde Marie haar doctoraat, met het proefschrift *Recherches sur les Substances Radioactives*, het eerste proefschrift in de natuurkunde geschreven door een vrouw. In datzelfde jaar kregen Marie en Pierre Curie samen met Henri Becquerel de Nobelprijs voor Natuurkunde. Die roem kwam met een hoge prijs, nochtans. Pierre en Marie voelden zich voortdurend ziek, moe, geplaagd door pijn – in retrospectieve wellicht een gevolg van de voortdurende straling waaraan ze zich blootstelden. Pierre Curie voerde zelfs ooit een experiment uit waarbij hij een stuk radium op zijn huid gedrukt hield gedurende langere tijd. Hij hield er een brandwonde aan over. Marie verloor 10 kilo tijdens haar doctoraatsonderzoek. Zelfs om de Nobelprijs op te halen in Zweden voelden ze zich te moe. Pas in 1905 reisden ze naar Zweden om hem in ontvangst te nemen.

Op 19 april 1906 sloeg het noodlot toe. Bij het oversteken van de Rue Dauphine in Parijs gleed Pierre uit voor de hoeven en wielen van een door paarden getrokken zware wagen, werd vertrappeld en stierf ogenblikkelijk.

Marie, die tot dan toe onder haar echtgenoot werkte als hoofd van het laboratorium, kreeg daarop van de Sorbonne de positie van haar echtgenoot als hoogleraar (als eerste vrouw overigens). Op die manier kon ze hun levenswerk verderzetten. Niet dat daarom alle deuren openzwaaiden voor deze grande dame: in 1911 werd haar (ook als vrouw) het lidmaatschap van de Académie des Sciences nog geweigerd, ondanks het feit dat ze als eerste persoon ooit een tweede Nobelprijs toegekend kreeg (voor Scheikunde deze keer, omwille van haar ontdekking en opzuivering van radium en polonium). Een maand later stortte ze in door depressie en nierproblemen. Ze kon pas eind 1912 weer aan het werk gaan.

*Figuur 43. Zicht op de Rue Dauphine
aan het begin van de twintigste eeuw.*

Zo moet het eraan toe zijn gegaan toen Pierre Curie overleed.

Figuur 44. Marie Curie in 1908, met haar twee dochters Eve (links, 1904-2007) en Irène (1897–1956).

Tot op de dag van vandaag is Marie Curie de enige vrouw die twee Nobelprijzen op haar naam heeft staan en de enige persoon die twee Nobelprijzen in twee verschillende wetenschapsgebieden heeft gekregen.

Linus Pauling behaalde weliswaar ook twee Nobelprijzen in verschillende categorieën, maar kreeg naast de wetenschappelijke Nobelprijs voor Chemie (in 1954) die voor de Vrede (in 1962).

Figuur 45. Solvayconferentie te Brussel in 1911.

Marie Curie was de enige vrouw die deelnam aan de eerste Solvay-conferentie, in 1911 in Brussel. Dit congres (het eerste van vele) was georganiseerd door de Belg Ernest Solvay en bracht de top van de toenmalige fysica bij mekaar. Ook op latere congressen was Marie Curie meestal de enige vrouw, op bv. de Oostenrijkse Lise Meitner na, dan.

Zittend, van links naar rechts: Walther Nernst, Marcel Brillouin, Ernest Solvay, Hendrik Lorentz, Emil Warburg, Jean Baptiste Perrin, Wilhelm Wien, Marie Curie en Henri Poincaré.

Rechtstaande, van links naar rechts: Robert Goldschmidt, Max Planck, Heinrich Rubens, Arnold Sommerfeld, Frederick Lindemann, Maurice de Broglie, Martin Knudsen, Friedrich Hasenöhrl, Georges Hostelet, Edouard Herzen, James Hopwood Jeans, Ernest Rutherford, Heike Kamerlingh Onnes, Albert Einstein en Paul Langevin.

Tijdens de Eerste Wereldoorlog lag het onderzoek in Frankrijk stil. Marie Curie gebruikte haar kennis en positie ondertussen om levens te redden. Met X-straalapparatuur, die ze bijeenkreeg door haar netwerk van contacten aan te spreken, kon ze 20 mobiele X-straalapparaten en 200 stationaire toestellen naar het front sturen. Samen met haar dochter Irène trok ze zelf naar de veldhospitalen om de toestellen te bedienen. Het Rode Kruis stelde haar aan als hoofd van de radiologische afdeling. In die hoedanigheid leidde ze heel wat verplegers en artsen op om van de nieuwe technologie gebruik te maken. Na de oorlog zette ze haar werk verder in haar nieuwe instituut, het Radiuminstituut. Onder haar leiding groeide dit uit tot een internationaal centrum voor het onderzoek in de kernfysica.

Figuur 46. Marie Curie op weg met een van haar mobiele X-straalapparaten.

Begin 1934 bezocht Curie haar vaderland Polen voor de laatste keer. Een paar maanden later, op 4 juli 1934, stierf ze immers in het sanatorium van Sancellemoz (in de Haute-Savoie), aan de gevolgen van leukemie, een ziekte die ze wellicht heeft overgehouden aan haar langdurige blootstelling aan radioactieve straling. Ze werd begraven op de begraafplaats in Sceaux, samen met haar man Pierre. Zestig jaar later, in 1995, ter ere van hun prestaties, werden de overblijfselen van Marie en Pierre Curie overgebracht naar het Panthéon, Parijs. Marie Sklodowska-Curie kreeg als eerste vrouw de eer om te worden bijgezet in het Panthéon op haar eigen merites.

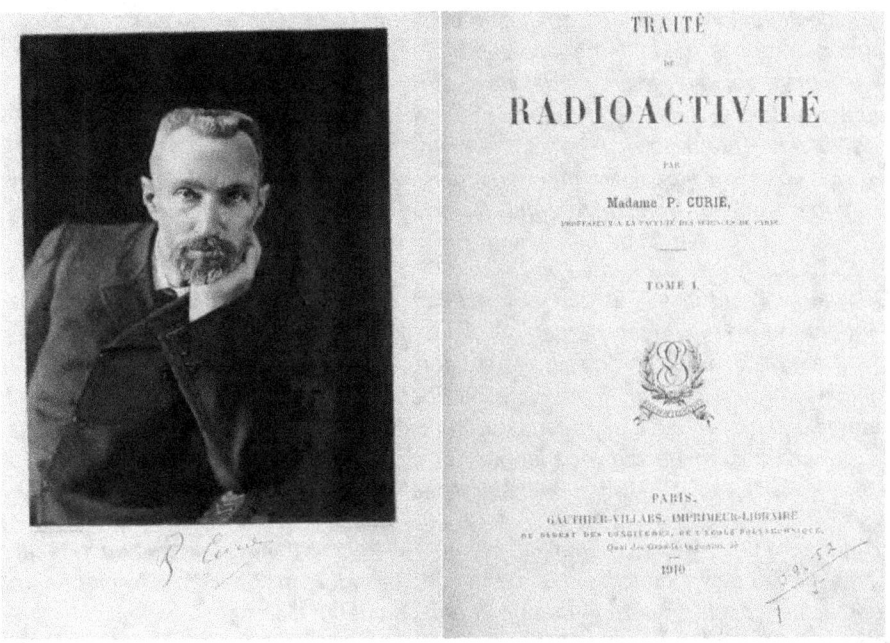

Figuur 47. Titelpagina van het handboek dat Marie Curie schreef rond radioactiviteit.

Het is opgedragen aan haar toen reeds overleden echtgenoot.

(Figuur volgende pagina) Apparaat waarmee Rutherford de aard van de alfadeeltjes aantoonde. In een glazen buisje met een zeer dunne wand (A op de figuur) bracht hij wat hij "emanatie van radium" noemde. Dit is het gas dat ontstaat bij het verval van radium en dat we nu kennen als het edelgas radon. Buisje A wordt met kwik (uit vat Hg(1), gearceerde delen op de figuur) op een bepaalde druk gehouden. Het buisje zit in het midden van een vacuüm getrokken glazen buis B, op zich ook weer afgesloten met een hoeveelheid kwik (uit vat Hg(2)). Deze buis is bovenaan voorzien van elektroden (één in het verticale deel, aangeduid met E1, en één in de horizontale zijarm, aangeduid met E2).

De wand van buisje A is zo dun, dat de alfadeeltjes door de wand kunnen passeren Gedurende enkele dagen worden de alfadeeltjes uit A opgevangen in buis B. Door het kwikniveau te laten stijgen (uit het reservoir Hg(2)) worden de deeltjes geconcentreerd in het deel met de elektroden. Wanneer een hoge spanning wordt aangelegd tussen die elektroden, sturen de deeltjes een spectrum uit, dat gelijk is aan dat van helium. Hoe langer het experiment duurt, hoe sterker het heliumspectrum.

Rutherford deed twee (belangrijke) controle-experimenten. Om te beginnen testte hij of er niet gewoon lucht in het toestel doordrong. Echter, dan had hij niet enkel een heliumspectrum gezien, maar ook een van neon. Daarnaast vulde hij buisje A ook met zuiver helium, maar dan kon hij geen spectrum meer waarnemen (het gas zelf geraakt immers niet door de dunne glaswand).

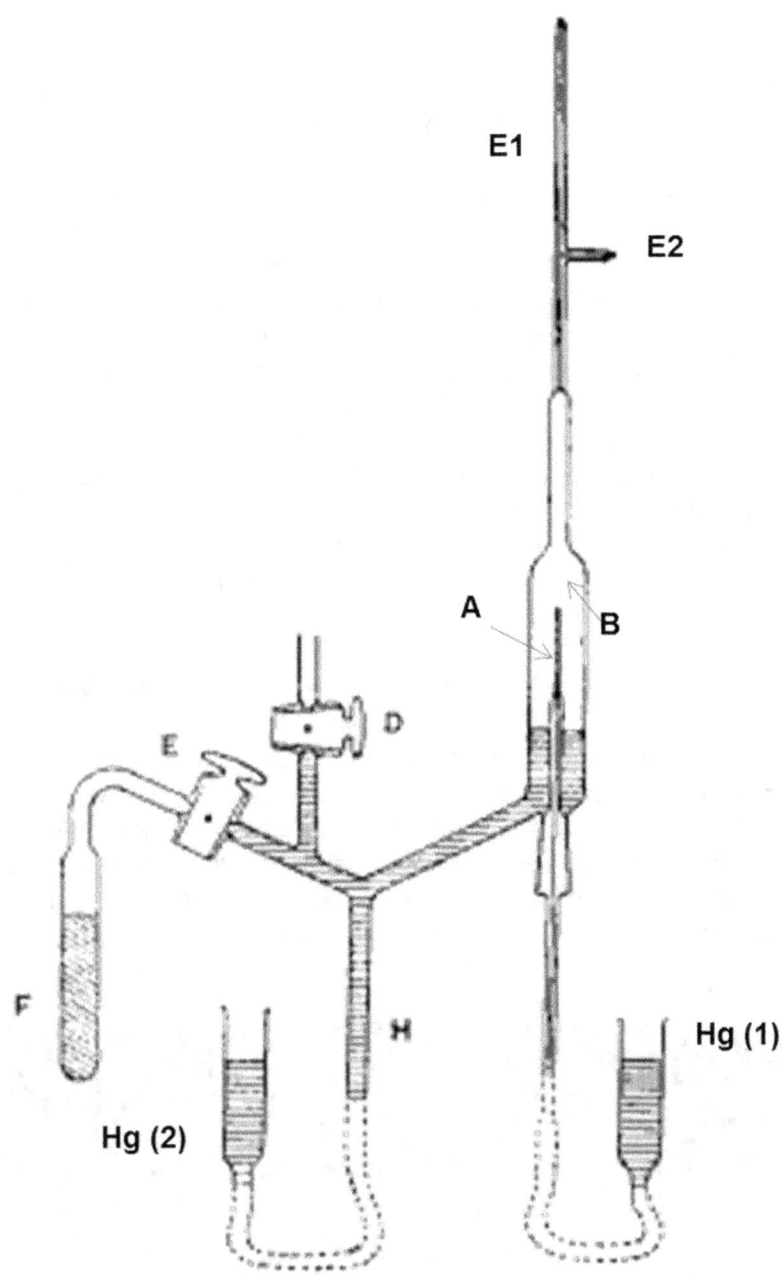

Figuur 48. Opstelling van Rutherford voor het onderzoek naar alfadeeltjes

Rutherford voor het voetlicht

De derde naam die onlosmakelijk verbonden is met de beschrijving van radioactieve straling, is die van Ernest Rutherford.

Rutherford werd geboren op 30 augustus 1871, in Nelson, in Nieuw-Zeeland. Op zijn zestiende kon hij studeren op de Nelson Collegiate School. In 1889 kreeg hij een universiteitsbeurs voor de Universiteit van Nieuw-Zeeland, Wellington. Hij studeerde er in 1893 af als eerste van zijn jaar voor zowel Wiskunde als Natuurkunde, en bleef er nog een tijdje onderzoek doen, tot hij zijn graad van Bachelor in de Wetenschappen haalde in 1894. Datzelfde jaar won hij een beurs als onderzoeker aan de Universiteit van Cambridge (In Groot-Brittannië). Hij kwam er terecht in het Cavendishlaboratorium, toen onder leiding van J. J. Thomson, ontdekker van het elektron. De ster van Rutherford rees echter pijlsnel aan het natuurkundige firmament. Hij werd al in 1898 professor aan de McGill University in Montreal, waar hij zich op onderzoek naar de kenmerken van die nieuwe straling wierp.

Om te beginnen stelde hij vast dat er verschillende vormen van radioactiviteit bestaan: alfa- en bètastralen. Bètastralen bleken bovendien te worden afgebogen door een magneetveld. Die afbuiging stelde de onderzoekers in staat om de massa/lading-verhouding te berekenen voor die bètastralen. Deze bleek identiek aan die van het elektron. Alfastraling werd echter niet door een magneet afgebogen. Rutherford slaagde er in 1902 echter wel in om een alfastraal te buigen door een elektrisch veld, en dat bewees dat het hier ging over een stroom van deeltjes.

Figuur 49. Heliumspectrum

In 1908 toonde hij bovendien aan dat alfadeeltjes niet meer waren dan dubbel geladen heliumkernen. Voor dit laatste ving hij een (groot) aantal alfadeeltjes in een glazen buis en ontlaadde ze met een elektrische vonk. Het spectrum van de deeltjes bleek namelijk identiek te zijn aan dat van helium. In 1901 bewijzen Rutherford en chemicus Frederick Soddy ook nog dat een radioactief element verandert in een ander element: radioactief verval – werk waarvoor Rutherford in 1908 de Nobelprijs voor Scheikunde opstreek. Tegen dan (in 1907) was hij echter al teruggekeerd naar Engeland om daar Professor in de Natuurkunde te worden aan de Universiteit van Manchester. Het is daar dat hij zijn beroemdste experiment uitvoerde: hij ontdekte er de atoomkern. Een verhaal voor de volgende episode.

Episode 7: Rutherford en de ontdekking van de atoomkern

Het atoommodel van Thomson, dat het levenslicht zag in 1900, heeft niet lang mogen zijn. Reeds in 1909 doken er experimentele resultaten op, die het concept van Thomson (negatief geladen elektronen in een positief geladen matrix, als rozijnen in een krentenbol) op losse schroeven zetten.

De uitvoerders van dit experiment waren Hans Geiger en Ernest Marsden. De aanstoker ervan was echter het hoofd van hun laboratorium, de ons ondertussen bekende Ernest Rutherford, ondertussen tewerkgesteld in Manchester (Groot-Brittannië). Het doel was, het atoommodel van Thomson grondig te testen en uit te meten. Hiertoe bestraalden ze een zeer dun goudblaadje met radioactieve straling. Dat goudblaadje was slechts 0,4 µm dik, wat overeenkomt met een 1200-tal goudatomen.

De radioactieve bron bestond uit zuiver radium, met een stralingsintensiteit van 0,1 Curie (4 miljard atomen die vervallen per seconde) en produceerde alfadeeltjes. De detector bestond uit een klein (10^{-6} m^2 groot) fluorescerend plaatje uit zinksulfide (ZnS), gemonteerd op een paar cm afstand het goudblaadje en gekoppeld met een microscoop. Dit plaatje kon roteren rond het goudblaadje. Telkens een alfadeeltje botste op de detector, was dit zichtbaar als een kleine lichtflash.

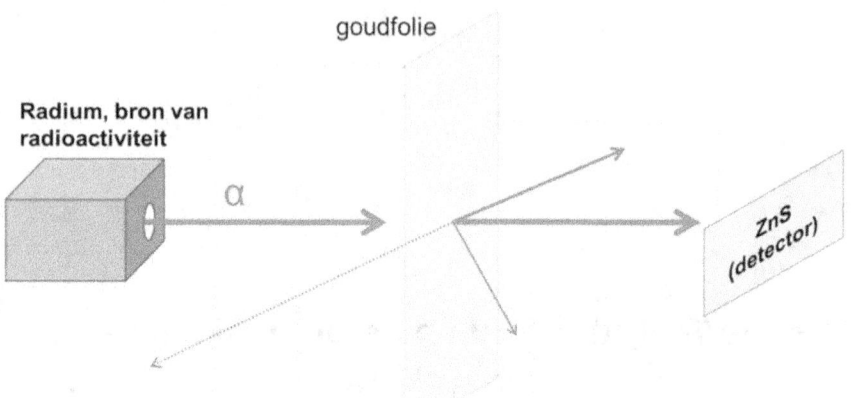

Figuur 50. Schematische weergave van het experiment van Geiger en Marsden.

Figuur 51. Ernest Rutherford aan het werk.

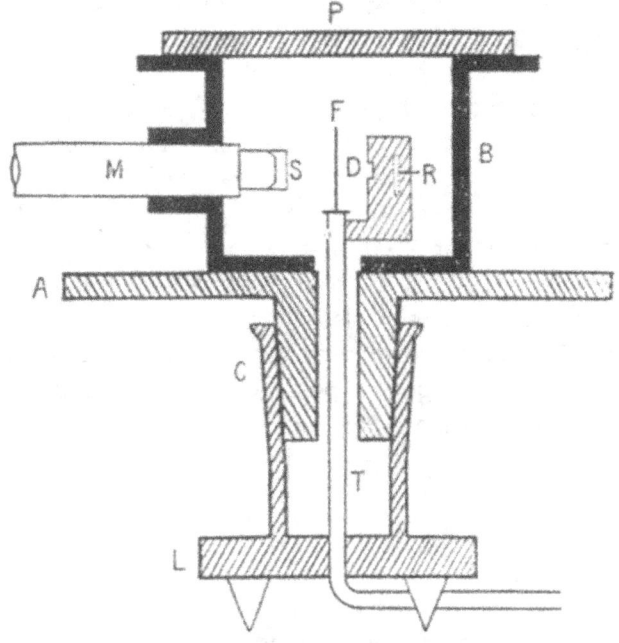

Figuur 52. Schema van het toestel dat Geiger en Marsden gebruikten in hun beroemde experiment.

(C) luchtdicht koppelstuk – (D) diafragma (om een zeer nauwe bundel van deeltjes aan te maken) – (F) metalen folie –
(M) microscoop – (P) glazen plaat – (R) radium- of uraniumbron – (S) plaatje uit zinksulfide – (T) buis om lucht in en uit te pompen.

De hypothese, gebaseerd op het Thomsonmodel, was dat de alfadeeltjes dwars door de goudlaag zouden gaan. De redenering daarvoor ging als volgt.

1. Alfadeeltjes hebben een dubbele positieve lading: ze bevatten immers twee protonen.

2. Door die positieve ladingen zal een alfadeeltje dat op een Thomsonatoom wordt afgevuurd, door dit atoom worden afgestoten (positieve ladingen duwen mekaar nu eenmaal weg).

3. Van de negatief geladen elektronen heeft het alfadeeltje op mechanisch vlak geen last: het is 7000 keer zo massief als een elektron. Vergelijk dit bijvoorbeeld met wat er gebeurt als een massief loden kanonbal botst met een tennisbal. De elektrostatische aantrekkingskracht die uitgaat van de elektronen (negatieve ladingen en positieve ladingen trekken mekaar aan) wordt gemaskeerd door de positief geladen matrix.

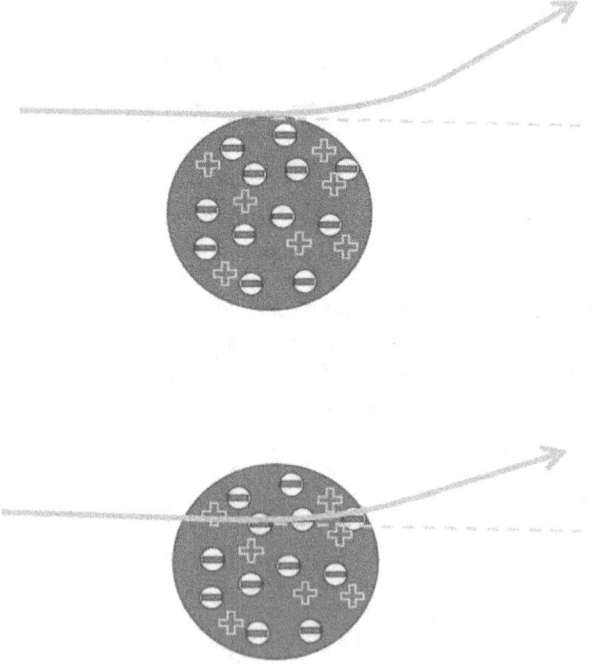

Figuur 53. Scattering volgens de hypothese van Rutherford

Op basis van die aannames kan men berekenen wat de afbuiging van het alfadeeltje zou zijn wanneer het netjes langs de oppervlakte van zo een Thomsonatoom scheert en wat de afbuiging wordt wanneer het deeltje dieper en dieper in het atoom binnendringt. Laat de figuur u niet misleiden: die afbuiging is maximaal aan de buitenrand van een atoom en is op dat moment slechts 0,06°!

Met een beetje statistiek kan men bovendien berekenen wat de gemiddelde afwijking van de deeltjes (scattering) is wanneer het alfadeeltje langs duizend van die goudatomen (het blaadje van Rutherford, Geiger en Marsden) moet passeren: slechts 0,6°. De kans dat een alfadeeltje door het goudblaadje wordt teruggekaatst, was 1 op 10^{1000}! Met andere woorden, als het Thomsonmodel juist was, dan moesten alle alfadeeltjes netjes door het goudblaadje heen gaan en mochten er zeker geen te vinden zijn met een grote afwijking.

Wat bleek echter in het experiment? Eén op 8000 alfadeeltjes werd over een hoek groter dan 90° afgebogen. Zoals Rutherford het zelf zei:

> "It was quite the most incredible event that ever happened to me in my life. It was almost as incredible as if you had fired a 15-inch shell at a piece of tissue paper and it came back and hit you."

Pas in 1911 kwamen Rutherford en zijn team op de oplossing van deze puzzel en tot een nieuw inzicht in de structuur van de materie. Hoe vreemd het eerst ook mocht lijken, blijkbaar zat de massa van het hele atoom geconcentreerd in een zeer klein centraal deeltje met positieve lading in het midden van het atoom, de kern. De elektronen bevonden zich in de verder volledig lege zone rond die kern en cirkelden rond die kern als manen rond een planeet of planeten rond een ster. Dit is wellicht de meest klassieke voorstelling die we van atomen hebben. Ook al is het model van Rutherford sindsdien afgevoerd, toch is dit het beeld dat de meeste mensen met zich meedragen van "een atoom".

Onmiddellijk nadat Rutherford zijn resultaten over zijn atoommodel publiceerde (1911), kwam de Nederlander Antonius Van den Broek op de proppen met de hypothese dat het atoomnummer van een atoom gelijk is aan het aantal eenheden van lading aanwezig in de kern van dat atoom. Tot dan toe was het atoomnummer niet meer dan het volgnummer van het atoom in een rangschikking volgens oplopende atoommassa, waarbij waterstof een atoomnummer van 1 heeft, helium atoomnummer 2, lithium 3, enz...

Door de hypothese van Van den Broek krijgt wat eerst een administratieve aangelegenheid was (elk atoom zijn eigen nummer in een lange rij) plots een fysische betekenis. Henry Moseley's experimenten rond X-straalspectrometrie - gepubliceerd in 1913 - leverden de daadwerkelijke bewijzen om het voorstel van Van den Broek te ondersteunen. Het aantal positieve ladingseenheden in de kern bleek inderdaad overeen te komen met het atoomnummer. Maar om dat beter te begrijpen, moeten we eerst wat meer te weten komen over de interne structuur van de elektronenmantel rondom de kern.

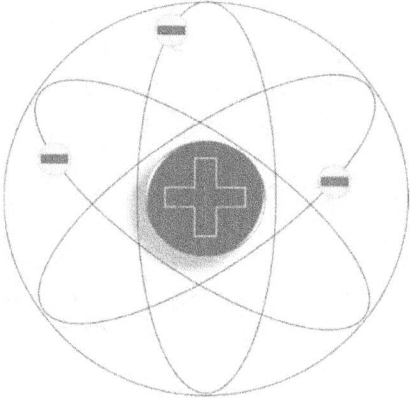

Figuur 54. Het Rutherfordatoommodel, schematisch voorgesteld.

Figuur 55. Rutherford (links), Geiger (midden) en Marsden (rechts).

Links: Ernest Rutherford (Spring Grove, Nieuw-Zeeland, 30 augustus 1871 – Cambridge, Groot-Brittannië, 19 oktober 1937). Winnaar van de Nobelprijs voor Chemie in 1908 voor zijn werk in de kernfysica en zijn atoommodel. Rutherford voltooide zijn basisopleiding in Christchurch in Nieuw-Zeeland. Via een beurs kon hij in 1895 terecht in het Cavendish Laboratory aan de Universiteit van Cambridge, waar op dat moment J.J. Thomson de leiding had. Hij werkt er twee jaar aan een doctoraatsonderzoek rond het meten van elektromagnetische golven. Nadien werkt hij enkele jaren als professor in Montreal. In 1907 keert hij terug naar Groot-Brittannië als professor in Manchester. Nog iets later neemt hij het Cavendishlaboratorium over (1919).

Midden: Hans Wilhelm Geiger (30 September 1882, Neustadt an der Haardt, Rhineland, German Empire - 24 September 1945, Potsdam, Germany). Hij is welllicht het best bekend voor de ontwikkeling van de Geigerteller, een toestel om radioactieve straling te meten. In 1912 werd hij leider van de Fysisch-Technische Reichsanstalt in Berlijn, in 1925 professor in Kiel, in 1929 in Tübingen en vanaf 1936 werkte hij in Berlijn. Hij sprak zich nooit in het openbaar uit over de nazi-politiek, maar werkte wel mee aan de ontwikkeling van een atoombom voor het Derde Rijk.

Rechts: Ernest Marsden (19 February 1889, Manchester, England - 15 December 1970 Wellington, New Zealand). In 1915, na de ophefmakende experimenten rond de ontdekking van de atoomkern neemt hij een positie op in Nieuw-Zeeland (op voorspraak van Rutherford). Vanaf 1922 werkt hij in zijn nieuwe thuisland rond wetenschapsbeleid, en werd in 1926 zelfs hoofd van het nieuw opgerichte Ministerie van Wetenschappelijk en Industrieel Onderzoek. Hij promootte tijdens zijn carrière het gebruik van kernenergie, startte een eigen kernwapenprogramma en sprak zich op latere leeftijd dan weer uit tegen het gebruik van dergelijke wapens.

Figuur 56. Antonius van den Broek (links) en Henry Mosely (rechts)

Links: de Nederlandse fysicus Antonius van den Broek (4 mei 1870, Zoetermeer, Nederland – 25 oktober 1926, Bilthoven, Nederland). Foto genomen rond 1903 en gepubliceerd in Yu. I. Lisnevskiy's boek "Antonius van den Broek" (Moskou, 1981, in het Russisch).

Rechts: Henry Moseley (23 November 1887, Weymouth, Dorset, England - 10 August 1915, Gallipoli, Turkey) in de Balliol-Trinity College Laboratories. Moseley nam tijdens de Eerste Wereldoorlog dienst als technisch communicatie-officier. Hij nam deel aan de Slag om Gallipoli in Turkije en sneuvelde daar op 10 augustus 1915, op zevenentwintigjarige leeftijd. Hij werd in het hoofd geschoten door een Turkse sluipschutter, terwijl hij een bevel aan het doorseinen was. Scheikundige (en science fictionschrijver) Isaac Asimov vatte als volgt samen wat toen ter tijd velen van zijn collega's moeten gedacht hebben: "In view of what he [Moseley] might still have accomplished ... his death might well have been the most costly single death of the War to mankind generally". Asimov vermoedde dat Moseley wellicht in 1916 de Nobelprijs voor Natuurkunde had kunnen winnen – een prijs die nu niet is toegekend. Niels Bohr zei in 1962 dat Rutherfords werk in eerste instantie "niet helemaal serieus werd genomen" en dat "...de grote verandering kwam van Moseley." Wie weet hoe de geschiedenis van de wetenschappen was gelopen als deze man de oorlog had overleefd.

Episode 8: De kern valt verder uiteen in protonen

Een eerste glimp van het proton

Rutherford stopte niet met het uitvoeren van boeiende experimenten en drong steeds dieper door in de structuur van de materie. Tijdens nieuwe proeven met zijn scintillatietoestel liet hij een stroom alfadeeltjes los op het detectieplaatje uit zinksulfide, maar dekte dit in eerste instantie af met een metalen plaatje, waar de alfastralen niet doorheen geraakten. Tenminste, zolang het toestel vacuüm bleef. Bracht hij een hoeveelheid waterstofgas in het toestel, dan doken er plotseling wel stralen op, die in staat waren om door het metalen plaatje te dringen en op de detector te botsen.

De verklaring lag voor de hand. De zware alfadeeltjes knikkerden (letterlijk, zij het dan op atoomschaal) de veel lichtere waterstofdeeltjes door het metalen plaatje heen, tot op de detector. Vreemder werd het, toen Rutherford ontdekte dat wanneer alfadeeltjes met de stikstofatomen uit de lucht botsen, er extra waterstofionen ontstaan. Vulde hij zijn toestel met zuiver stikstofgas, dan werd dit fenomeen nog duidelijker!

Rutherford besloot uit deze waarnemingen dat de botsingen tussen stikstofatomen en alfadeeltjes hevig genoeg waren om de stikstofatomen te beschadigen en daarbij waterstofionen te produceren.

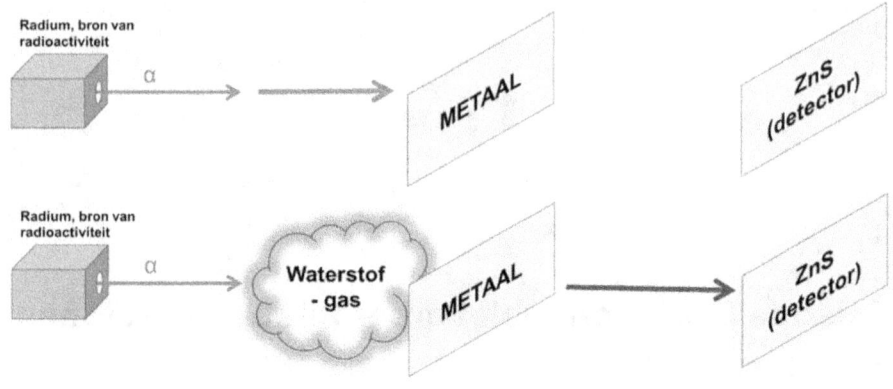

Figuur 57. Experimenten van Rutherford rond het proton (1).

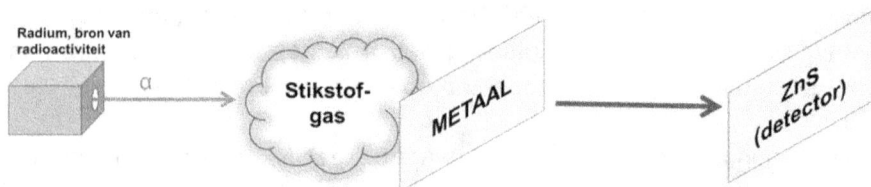

Figuur 58. Experimenten van Rutherford rond het proton (2).

In symbolen wordt dat dan

$$^{14}N + \alpha \rightarrow X + {}^{1}H$$

want ook al weten we ondertussen dat daarbij ook zuurstof gevormd wordt, dat kon Rutherford met zijn opstelling toen niet nagaan. Voor alle duidelijkheid: een waterstofion is niet meer dan de kern van een waterstofatoom dat zijn enige elektron verloren heeft. Vermits de kern van waterstof in meer dan 99,98% van de gevallen uit niet meer dan een proton bestaat, duiden die drie termen (proton, waterstofkern, waterstofion) in feite hetzelfde aan.

In 1919 en 1920 voerden Rutherford en zijn medewerker James Chadwick een reeks experimenten uit, waarbij ze tal van lichte elementen bombardeerden met alfadeeltjes. Stikstof, zuurstof, aluminium... alle produceerden ze daarbij een snel deeltje dat overeenstemde met een waterstofatoom (en inderdaad een lading van één positieve elementaire eenheid heeft). Het deeltje kwam dermate vaak voor, dat ze er een naam voor bedachten: het proton. Technisch gesproken was Rutherford niet de eerste die protonen had waargenomen. In 1886 was Goldstein al in staat geweest om positief geladen stralen op te wekken in een kathodestraalbuis. Alleen ging Rutherford verder dan enkel die waarneming en was hij in staat om zijn waarnemingen juist te interpreteren.

Ondertussen was aan Rutherfords periode in Manchester trouwens een einde gekomen. In 1919 was hij aangesteld als hoofd van de Cavendish Laboratory in Cambridge, wat hij bleef tot aan zijn dood in 1937. Onder zijn leiding werden de grenzen van onze kennis over het atoom en zijn fysische structuur steeds verder verlegd. Velen onder zijn medewerkers mochten zelf ook de Nobelprijs in ontvangst nemen (James Chadwick, Patrick Blackett, John Cockcroft, Ernest Walton, ...), maar daarover verderop meer.

De nevelkamer en de alchemist

Met de ontdekking van het proton was het werk nog niet gedaan. Zo bleef er nog de vraag waar dat proton vandaan kwam en wat de rol van dat alfadeeltje juist was. Het zou nog duren tot in 1925 voor daar een antwoord op kwam. Hiervoor moesten de onderzoekers de reactie kunnen zien – en dat deden ze in een nevelkamer, een toestel dat was ontworpen door de Schotse fysicus Charles Thomson Rees Wilson. De onderzoeker was op het idee gekomen tijdens een wandeling in de Schotse mist. Zelf herinnert hij zich die dag als volgt:

"In September 1894 I spend a few weeks in the Observatory which then existed on the summit of Ben Nevis. The wonderful optical phenomena shown when the sun shone of the clouds surrounding the hill top, and especially the coloured rings surrounding the sun, or surrounding the shadow cast by the hill-top or observer of mist or cloud, greatly excited my interest and made me wish to imitate them in the Laboratory."

Een nevelkamer bestaat uit een glazen fles bevestigd aan een zeer sterke vacuümpomp. De fles wordt gevuld met lucht die verzadigd is met waterdamp waarna de zuiger snel naar buiten wordt getrokken. Hierdoor daalt de druk in de kamer, wat het mengsel van lucht en waterdamp snel afkoelt en in een zeer onstabiele, oververzadigde staat brengt. Komt er nu een vorm van radioactieve, ioniserende straling in een dergelijke kamer, dan ioniseert deze straling de atomen op haar weg en zorgt daarbij voor een zichtbaar spoor van kleine waterdruppeltjes.

Bovendien kunnen verschillende vormen van straling met een dergelijke kamer van mekaar onderscheiden worden wanneer de kamer zich in een magnetisch veld bevindt. Geladen deeltjes (elektronen, protonen, alfadeeltjes, etc.) worden dan in verschillende richtingen afgebogen afhankelijk van hun lading en massa (zoals we al eerder zagen, in de kathodestraalbuis). Sporen achtergelaten door elektronen (lichtere bètadeeltjes) zijn vaag en iel en schieten alle kanten uit, vermits dergelijke kleine elektronen gemakkelijk uit koers wordt geslagen door bijna alles wat tegen hen aanbotst (met inbegrip van andere elektronen!). Een proton is zwaarder, maar van tegengestelde lading, zodat een proton minder sterk afbuigt, in tegengestelde richting als een elektron. Het zware alfadeeltje levert een sterk, haast rechtlijnig spoor op. Bij botsing zal het deeltje een plotse bocht nemen, volgens de wetten van de elastische botsing. Vangt het twee elektronen op, dan wordt het een ongeladen (en dus niet meer detecteerbaar) heliumatoom. Ongeladen deeltjes zijn niet detecteerbaar.

Het toestel werd later nog uitgerust met een camera en een microscoop (door Shimizu) en met een veersysteem dat de kamer snel laat expanderen en weer comprimeren zodat de kamer meerdere botsingen per seconde kon detecteren (door Patrick Blackett). Ook ontstonden er verschillende varianten op het basistoestel, zoals de diffusienevelkamer (Alexander Langsdorf, 1936), die op een veel koudere temperatuur wordt gehouden (−26 °C, met behulp van alcohol) en daardoor continu klaarstaat om botsende deeltjes te detecteren. In de jaren 1950 neemt de bubbelkamer over als werkpaard in het laboratorium, maar tegen dan heeft de nevelkamer al de ontdekking van het positron in 1932 en het muon in 1936 (door Carl Anderson) en het kaon in 1947 (door George Rochester en Clifford Charles Butler) op zijn palmares staan.

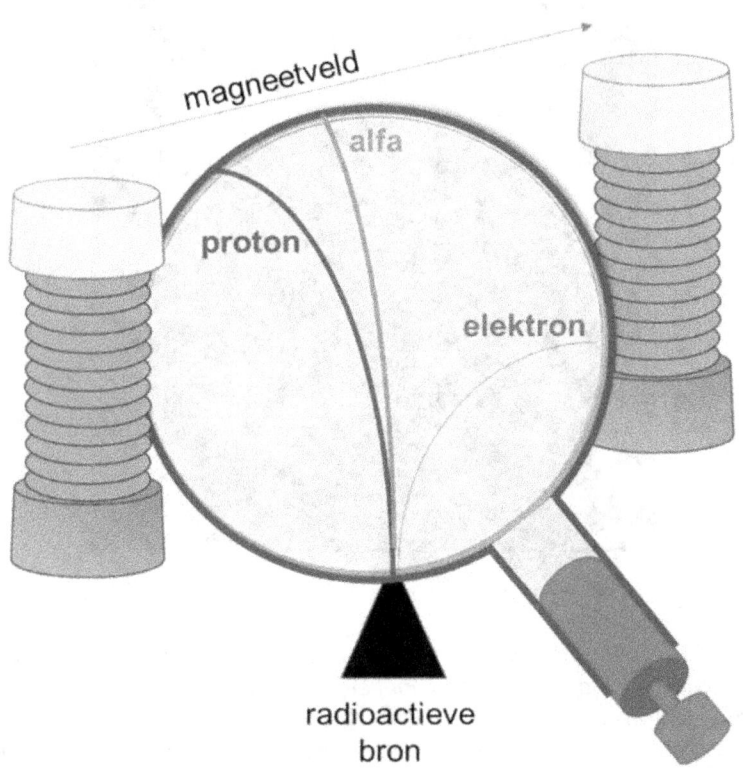

Figuur 59. Schema van de nevelkamer van Wilson.

Figuur 60. Charles Wilson.

Charles Thomas Rees Wilson (14 februari 1868 – 15 november 1959) werd geboren op een boerderij in de Pentlandheuvels in de buurt van Edinburgh. Wilson is beroemd geworden door de ontwikkeling van zijn nevelkamer, een toestel dat Rutherford "the most wonderful experiment in the world" noemde. Een mooi compliment van een wetenschapper die er zelf steeds naar streefde om met een zo eenvoudig mogelijk toestel toch goede, gerichte experimenten uit te voeren. Foto uit 1927.

Maar terug naar het protonen producerende experiment. Zodra Rutherford deze nevelkamer onder ogen kreeg en de mogelijkheden ervan begreep, ging hij aan de slag, samen met de jonge Patrick Blackett. Samen voerden ze zijn experimenten van 1917-1919 weer uit, maar nu in een nevelkamer. Zo hoopten ze om meer details te weten te komen over wat er met dat alfadeeltje juist gebeurde na de botsing met het stikstofatoom. Twee mogelijkheden drongen zich op. Ofwel werd het alfadeeltje weer uit het stikstofatoom gekatapulteerd, ofwel werd het erdoor opgenomen en vormde er zich een zwaardere kern. In het eerste geval verwachten we dat het spoor van het aanstormende alfadeeltje opsplitst in drie sporen: het alfadeeltje na de botsing, het gevormde proton en de zware stikstofkern na de botsing. In het tweede geval zien we slechts twee sporen na de botsing (het alfadeeltje ontbreekt).

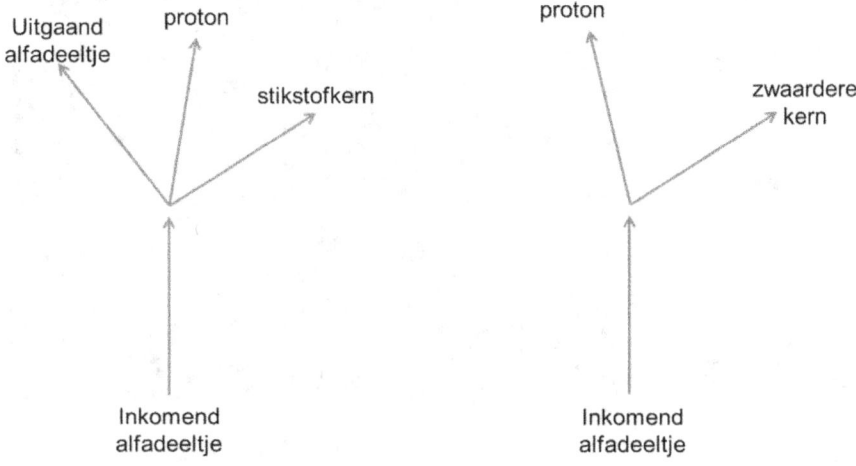

Figuur 61. Mogelijke verklaringen van de waarnemingen van Rutherford en Blackett.

De observaties van Rutherford en Blackett waren overduidelijk: twee sporen waren er te zien na een botsing. De stikstofkern werd omgezet in een zware zuurstofkern. En dus is dit de juiste reactie.

$$^{14}N + \alpha \rightarrow {}^{17}O + {}^{1}H.$$

Het stikstofatoom (met 7 positieve ladingen in de kern) botst met een alfadeeltje (met twee positieve ladingen) en daar komt dan een proton (één positieve lading) uit voort. Het resterende product moet dus 8 positieve ladingen dragen in plaats van de originele 7. Anders gezegd – dat stikstofatoom werd door die botsing omgezet in een zuurstofatoom. De oude droom van de alchemisten (de transmutatie, het omzetten van een element in een ander) is bij deze waargemaakt (en ondertussen veranderden we effectief lood in goud). Rutherford publiceerde zelf in 1937 zijn bevindingen in een boek getiteld *The New Alchemy*.

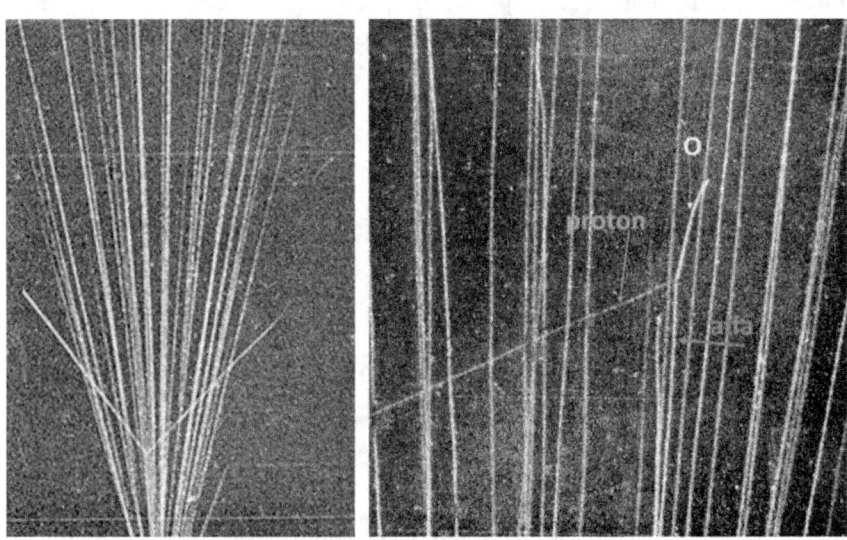

Figuur 62. Het resultaat van enkele nevelkamerexperimenten.

Links: Botsing tussen twee alfadeeltjes. Ze schieten na de botsing uiteen in twee richtingen die loodrecht op elkaar staat.
Rechts: Het resultaat van de botsing tussen een alfadeeltje en een stikstofatoom levert een proton.

Episode 9: Ongeladen maar niet onvindbaar: het neutron

Aan het einde van het vorige deel stelden we vast dat het gedaan is met de ondeelbaarheid van de atomen. Blijkbaar bestaan ze uit lichte, negatief geladen elektronen en zwaardere, positief geladen protonen. Hierbij weten we ook dat de netto-lading van de kern (die positief is) wordt gecounterd door een net voldoende elektronen, die rond die kern cirkelen als manen rond een planeet, of planeten rond een ster. Het aantal elektronen varieert naargelang het element waar we mee te maken hebben: waterstof heeft er één, helium twee, enzovoort.

De netto-lading van die kern is tegelijkertijd een goede parameter om de eigenschappen van het betrokken atoom mee in te schatten: het atoomnummer is erkend als meer dan gewoon een rangschikking in een volgorde. Van de elektronen binnenin (vlak tegen de kern aan) weten we dat ze X-stralen genereren als ze uit de kern gegooid worden; de elektronen aan de buitenkant van het atoom bepalen dan weer het chemisch gedrag.

Tegelijk doken er nog vragen en nieuwe uitdagingen op. Neem nu het heliumatoom. Daarvan weten we dat de kern een massa heeft van vier deeltjes, maar het atoom heeft slechts twee elektronen die rond die kern cirkelen. Hoe komt dat? Bestaat die kern dan uit vier protonen en nog twee (onopgemerkte) kernelektronen? Dat leek rond 1920 alvast het meest logische antwoord. Ook het bestaan van isotopen, atomen die behoren tot hetzelfde element ook al hebben ze een andere massa, wordt zo verklaard: als de kern verzwaard wordt, gebeurt dat doordat er extra protonen in die kern te vinden zijn, maar hun lading wordt meteen geneutraliseerd door een even groot aantal extra kernelektronen. Hierdoor verandert er niets aan de elektronen buiten de kern (en dus ook niet aan het chemische gedrag van die atomen).

In 1930 ontdekten de onderzoekers Walther Bothe en Herbert Becker echter, dat er een nieuwe vorm van straling opdook, wanneer ze beryllium (atoomnummer 4) bombardeerden met alfadeeltjes (heliumkernen, atoomnummer 2). Deze straling ging dwars doorheen een plaat uit messing van enkele centimeter dik en liet kernen uiteenvallen wanneer ze daarop botste.

Figuur 63. James Chadwick

Chadwick (20 oktober 1891, Bollington, Engeland – 24 juli 1974, Cambridge, Engeland) behaalde zijn bachelor- en masterdiploma's in 1911, resp. 1913 in Manchester, waar hij onder andere van Rutherford les kreeg. Hij werd daarna de assistent van Hans Geiger (de oud-medewerker van Rutherford) in Berlijn. Bij het uitbreken van de Eerste Wereldoorlog werd hij als Brit in Duitsland geïnterneerd als krijgsgevangene, maar kon zijn tijd besteden aan chemisch onderzoek, Na de oorlog vervoegde hij Rutherford in 1919 in het Cavendishlab in Cambridge. Daar toonde hij in 1932 het bestaan van het neutron aan.

Links: James Chadwick; Rechts de voorpagina van zijn Letter to Nature waarin hij zijn werk ontvouwt.

Zij dachten toen dat ze een hoogenergetische elektromagnetische straling (gammastraling) hadden waargenomen. Enkele jaren later stootten Irène en Frédéric Joliot-Curie op bijkomende informatie. Zij richtten deze straling op een hoeveelheid paraffine (middelgrote tot grote koolwaterstoffen, dus in essentie niets anders dan koolstof- en waterstofatomen) en ontdekten dat er daarbij protonen vrijkwamen uit de paraffine.

Het was echter James Chadwick, een medewerker van Rutherford, die deze waarnemingen kon plaatsen en verklaren. Om te beginnen richtte hij de straling niet alleen op paraffine, maar ook op stikstofgas, zuurstofgas en de edelgassen helium en argon. Hieruit leidde hij af, dat de verklaring met behulp van gammastraling niet kon kloppen: deze protonen hadden veel meer energie dan kon worden verklaard door een botsing met een (massaloos) foton. Wat wel een mogelijke verklaring bood, was de hypothese dat de straling niet bestond uit elektromagnetische golven, maar uit een nieuw, ongeladen deeltje. Nieuwe berekeningen leidden hem tot het inzicht dat er een tot dan toe onbekend deeltje in het spel was, met een massa die ongeveer gelijk was aan die van het proton (983 ± 1,8 MeV volgens Chadwick, 939,57 MeV vandaag de dag). De reactie die plaatsvond tijdens de experimenten met beryllium, was de volgende:

$$^9Be + \alpha \rightarrow {}^{13}C \rightarrow {}^{12}C + neutron$$

In 1932 publiceerde Chadwick zijn resultaten in *Nature*. Niet dat hij nu echt een neutron had gezien, maar hij had voldoende resultaten verzameld om zijn hypothese, het bestaan van een dergelijk deeltje, te onderbouwen. Het leverde hem de Nobelprijs op in 1935.

Figuur 64. Walther Bothe

Walther Bothe (8 januari 1891, Oranienburg, Duitse Keizerrijk - 8 februari 1957, Heidelberg, West-Duitsland) vatte zijn studies in de fysica aan in 1908 aan de Friedrich-Wilhelms-Universität (vandaag de dag de Humboldt-Universität zu Berlin), onder andere onder Professor Max Planck. Vlak voor de Eerste Wereldoorlog behaalde hij daar zijn doctoraat. Tijdens de oorlog diende hij bij de cavalerie. Hij viel echter als krijgsgevangene in handen van de Sovjets en zo verbleef hij vijf jaar in Siberië. Hij leert er Russisch en houdt zich vooral bezig met wiskundig werk. Ook ontmoet hij er zijn latere echtgenote, Barbara Below.

Na zijn terugkeer bleef hij werkzaam aan de Physikalisch-Technische Reichsanstalt in de Duitse hoofdstad, waar hij samen met Hans Geiger onderzoek verrichtte naar de scattering van lichtdeeltjes bij botsing met elektronen (ook wel het Comptoneffect genoemd). Vanaf 1930 bekleedde hij verschillende posities: eerst aan de Justus Liebig-Universiteit van Giessen, daarna aan die van Heidelberg, tot hij in het vizier kwam van de Deutsche Physik-beweging (zie later) die hem in 1934 van die plaats af wou. Om te vermijden dat hij zou emigreren, boden Ludolf von Krehl, Directeur van het Kaiser-Wilhelm Institut für medizinische Forschung, en Max Planck, President of the Kaiser-Wilhelm Gesellschaft hem in 1934 de job aan van directeur van het Institut für Physik (nu het Max Planckinstituut) in die stad. Hij bleef dit tot na de Tweede Wereldoorlog. Hij was er onder andere verantwoordelijk voor de aanschaf van een cyclotron waar hij tijdens de oorlog nuttig wetenschappelijk werk rond het gedrag van neutronen mee kon verrichten. In 1954 kreeg hij de Nobelprijs voor Natuurkunde samen met Max Born, voor hun werk in nucleaire spectroscopie.

Walther Bothe had niet enkel een passie voor wetenschappen, maar ook voor kunst en klassieke muziek. Hij was een begaafd pianist en hield vooral van Bach en Beethoven.

Figuur 65. Frédéric Joliot en Iréne Joliot-Curie.

Foto uit de jaren 1940.

Irène Curie (12 september 1897, Parijs, Frankrijk – 17 maart 1956, Parijs, Frankrijk), dochter van Marie en Pierre Curie-Sklodowska, was van jongs af betrokken bij het werk van haar ouders. Ze studeerde aan de Sorbonne tussen 1912 en 1914 (nota bene vanaf een leeftijd van vijftien jaar), maar moest bij de start van de Eerste Wereldoorlog vluchten naar het platteland. Ze werd daar een jaar later verenigd met haar moeder, met wie ze zij aan zij werkte in veldhospitalen voor de behandeling van oorlogsslachtoffers.

De Curies hadden gezorgd voor primitieve X-straalapparatuur, wat het werk van de artsen in die veldhospitalen een pak effectiever maakte om de wonden van de getroffen militairen goed te behandelen, maar wellicht hebben beide vrouwen tijdens die jaren reeds veel te veel straling van de slecht beschermde toestellen moeten doorstaan. Beiden zijn overigens te vroeg gestorven, wellicht door overmatige blootstelling aan radioactieve en andere straling tijdens hun professionele bezigheden.

Na de oorlog werkte Irène Curie aan haar doctoraatsproefschrift rond het verval van polonium. Daar leerde ze Frédéric Joliot (19 maart 1900, Parijs, Frankrijk – 14 augustus 1958, Parijs, Frankrijk) kennen, die in hetzelfde instituut werkte als assistent van haar moeder. Curie promoveerde in 1925 tot Doctor in de

Wetenschappen; het paar trouwde in 1926. Nadien werkten ze samen verder rond kunstmatige radioactieve reacties, waarbij kortlevende radioactieve isotopen werden gecreëerd. Ze maakten radioactief stikstof uit boor, fosfor uit aluminium en silicium uit magnesium, bv.

$$^{27}Al + {}^{4}He \rightarrow {}^{30}P + {}^{1}n$$

Het leverde hen de Nobelprijs op in 1935. Hun werk stimuleerde een groep Duitse fysici, aangevoerd door Otto Hahn, Lise Meitner en Fritz Strassman, om verder onderzoek te doen naar de splijting van atoomkernen.

Tijdens de Tweede Wereldoorlog waren beide wetenschappers actief in het verzet tegen de Duitse invallers, wat hen beide later het Légion d'Honneur opleverde. Zowel voor als na de oorlog bekleedden beide wetenschappers hoge posities in de Franse administratie. Nog in 1936 werd Irène Joliot-Curie Sous-secrétaire d'État voor wetenschappelijk onderzoek. Frédéric Joliot-Curie werd in 1945 voorzitter van het Commissariat à l'Énergie Atomique; Irène werd er commissaris. Tegelijk had ze de functie van directeur van het Institut du Radium, opgericht door haar moeder. In 1950 werden ze tezamen aan de deur gezet in het Commissariat, omwille van hun politieke banden met de communistische partij in Frankrijk.

Ondertussen was er leukemie vastgesteld bij Irène Joliot-Curie. Ze stierf aan de ziekte in 1956. Frédéric Joliot-Curie nam haar positie als hoofd van de afdeling Kernfysica aan de Sorbonne over, maar overleed zelf niet lang nadien, in 1958. Hun kinderen, Hélène Langevin-Joliot en Pierre Joliot, zetten ondertussen de familiale traditie voort, zij als professor in kernfysica aan de Universiteit van Parijs, en hij als biochemicus aan het Centre National de la Recherche Scientifique.

Episode 10: Gereedschap van de deeltjesjager - de massaspectrometer

Eerder in ons verhaal maakten we reeds kennis met de nevelkamer van Wilson. Maar het snel expanderende onderzoek naar de structuur van de materie had nood aan meer en vooral fijnere apparaten om op de vragen van de onderzoekers te antwoorden. Het eerste toestel dat daarbij een belangrijke rol heeft gespeeld, was de massaspectrometer. We beginnen echter bij zijn kleine broer – de anodestraalbuis. Over de kathodestraalbuis hebben we het eerder al gehad: deze opstelling lag aan de basis van de ontdekking van het negatief geladen elektron. Hierbij zag men een straal ontstaan aan een kathode die dan doorheen een holle anode passeerde. Bij de anodestraalbuis gebeurde net het omgekeerde. De kathode is er een schijf met een gat in het midden, en de straal begint aan de anode. Kathodestraalbuizen zijn overigens meestal hoog vacuüm getrokken, terwijl er bij een anodestraal steeds wat gas moet aanwezig zijn.

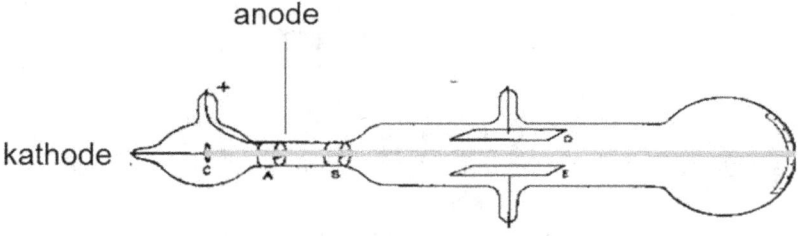

Figuur 66. De kathodestraalbuis van Thomson

Wanneer een spanning wordt aangelegd tussen de anode en de kathode, verschijnen er in eerste instantie kathodestralen van de kathode naar de anode (op de figuur in het groen aangeduid). Deze elektronen botsen op de gasmoleculen die ze onderweg tegenkomen, waardoor ze elektronen losslaan uit de moleculen en deze moleculen positief laden (ioniseren). Deze positieve ionen worden dan aangetrokken door de kathode en gaan de andere kant op (blauw in de figuur). Bovendien kan de opstelling gevuld worden met verschillende gassen, waardoor de kleur van de ontlading verandert. Waterstof geeft een rozige kleur, lucht een gele.

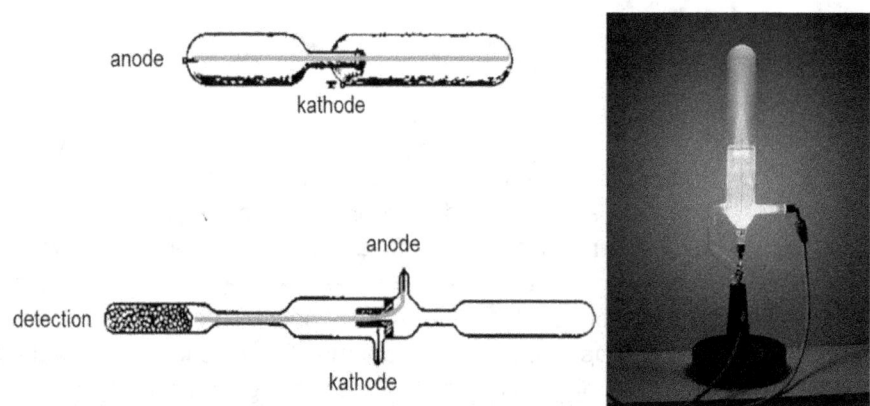

Figuur 67. Anodestraalbuizen

Links: Schematische weergave van de werking van een anodestraalbuis. Bovenaan staat het toestel van Goldstein uit 1886, onderaan een verbeterde versie, gebouwd in het Cavendish lab van Thomson. Beide tekeningen zijn een bewerking van een originele schets van Thomson.
Rechts: Anodestraalbuis in werking

Zie ook https://www.youtube.com/watch?v=WiNB7E0CtgU

Ondertussen (in 1898) had de Duitse onderzoeker Wilhelm Wien reeds bepaald dat de stralen konden worden afgebogen in een magneetveld. Hieruit besloten de onderzoekers dat de stralen bestonden uit geladen atomen (ionen) in gasvorm, met een massa m en lading q. J.J. Thomson stelde vast dat de waarde van q gedeeld door m van de deeltjes in de positieve stralen, gevormd met waterstofgas in de buis, in de grootteorde van 10^8 C/kg lag. Hij kon dit vergelijken met de q/m-waarde die hij had bepaald voor het elektron ($1{,}758 \times 10^{11}$ C/kg). Dit moet betekenen dat het deeltje dat de positieve stralen veroorzaakt, ofwel een veel kleinere lading heeft dan die van het elektron, ofwel een veel grotere massa. De tweede hypothese bleek de juiste te zijn (een proton weegt 1830 maal meer dan een elektron).

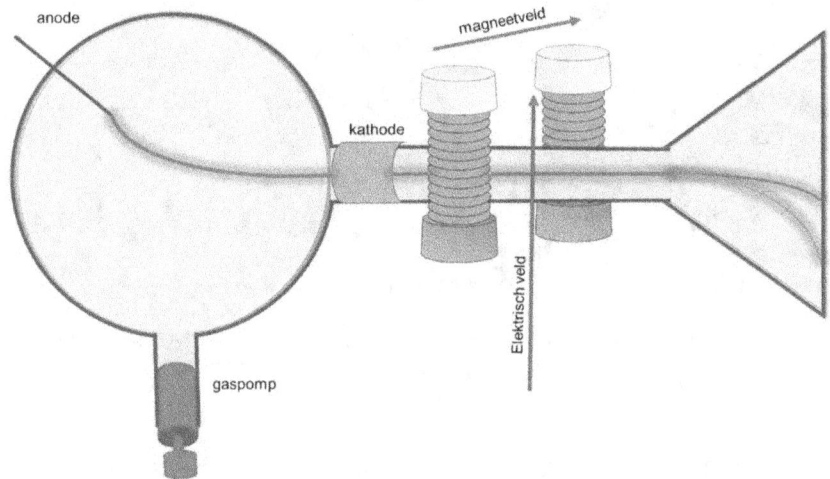

Figuur 68. Schematische weergave van de opstelling van J.J. Thomson voor de studie van anodestralen.

De straal wordt eerst opgewekt in een elektrisch veld, waarin een gas wordt geïoniseerd. Dit gas passeert vervolgens door een magneetveld. De afbuiging wordt gemeten op een fotografische plaat aan de rechterzijde.

Deze anodestralen vertoonden de volgende eigenschappen:
- ze bewegen in de tegenovergestelde zin van de kathodestralen;
- ze worden afgebogen door elektrische en magnetische velden;
- de stralen in een bundel hebben verschillende snelheden (maar zijn trager dan de kathodestralen);
- de eigenschappen van de stralen zijn afhankelijk van het gas in de buis;
- ze veroorzaken ionisatie;
- zij fluoresceren bij botsing op fotografische platen.

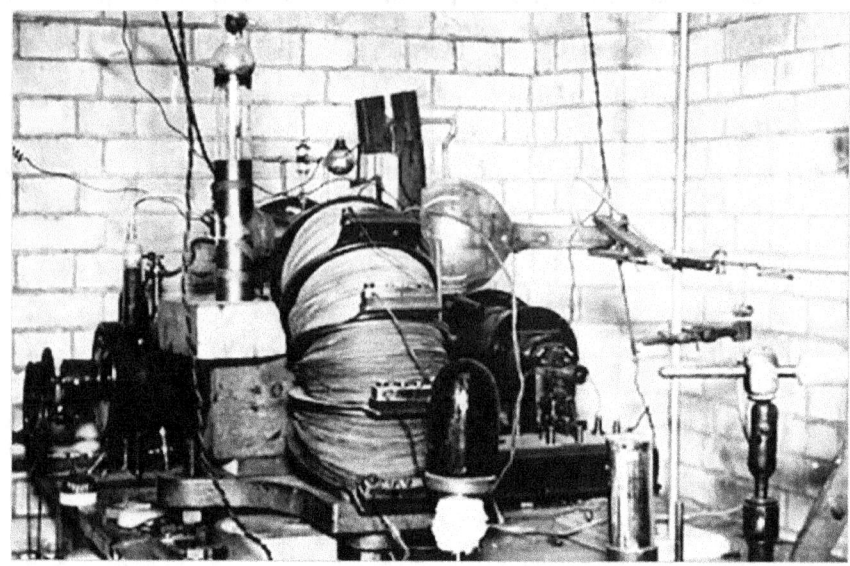

Figuur 69. Laboratoriumopstelling van J.J. Thomson uit 1909 voor onderzoek naar anodestralen.

Thomson zag echter meer mogelijkheden voor zijn opstelling. Met zijn apparaat was hij in staat om de twee isotopen van neon van mekaar te scheiden. Isotopen zijn atomen die behoren tot hetzelfde element (en dus hetzelfde aantal protonen bezitten), maar een verschillende massa hebben (want hun kern bevat meer of minder neutronen). Bij neonatomen vinden we twee isotopen: neon-20 en neon-22. Neon bevat 10 protonen, neon-20 bevat 10 neutronen en neon-22 bevat er 12.

De grote doorbraak die leidde tot de bouw van de eerste echte massaspectrometer kwam er van Francis W. Aston (1877–1945), J.J. Thomsons assistent tussen 1909 en 1914. Hij vervolmaakte de opstelling van Thomson tegen 1919 en zorgde ervoor dat het toestel zeer precieze scheidingen van isotopen kon uitvoeren – net die scheidingen die Thomsons opvolger Rutherford maar al te graag gebruikte in zijn eigen proeven. Aston scheidde de twee isotopen van chloor (35 en 37) en broom (79 en 81) en vond maar liefst zes isotopen van het edelgas krypton (78, 80, 82, 83, 84 en 86).

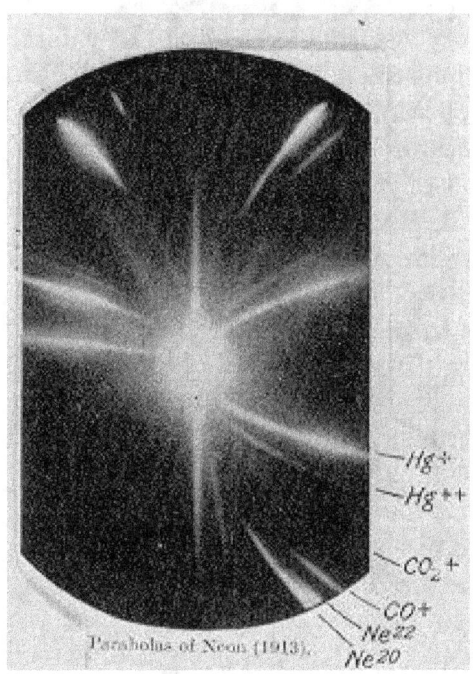

Figuur 70. Fotografische plaat waar de sporen van de twee isotopen van neon op te zien zijn.

Het invoeren van een elektromagnetische focus in het toestel hielp hem niet minder dan 212 van de 287 in de natuur voorkomende isotopen te identificeren. Al snel daarna werd Aston een fellow van de Royal Society in 1921. Hij behaalde datzelfde jaar de Nobelprijs voor Scheikunde. Zolang Rutherford de leiding van het Cavendishlaboratorium in handen had, bleef Aston er ruimte behouden voor zijn proeven.

Figuur 71. Francis William Aston.

Figuur 72. Een van de versies van de massaspectrometer, gebouwd door Francis Aston.

Overigens was het dankzij de massaspectrometer dat de beroemde vergelijking van Einstein, $E = mc^2$ in de praktijk bewezen kon worden. De vergelijking stelt, dat massa en energie niet per se onveranderlijk moeten blijven bestaan (zoals de fysica en de chemie voorschrijven in hun behoudswetten), maar dat ze in mekaar kunnen worden omgezet onder de juiste omstandigheden. Einstein zelf was op dit idee gekomen bij het ontwikkelen van zijn relativiteitstheorie en publiceert het verhaal in 1905 in het vakblad *Annalen der Physik*.

Het artikel van Einstein bevat echter enkel de theoretische afleiding van de beroemde vergelijking. Wetenschap heeft nooit genoeg aan een loutere theoretische benadering: zelfs het meest elegante wiskundige bewijs vraagt finaal experimentele bevestiging – een filosofie die we in de laatste episodes van ons verhaal nog meer tegenkomen, wanneer we het hebben over het Englert-Brout-Higgsboson, of over zwaartekrachtgolven. Ook de vergelijking $E = mc^2$ kon niet zonder experimentele steun blijven rondzwerven in de wetenschappelijke wereld.

Het uiteindelijke bewijs voor de juistheid van dit verband werd echter pas in 1933 geleverd door Kenneth Brainbridge (Franklin Institute, Pennsylvania). Hij maakte hierbij gebruik van een kernreactie die al eerder werd bestudeerd (onder andere door Rutherford zelf): de botsing tussen een lithiumkern en een deuteriumkern (een waterstofkern waarin een neutron zit), die twee alfakernen oplevert. Door nauwkeurig de massa te meten van alle onderdelen stelde hij vast dat er tijdens deze reactie een kleine hoeveelheid massa verloren gaat en dat die overeenkomt met een extra boost in energie, opgepikt door de alfadeeltjes.

Figuur 73. Kenneth Bainbridge

Hoewel Kenneth Bainbridge (27 juli 1904, Cooperstown, New York - 14 juli 1996, Lexington, Massachusetts) in feite elektrisch ingenieur wilde worden (aan het MIT), bleek de roep van de fysica te groot. In 1926 startte hij met zijn doctoraatsonderzoek, wat zou leiden tot een (met succes verdedigde) thesis in 1929, getiteld A search for element 87 by analysis of positive rays.

In 1933 en 1934 had hij de kans om met een onderzoeksbeurs enige tijd door te brengen in het Cavendishlab van Rutherford in Cambridge. Bij zijn terugkeer in de VS in 1934 kreeg hij een positie aangeboden op Harvard. Deze Amerikaanse onderzoeker was een van de vaders van de nucleaire spectroscopie en bouwde tijdens zijn carrière massaspectrometers en cyclotrons om isotopen en isotopenscheiding te bestuderen.

Tijdens de Tweede Wereldoorlog was hij verantwoordelijke voor de Trinity test (de eerste proef met een kernwapen op 16 juli 1945). Zijn eerste opmerking vlak na de test was het legendarische "Now we're all sons of bitches." – een opmerking die Oppenheimer, de leider van het kernwapenonderzoek tijdens de oorlog, later beschreef als een van de beste dingen die op dat moment gezegd zijn. Na de oorlog keerde Bainbridge terug naar Harvard. Hij bleef de rest van zijn leven actief tegenstander van het militair gebruik van kernenergie.

Episode 11: Van Rutherford naar Bohr: het atoommodel groeit op

Nu we meer weten over de samenstelling van de kern, wordt het tijd om weer de blik op het hele atoom te richten. Tijdens de eerste vijftien jaren van de twintigste eeuw volgden er een hele reeks modellen, waarvan we er reeds een aantal belichtten. Dus, hoewel we met het neutron reeds in 1936 waren aanbeland, keren we nog even op onze stappen terug en zetten we de verschillende atoommodellen nog eens op een rijtje.

We beginnen hierbij met het model van Gilbert Lewis. Hij ontwikkelde in 1902 zijn kubische model. Elk atoom wordt in dit model voorgesteld als een kubus waarvan de hoekpunten bezet kunnen worden door elektronen. Hij publiceerde dit echter pas in 1916, in een briljante paper waarin ook typische chemische concepten als de octetregel en de Lewisstructuur worden uiteengezet.

Volgens Lewis bestond een atoom uit een essentieel binnenste deel (de *kernel*) dat niet deelneemt aan de chemische reactie en als geheel positiever geladen is dan het normale atoom, en een buitenste deel (de *shell*), die van nul tot en met acht elektronen kan bevatten. In moderne termen – die kernel bestaat uit het atoom zonder de buitenste laag elektronen (en daarvan zijn er maximaal acht aanwezig). Die acht elektronen zaten, nog volgens Lewis, symmetrisch ingeplant rondom die kernel. Bij wijze van voorbeeld zijn hier de voorstellingen van de elementen van de tweede periode (lithium tot fluor)

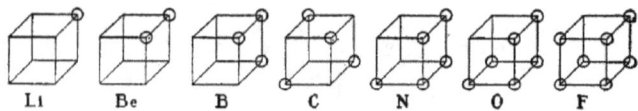

Figuur 74. De elementen van de tweede periode volgens Lewis

Covalente enkelvoudige bindingen worden volgens dit model gevormd wanneer twee atomen twee hoekpunten (elektronen) delen, zoals in structuur C hieronder. Ionbindingen worden gevormd door de overdracht van een elektron vanuit één atoom naar een ander. Dit elektron behoort daarbij volledig toe aan zijn nieuwe eigenaar, en de twee atomen delen geen enkel hoekpunt (A). Een tussenliggende staat B met een verdeling van een enkel elektron werd ook gepostuleerd door Lewis.

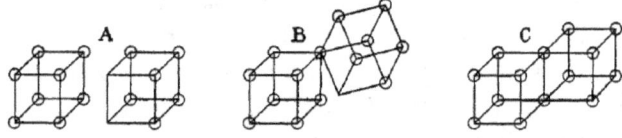

Figuur 75. Bindingen tussen twee atomen volgens Lewis.

Na Wereldoorlog I (in 1919) werkte Irving Langmuir hierop verder en definieerde de begrippen valentie-elektron (elektron in de buitenste zone van het atoom, betrokken in de chemische reacties met andere atomen) en valentieschil (de zone waarin de valentie-elektronen zich bevinden). Tegen dan was de algemene kennis van de atoomstructuur op zich verder ontwikkeld (en zoals we later zullen bespreken, was er ook een nieuwe manier bedacht om over de plaats van de elektronen rond de kern na te denken). Het kubische model heeft zo op zich weinig bijgedragen aan ons begrip van atoomstructuur, maar was van cruciaal belang bij het begrijpen van de chemische binding en de structuur van moleculen.

Over het plumpuddingmodel van Thomson hadden we het al eerder, net als over het model waar Rutherford in 1911 de kern mee introduceerde. Nu was Rutherford eigenlijk niet de eerste die met het concept van een atoomkern voor de dag kwam, maar wel de bekendste (omdat er op zijn model is doorgewerkt).

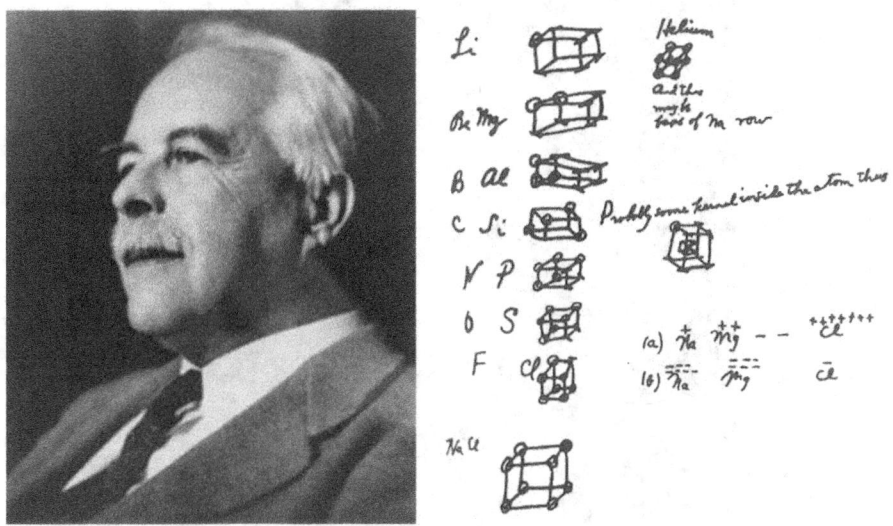

Figuur 76. Gilbert N. Lewis (links) -Zijn originele nota's uit 1902 (rechts)

Gilbert N. Lewis (23 oktober 1875 - Weymouth, Massachusetts,USA ; 23 maart 1946 – Berkeley, Californië, USA) werd opgeleid aan de Universiteit van Nebraska en later aan Harvard, waar hij ook enkele jaren praktijkvakken verzorgde. Na een jaar op de Filippijnen verkreeg hij een positie op het MIT. In 1912 vertrok hij daar en werd professor in fysische scheikunde aan de Universiteit van Californië, te Berkeley. Zijn belang voor de scheikunde kan niet worden overschat: hij droeg bij aan de thermodynamica van chemische reacties, ontwikkelde mee de theorie achter de covalente binding (waar Linus Pauling dan op voortborduurde) en stelde een vernieuwde theorie voor de activiteit van zuren en basen voor. Hij was de eerste die zwaar water (met deuterium op de plaats van neutronenloze waterstofatomen) produceerde, en stelde de term foton voor als eenheid van licht.

Ofschoon de man wellicht een van de best bekende chemici is (toch zeker bij een schoolgaand publiek dat Lewisformules moet leren tekenen), heel wat bijgedragen heeft aan de scheikunde en maar liefst 41 maal genomineerd was voor de Nobelprijs, heeft hij de begeerde medaille nooit gekregen. Hij overleed in zijn labo aan een dosis blauwzuur. Of het een ongeval, dan wel zelfmoord was, is nooit echt duidelijk geworden.

Figuur 77. Irving Langmuir

Langmuir (31 januari 1881, Brooklyn, New York, U.S. – 16 augustus 1957, Woods Hole, Massachusetts, U.S.) bij de toekenning van zijn Nobelprijs in 1932.

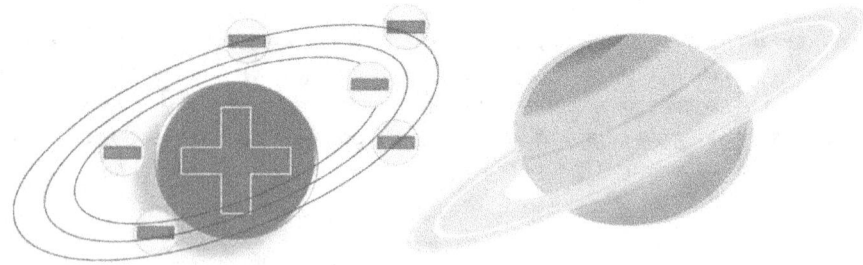

Figuur 78. Het Saturniaanse model van Nagaoka

In 1904 had de Japanse onderzoeker Hantaro Nagaoka echter reeds een model naar voren geschoven, waarin de elektronen cirkelden rond een zware kern, in ringen zoals die van de planeet Saturnus. Naar analogie met de ringen van deze planeet, die gestabiliseerd worden door hun aantrekking door de planeet Saturnus (via de zwaartekracht), postuleerde Nagaoka ook een zware kern in het hart van het atoom. Hij had hierin alvast gelijk. Andere details van het model zijn onjuist. Waar er wat zwaartekracht betreft geen afstotende kracht bestaat, is die er wel tussen gelijkaardige ladingen. Negatief geladen ringen van elektronen zouden mekaar afstoten. De energetische kost voor het in stand houden van de ringen zou daarom bijzonder hoog geweest zijn. Nagaoka liet zijn model in 1908 voor wat het was.

Maar ook de aanpassingen van Rutherford, die de elektronen op verschillende banen in verschillende richtingen legde, sneden geen hout. Ze waren immers in tegenspraak met de wetten van Maxwell. Die zeggen immers, dat een lading die een versnelling ondergaat, elektromagnetische straling moet produceren. Een elektron dat rond een kern draait, ondergaat een centripetale kracht en dus een versnelling... Het deeltje zou dan straling moeten uitsturen en daardoor energie verliezen, en uiteindelijk neerstorten op de kern, als een satelliet waarvan de energievoorraad is uitgeput.

Rutherfords model werd daarom snel vervangen door een nieuw model – het Rutherford-Bohr-model (vaak gewoon Bohrmodel genoemd) dat hij in 1913 samen met de Deen Niels Bohr naar voren schoof. Voor we dat echter kunnen uitleggen, moeten we (voor de laatste maal in dit verhaal) terug naar de start van de twintigste eeuw, waar de fysica op dat moment grondig door mekaar wordt gehaald door de pioniers van de kwantummechanica.

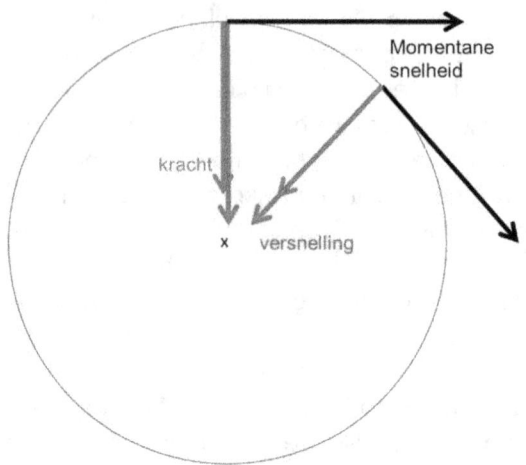

Figuur 79. De eenparig cirkelvormige beweging.

We begrijpen versnelling allemaal intuïtief als een verandering van snelheid. Gaat het over een lineaire beweging (onze wagen op een recht stuk autosnelweg), dan is versnelling inderdaad een verandering van de grootte van de snelheid. Bij een cirkelvormige beweging (zoals op een paardenmolen, of in een bocht) verandert onze snelheid echter ook, maar niet in grootte maar in richting. We blijven in een bocht bewegen omdat we op een of andere manier naar het centrum van de cirkel waarop we draaien, worden aangetrokken. De kracht die deze aantrekking veroorzaakt, is een zogenaamde centripetale of middelpuntszoekende kracht.

Episode 12: Atomen en kwanta 1: Van wolkje tot donderslag bij heldere hemel

De wolkjes van Lord Kelvin

Aan het einde van de negentiende eeuw heerste er een zekere voldoening in natuurkundige kringen. De mechanica van Newton had al lang zijn bruikbaarheid bewezen, Maxwell had net met zijn wetten het elektromagnetisme onderbouwd, en de thermodynamica bloeide als nooit tevoren dankzij de vele industriële toepassingen die het licht zagen. De fysica was een vredig wetenschapsdomein. Zo vredig zelfs, dat de beroemde fysicus Sir William Thompson, Lord Kelvin (1824-1907), er in een van zijn lezingen (getiteld *Nineteenth-Century Clouds over the Dynamical Theory of Heat and Light*) op wees, dat er slechts nog enkele "wolkjes" overbleven die nog moesten worden opgelost. Albert Michelson (1852-1931) stelde het nog iets sterker: "De belangrijkste fundamentele wetten en feiten van de fysica zijn nu alle ontdekt, en ze zijn zo stevig onderbouwd dat de kans dat ze ooit door nieuwe ontdekkingen zouden worden opzijgeschoven, bijzonder klein is."

Het leek erop dat de fysica in staat was, om de materiële wereld tot ieders voldoening te beschrijven – en dat was ook de boodschap die de jonge Max Planck, een van de helden van de kwantummechanica, meekreeg van zijn professor, Philipp Von Jolly: "De wetenschap is een vrijwel voltooide kennis van de natuur." Draaide dat even anders uit.

Figuur 80. Lord Kelvin

William Thomson, Lord Kelvin (26 juni 1824, Belfast, Noord-Ierland, Groot-Brittannië – 17 december 1907, Ayrshire, Schotland, Groot-Brittannië). Dee veelzijdige wetenschapper droeg bij aan de wiskundige beschrijving van onze toenmalige kennis van elektriciteit, aan de formulering en interpretatie van de eerste en tweede hoofdwet van de thermodynamica. Zo ontwikkelde hij het idee van het absolute temperatuursnulpunt. Ook de term kinetische energie is door Lord Kelvin bedacht. Daarnaast toonde hij zich ook bijzonder capabel om praktische problemen en technische opdrachten aan te pakken. Zo leverde hij een onmisbare bijdrage aan de constructie van de trans-Atlantische telegrafiekabel (waarvoor hij in 1866 geridderd werd), verbeterde hij het zeemanskompas en ontwikkelde hij een telegraaf voor duikboten, in staat om elke 3,5 seconden een teken te versturen.

Omwille van zijn bijdragen tot de thermodynamica (en omdat hij zich als geboren Ier had uitgesproken tegen Home Rule, de politieke beslissing dat de Ieren zelf zouden moeten kunnen beslissen over wat er op het eiland zelf diende te gebeuren, een stap in de richting van Ierse onafhankelijkheid) werd hij vervolgens in 1892 in de adelstand verheven als Baron Kelvin, van Largs, county Ayrshire. Zijn hele leven bleef hij verbonden aan de Universiteit van Glasgow. Hij publiceerde meer dan 650 wetenschappelijke papers en een zeventigtal patenten (waarvan er vele werden toegekend).

Het eerste wolkje van Kelvin betrof het onverwachte resultaat van een beroemd experiment van Albert Michelson en Edward Morley. Deze twee onderzoekers hadden de handen in mekaar geslagen om meer te weten te komen over de "ether". Dit was een verder onbekende stof, waarvan de wetenschap dacht dat ze overal rondom ons aanwezig was, en diende als medium voor het transport van lichtgolven (net als water diende voor oppervlaktegolven en lucht voor geluidsgolven). In hun ogen mislukte het experiment, omdat ze geen effecten van de ether op de snelheid van het licht konden aantonen. Enkele jaren later werd duidelijk waarom, toen Einstein op de proppen kwam met zijn speciale relativiteitstheorie, waarin de snelheid van het licht een constante bleek te zijn, en waardoor er ook geen nood meer was aan die "ether". Alleszins leidde dit wolkje dus tot een eerste grote radicale omslag in het denken van de natuurkundigen.

Het tweede wolkje bleek al even spectaculair. Op het eerste gezicht lijkt het vraagstuk nochtans bijzonder abstract: hoeveel straling stuurt een zogenaamd zwart voorwerp uit? We noemen een voorwerp per definitie zwart, wat betekent dat het voorwerp bij een gegeven temperatuur en bij elke denkbare golflengte zoveel mogelijk licht uitstuurt. Maar hoe gaat dat in de praktijk? We weten dat een voorwerp van kleur verandert naargelang zijn temperatuur toeneemt. De kleur die het voorwerp krijgt, is daarbij louter afhankelijk van de temperatuur, en niet van het materiaal waaruit het voorwerp bestaat. Het licht dat hierbij wordt geproduceerd is bovendien niet enkel rood of blauw, maar een mengsel van alle mogelijke golflengten, waarbij elke golflengte voor een bepaald deel bijdraagt aan het geheel. We noemen dit in de wetenschap een kleurenspectrum. We ervaren de finale kleur als rood of blauw omdat in het spectrum rode of blauwe golflengten overheersen. De exacte bijdrage van elke golflengte noemen we de verdeling van het spectrum.

Wetenschappers waren op het einde van de negentiende eeuw druk bezig om een vergelijking te vinden die de verdeling van de straling bij een bepaalde temperatuur goed beschreef. Meer nog: er bestonden twee vergelijkingen die bepaalde resultaten van de metingen goed benaderden. Lord Rayleigh en Sir James Jeans waren uitgekomen bij een formule die goed paste bij lage frequenties (lange golflengten). Bij kortere golflengten klopte er echter niets van: volgens hun theorie zouden voorwerpen bij eender welke temperatuur hoge dosissen ultraviolet licht uitstralen. En dat klopt (gelukkig voor ons) van geen kanten.

Figuur 81. Hete voorwerpen krijgen een kleur.

Denk maar aan gloeiende kolen, of aan het verband tussen de kleur van een ster en haar temperatuur.

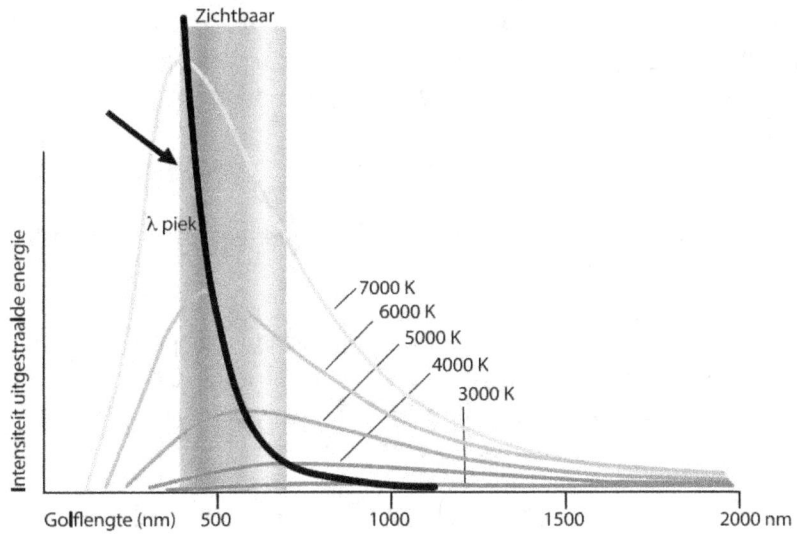

Figuur 82. Naarmate de temperatuur van een voorwerp stijgt, wordt de golflengte van de piek van het uitgestraalde licht korter.

Wilhelm Wien had dan weer een vergelijking afgeleid die de meetwaarden goed beschreef bij hoge frequenties (korte golflengten), maar bij lage frequenties lagen de voorspellingen van zijn formule te ver af van de gemeten waarden. En in de experimentele wetenschappen geldt nu eenmaal dat we de theorie aanpassen aan de metingen (en niet andersom). Het was dus wachten op een fysicus die de theorie op de juiste manier zou kunnen bijwerken.

Max Planck en de geboorte van het kwantum

De grote doorbraak in de zoektocht naar een correcte beschrijving van wat een zwart lichaam uitstraalt, kwam er bij de eeuwwisseling. Max Planck stelde eind 1900 immers een bijzonder postulaat voor – een dat hij zelf overigens in eerste instantie beschouwde als een puur formele aanname, zonder er verder echt over na te denken. Hij bouwde zijn analyse immers op met als basisidee dat de energietoestanden van een lichtgolf slechts gehele veelvouden kunnen zijn van een bepaald basisniveau. Dat basisniveau berekende hij door de frequentie van die lichtgolf te vermenigvuldigen met h, de constante van Planck ($6,626 \times 10^{-34}$ J·s).

Wat hij hiermee in het leven riep, is het gegeven dat energie enkel in discrete (aparte) pakketjes kan worden verbruikt, geleverd en doorgestuurd. Een dergelijk pakketje noemde hij een kwantum (van het Latijn *quantum*, hoeveelheid), met als energie-inhoud

$$E = h \cdot v$$

(waarbij de Griekse v (nu) staat voor de frequentie waarmee die lichtgolf trilt).

En het resultaat van zijn werk? Een vergelijking die perfect past bij de meetgegevens. Wanneer deze vergelijking voor hoge en lage frequenties wordt vereenvoudigd, blijkt dat de formules tevoorschijn komen die door Wien en door Rayleigh en Jeans waren ontwikkeld.

Planck zelf beschouwde zijn kwanta in de eerste plaats als een manier om de vergelijking te laten aansluiten bij de meetgegevens – hij geloofde er eigenlijk in eerste instantie zelf niet in. Hij vermoedde dat er nog wel iemand met het juiste theoretische inzicht op de proppen zou komen, om die discrete energieniveaus beter uit te leggen, en om ze te laten aansluiten bij de klassieke fysica. Ironisch genoeg gebeurde net het omgekeerde. In 1905 gebruikte Albert Einstein de kwanta van Planck om andere lichtverschijnselen uit te leggen. Nog wat later paste Niels Bohr ook het atoommodel van Rutherford aan om te voldoen aan de nieuwe kwantumtheorie.

Figuur 83. Max Planck

Max Karl Ernst Ludwig Planck (23 april 1858, Kiel, Hertogdom Holstein (nu Duitsland) - 4 oktober 1947, Göttingen, Nedersaksen, Duitsland)

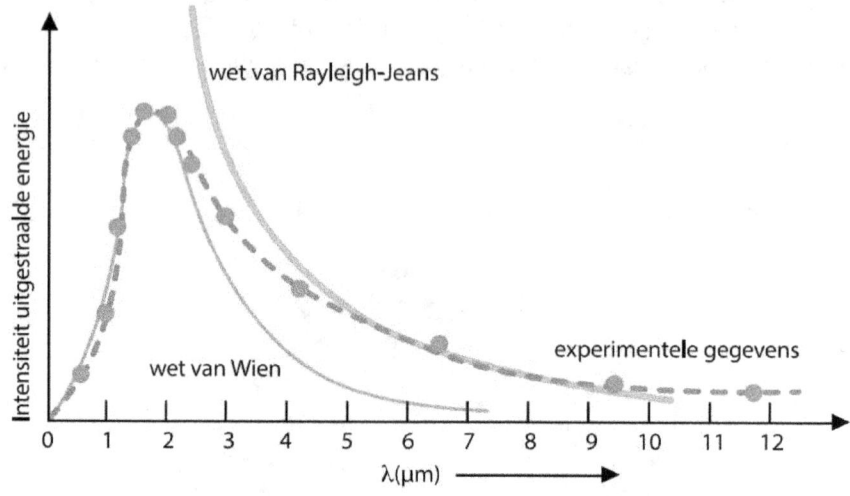

Figuur 84. De vergelijking tussen de wetten van Rayleigh-Jeans, Wien en Planck

Noch de wet van Rayleigh-Jeans, noch die van Wien konden tot ieders tevredenheid de meetresultaten rond de straling van een zwart lichaam verklaren. Pas toen Planck zijn vergelijking voorstelde (stippellijn) klopte het plaatje. Alleen wist niemand waarom.

Het atoommodel van Niels Bohr

Die nieuwe denkrichting was niet aan het oog van de jonge Deen Niels Bohr ontsnapt. Afkomstig uit een familie van academici (zijn vader Christian was hoogleraar fysiologie in Kopenhagen) zette de jonge Niels in 1903 zijn eerste stappen aan de universiteit met fysica als hoofdvak. In 1907 liet hij zich opmerken met een manuscript over metingen van de oppervlaktespanning van water volgens een theorie van Lord Rayleigh (uit 1879). De metingen had hij moeten uitvoeren in het lab van zijn vader – de universiteit van Kopenhagen beschikte immers (nog) niet over een natuurkundig lab. Hij moest er zelfs zijn eigen glaswerk maken. Met goed resultaat overigens, want hij slaagde niet enkel in het experimenteel gedeelte, maar verbeterde ook de theorie van Rayleigh. Het leverde hem een gouden medaille van de Koninklijke Deense Academie van Wetenschappen en Letteren op, in 1908, alsook een eerste publicatie.

In 1911 behaalde hij zijn graad van doctor in de fysica, met een proefschrift over het gedrag van elektronen in metalen. Zijn resultaten waren spectaculair: Bohr toonde overtuigend aan dat de klassieke fysica niet volstaan om magnetische verschijnselen te verklaren, en dat een goed begrip van het magnetisme van materialen uit het toepassen van de kwantummechanica zou moeten komen. Dit werd echter niet opgepikt door de internationale wereld omdat zijn thesis in het Deens gepubliceerd was. Pas toen de Nederlandse onderzoekster Hendrika Johanna van Leeuwen in 1919 in haar doctoraat tot dezelfde conclusies kwam, werd deze kennis gemeengoed als de *Stelling van Bohr en Van Leeuwen*.

In september 1911 reisde hij naar Engeland met een beurs van de Carlsbergstichting. Hij ontmoette er Thomson in Cambridge, en Rutherford in Manchester. Deze laatste nodigde hem uit om enige tijd te blijven als postdoctoraal onderzoeker, en Niels Bohr nam dat met graagte aan. De twee werden zeer goede vrienden, en bleven dat hun leven lang.

Figuur 85. Niels Bohr en Albert Einstein

Niels Henrik David Bohr (7 oktober 1885, Kopenhagen, Denemarken – 18 november 1962, Kopenhagen, Denemarken) was de eerste wetenschapper die de nieuwe kwantumtheorieën koppelde aan de structuur van atomen. Het leverde hem in 1922 de Nobelprijs voor Natuurkunde op.

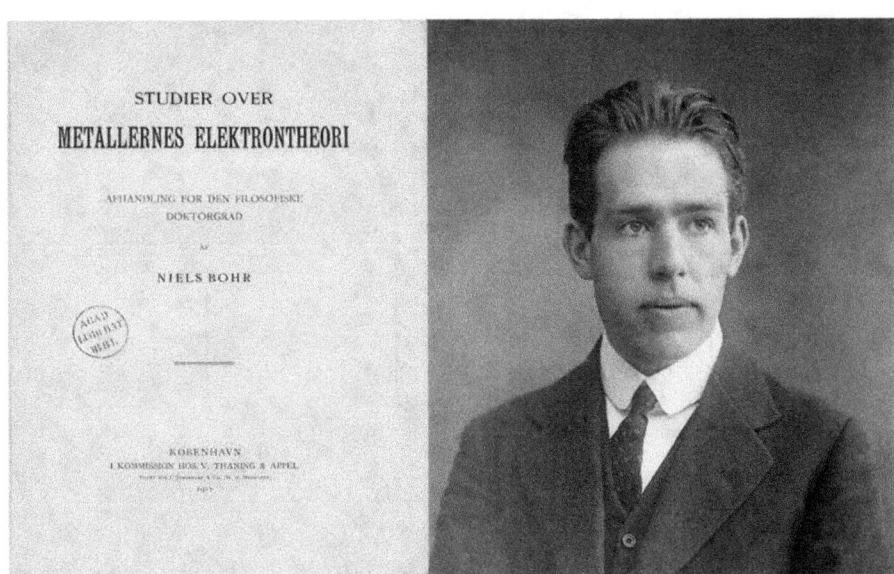

Figuur 86. De jonge Bohr en zijn eerste wetenschappelijke bijdrage

Linksboven: Schutblad van het doctoraat van Niels Bohr. Hij zei later dat hij uit de vragen van de jury bij zijn verdediging had begrepen, dat zij zijn werk vooral niet hadden begrepen.

Rechtsboven: de jonge Bohr.

Onderaan: Publicatie van Van Leeuwen

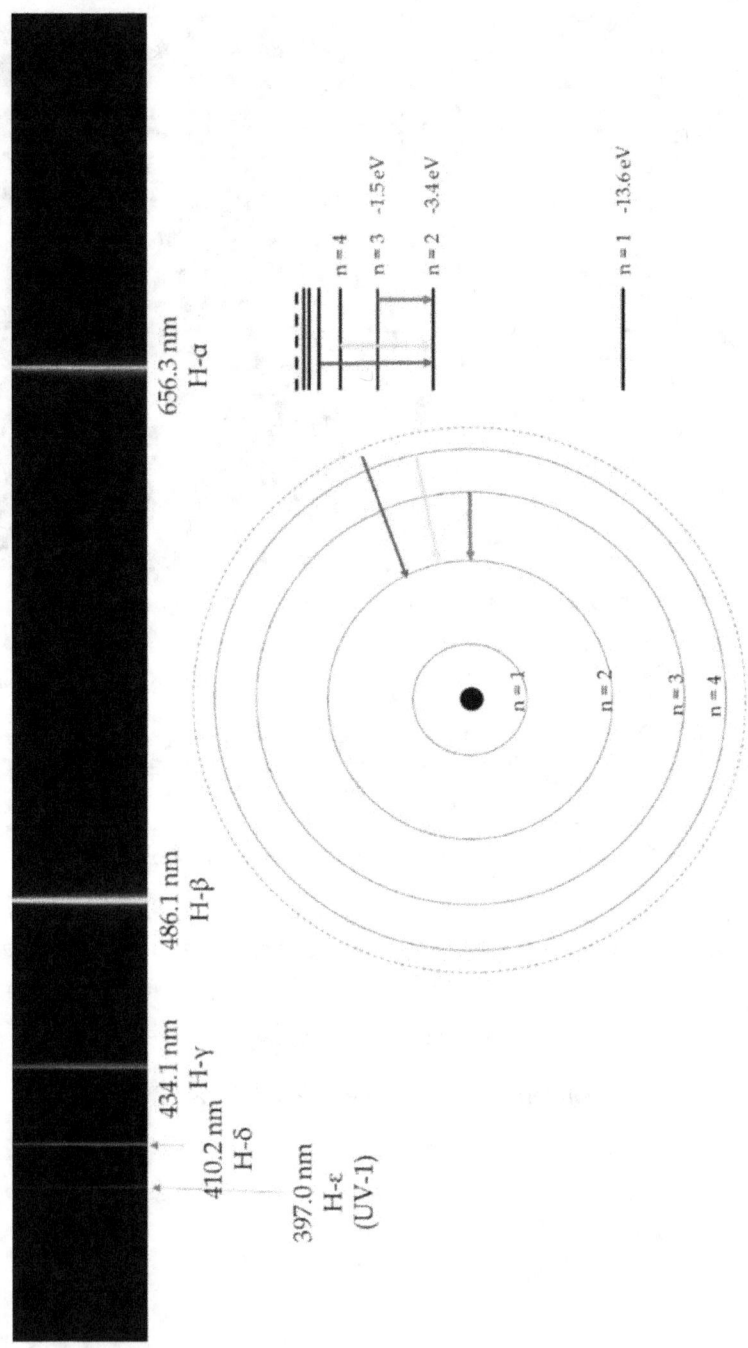

Figuur 87. Het zichtbare deel van het waterstofspectrum.

Het spectrum van waterstofatomen is opgebouwd uit verschillende lijnen. Elk van die lijnen komt overeen met een sprong van een elektron van een hoger naar een lager niveau – een sprong waarbij dat elektron energie verliest en dit als een foton uitzendt. De kleur van elke lijn komt daarbij overeen met de golflengte van het bijbehorende licht. Die is rechtstreeks gekoppeld aan de energie die het elektron verliest en uitzendt door naar een lager niveau te vallen. Als het elektron voldoende energie opdoet, kan het zelfs het atoom verlaten: hiervoor moet het voldoende energie krijgen om voorbij de stippellijn op de figuur (hierboven) te springen. Fysici hebben afgesproken om dat niveau aan te duiden met 0 eV. Lagere schillen hebben dan een negatief energieniveau, maar dat is verder een kwestie van afspraak. In de praktijk betekent het dat een elektron van de laagste schil 13,6 eV aan energie moet opdoen om het atoom uit te springen. Er blijft dan een positief geladen ion achter.

Traditioneel onderscheidt men verschillende groepen van lijnen. De zichtbare lijnen op de figuren hierboven vormen de Balmerreeks, naar hun ontdekker Johann Balmer. Het Bohrmodel verklaart hun bestaan als de reeks fotonen die ontstaan wanneer elektronen van hogere niveaus terugvallen naar het tweede niveau (n = 2). De Balmerlijnen worden vaak gebruikt in de astronomie. Waterstof is immers de belangrijkste component van jonge sterren, die dan ook zeer duidelijke Balmerlijnen tonen in het licht dat ze uitzenden.

Overigens is het spectrum van waterstof niet beperkt tot de Balmerreeks alleen. Ook in het niet-zichtbare deel van het spectrum vinden we dergelijke lijnenreeksen. De Lymanreeks (een reeks lijnen in het kortgolvig licht tussen 91,1 en 121,6 nm) ontstaat wanneer elektronen terugvallen op niveau 1. Deze reeks werd overigens pas ontdekt nadat het model van Bohr het bestaan van deze lijnen voorspelde.

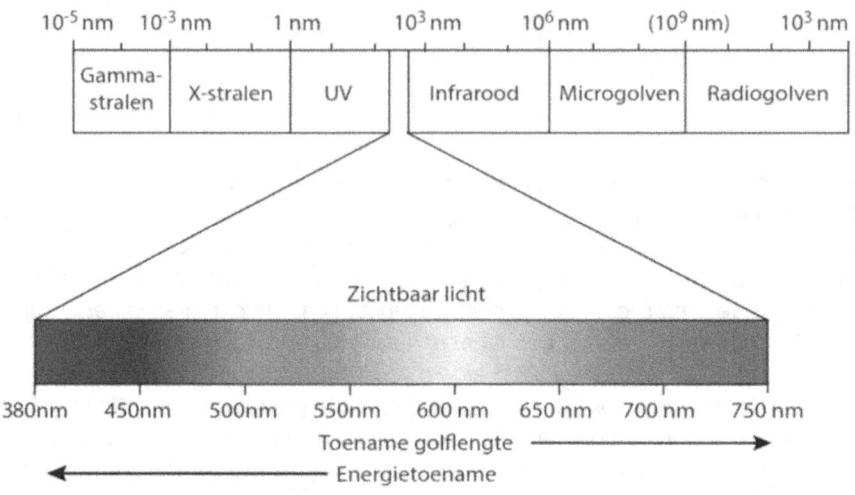

Figuur 88. Ter herinnering: het spectrum van de elektromagnetische golven.

Zichtbaar licht: 400 nm tot 700 nm
(van violet naar rood)
Nabije infrarood: 700 nm tot 1300 nm
Midden-infrarood: 1300 nm tot 2500 nm

Toen Bohr het laboratorium van Ernest Rutherford vervoegde, nam hij de problemen van het Rutherfordmodel ter harte. Hij had het werk van Max Planck bestudeerd, en paste nu diens principe dat energie enkel in discrete hoeveelheden kan worden uitgewisseld, toe op de banen van elektronen rond de kern. Op die manier ontwikkelde hij een nieuw atoommodel, gebaseerd op vier ideeën:

1) Elektronen kunnen enkel op bepaalde afstanden rond de kern voorkomen, waar ze zich voortbewegen op stabiele banen. Die banen heten ook wel schillen.
2) Elke schil heeft zijn eigen energieniveau. Hoe dichter de schil bij de kern ligt, hoe lager het energieniveau.
3) Elektronen kunnen enkel van schil naar schil springen. Dit noemen we kwantumsprongen. Wanneer een elektron van een hogere op een lagere schil valt, verliest het energie, die wordt uitgezonden als een lichtstraal (een foton). Absorbeert een elektron een foton met

voldoende energie, dan kan het van een lagere naar een hogere schil springen.
4) De golflengte van dat uitgezonden of geabsorbeerd foton hangt af van een eenvoudige vergelijking:

$$\Delta E = E_{eind} - E_{begin} = h \cdot v = h \cdot c / \lambda$$

Hierbij is E_{eind} de energie van de schil waar het elektron op terechtkomt, E_{begin} de energie van de schil waar het elektron vandaan komt, h de constante van Planck, zijnde $6{,}627 \times 10^{-34}$ J·s, v (de Griekse letter nu) de frequentie van de golf, c de lichtsnelheid en λ (de Griekse letter lambda) de golflengte van het foton. Die golflengte duidt meteen de kleur aan van het uitgestuurde licht, volgens Figuur 82.

Deze ideeën stelden Bohr in staat om het emissiespectrum van waterstof verklaren. Volgens het model van Bohr zijn alleen bepaalde kwantumsprongen mogelijk. Het licht dat bij die sprongen wordt uitgezonden, levert het waterstofspectrum. Of hoe hij het zelf verwoordde, in een brief aan zijn broer Harald van 19 juni 1912:

Perhaps I have found out a little about the structure of atoms. Don't talk about it to anyone, for otherwise I couldn't write to you about it so soon. ... You understand that I may yet be wrong; for it hasn't been worked out fully yet (but I don't think its wrong). ... Believe me, I am eager to finish it in a hurry, and to do so I have taken a couple of days off from the laboratory (this is also a secret).

Ook voor toponderzoekers staat het leven niet stil. In juli 1912 trouwde hij met Margrethe Nørlund. Hun huwelijksreis bracht hen in Engeland en Schotland... wel, eigenlijk wilden ze naar Noorwegen. Maar omdat manlief nog niet klaar was met een manuscript voor een publicatie, richtte het echtpaar Bohr de blik naar het zuidoosten en trok naar Manchester, waar Margrethe de stad bezocht samen met de echtgenote van Rutherford, en Niels eerst zijn werk afmaakte.

Bij zijn terugkeer in Denemarken kon Bohr aan de slag aan de Universiteit van Kopenhagen, eerst als *Privatdozent* voor de cursus Thermodynamica, en vanaf juli 1913 zelfs als docent in de opleiding van de geneeskundestudenten. Dat najaar publiceerde hij zijn inzichten rond atomen in een reeks van drie artikels in het vakblad *Philosophical Magazine*. Voor een jonge postdoc die zijn strepen nog moest verdienen, alleszins een geslaagde zet: hij was nog maar een paar jaar tevoren zelf afgestudeerd en diende nog naam en faam te verwerven in de toenmalige wetenschappelijke wereld.

Bohr was echter niet volledig gelukkig in Kopenhagen. Zijn lesopdracht was niet uitdagend genoeg (natuurkunde was niet meteen het favoriete vak van de geneeskundestudenten in Kopenhagen) en hij besloot dan ook in te gaan op een voorstel van Rutherford om in Manchester te komen werken. Tussen oktober 1914 en juli 1916 verbleef Bohr bij Rutherford in Engeland. Bij zijn terugkeer in Kopenhagen kreeg hij de eerste leerstoel in Theoretische Fysica. Hij stichtte er het gelijknamige Instituut (in de omgang, en tegenwoordig ook officieel, het Niels Bohr-Instituut genoemd). Geschoeid op de leest van de groep van Rutherford werd dit instituut een plaats waar de nieuwe kwantummechanica tot volle wasdom kon komen. De bekroning van dit hele decennium volgde in 1922, toen de Nobelprijs voor Natuurkunde aan Niels Bohr werd toegekend.

Bewijzen voor en tegen het model van Bohr

Het model van Bohr bleek een schot... wel, in de richting van de roos. Niemand kon ontkennen dat het werk van de Deense fysicus een belangrijke stap was om tot een goed begrip van de opbouw van de materie te komen. En hoe tonen wetenschappers aan dat een model of een theorie klopt? Door na te gaan of ze met die theorie kunnen verklaren waarom bepaalde fenomenen en waarnemingen zijn wat ze zijn. Een voorbeeld voor het Bohrmodel is de waarde van de Rydbergconstante. De eerste berekeningen van deze constante waren enkel gebaseerd op metingen van de golflengten van de spectraallijnen in de Balmerreeks. Niels Bohr legde de relatie met twee energieniveaus waartussen een elektron zich beweegt. Hij verklaarde zo waarom deze constante bestond en hoe ze kon berekend worden in functie van de lading en de massa van het elektron, en van de constante van Planck, h.

Ook kon Bohrs model uitleggen waar de Pickeringreeks vandaan komt. Dit is een lijnenspectrum dat was ontdekt in het licht van de ster Zeta Puppis.

Het paste niet volledig in de voorspellingen die Bohr had gedaan voor waterstof, maar bleek een product te zijn van het heliumion He⁺, een ion dat je kan verwachten in de gasmassa waaruit sterren opgebouwd zijn.

$$\frac{1}{\lambda} = R_\infty \cdot \left(\frac{1}{n_1^2} - \frac{1}{n_2^2}\right) = \frac{m_e \cdot e^4}{8 \cdot \varepsilon_0^2 \cdot h^3 \cdot c} \cdot \left(\frac{1}{n_1^2} - \frac{1}{n_2^2}\right)$$

Figuur 89. De berekening van de Rydbergconstante.

Voor de liefhebbers van een mooie formule: hier is ze dan, de theoretische berekening van de Rydbergconstante R. λ is de golflengte van de spectraallijn, n_1 en n_2 de twee energieniveaus waartussen het elektron zich beweegt (waarbij n_1 kleiner is dan n_2), m_e en e de massa en de lading van een elektron, h de constante van Planck, c de snelheid van het licht en ε_0 de diëlektriciteitsconstante in een vacuüm (maar daarvoor moet u maar even een natuurkundeboek openslaan).

Figuur 90. Hafnium

Een van de bijkomende conclusies uit Bohrs atoommodel was dat er nog minstens vier elementen ontbraken op het Periodiek Systeem der Elementen. Een ervan (element 72) was een element dat op zirkonium (Zr) moest gelijken, volgens Bohr. Op basis van die chemische informatie konden Coster en de Hevesy, assistenten van Bohr, het element terugvinden in de collectie mineralen van het Museum voor Mineralogie in Kopenhagen. Het werd, ter ere van de stad Kopenhagen, hafnium (Hf) genoemd – naar de Latijnse benaming van de stad, Hafnia.

Figuur 91. Groepsfoto op de Solvay Conference on Quantum Mechanics van 1927 (in Brussel).

Achteraan (staand) van links naar rechts : Auguste Piccard, Émile Henriot, Paul Ehrenfest, Édouard Herzen, Théophile de Donder, Erwin Schrödinger, Jules-Émile Verschaffelt, Wolfgang Pauli, Werner Heisenberg, Ralph Howard Fowler, Léon Brillouin,

Midden: Peter Debye, Martin Knudsen, William Lawrence Bragg, Hendrik Anthony Kramers, Paul Dirac, Arthur Compton, Louis de Broglie, Max Born, Niels Bohr.

Vooraan: Irving Langmuir, Max Planck, Marie Skłodowska Curie, Hendrik Lorentz, Albert Einstein, Paul Langevin, Charles-Eugène Guye, Charles Thomson Rees Wilson, Owen Willams Richardson.

Tegelijk besefte Bohr dat het dermate veel energie zou kosten om elektronen die zich vlak tegen de kern bevonden, uit het atoom te verwijderen. Wanneer het gat dat zich daarbij vormt (en met een gat bedoelen we een elektronloze plaats waar eigenlijk wel een elektron thuishoort) wordt opgevuld door een hoger gelegen elektron, dan wordt er een X-straal uitgezonden door dat atoom. De eerder vermelde Henry Moseley was een reeks proeven begonnen, waarbij hij stelselmatig de verschillende elementen op het Periodiek Systeem afging, hun atomen beschoot met elektronen uit een elektronenpistool, en zo elektronen van op de onderste banen uit die atomen schoot. Hij analyseerde telkens het X-straalspectrum dat daarbij ontstond, en ontdekte dat de frequentie van die X-stralen recht evenredig was met het kwadraat van het atoomnummer van het bestudeerde element. Meer nog – hij stelde vast dat er nog vier elementen misten in het Periodiek Systeem. Eén van deze elementen werd snel gevonden: hafnium (zie figuur). Ook deze waarnemingen ondersteunden het model van Bohr.

Tegelijk bleek ook Bohrs model niet in staat om alle experimentele data te verklaren. Om te beginnen waren er nog het Stark- en het Zeeman-effect. Wanneer een atoom in een elektrisch, respectievelijk een magnetisch veld zit, dan splitsen die lijnen zich verder op. En daar wist Bohr zich geen raad mee.

En daarmee belanden we bij de Duitse onderzoeker Arnold Sommerfeld, een theoretisch natuurkundige met een reputatie als een klok. Deze man had al snel begrepen dat het model van Bohr niet het einde van het verhaal zou zijn. Enkele weken na de publicatie van *On the Constitution of Atoms and Molecules* schreef hij naar de Deense onderzoeker om hem te bedanken voor de kopie van het werk, die Bohr hem had toegestuurd. Hij vroeg meteen of hij met zijn model ook het Zeemaneffect kon verklaren. De vinger meteen in de zere wonde, zeggen we dan.

Sommerfeld bood, tijdens een lezing op 16 januari 1915, een begin van een oplossing aan, althans voor het Starkeffect. Hij postuleerde daarbij dat niet alle schillen sferisch waren, maar dat er ook ellipsoïde schillen bestonden. Naast het hoofdkwantumgetal n van Bohr riep Sommerfeld zo een nevenkwantumgetal l in het leven. Dit getal kan alle waarden aannemen van 0 tot $n-1$ (dus voor de schil waarvoor n gelijk is aan twee, bestaan er twee nevenkwantumgetallen, nl. 0 en, 1, en voor de schil met n gelijk aan drie, bestaan er drie, nl. 0, 1 en 2).

Hij stuurde zijn ideeën zelfs op naar zijn assistent, Wilhelm Lenz, toen ter tijd onder de wapens aan het westelijke front tijdens de Eerste Wereldoorlog. Op dat moment geloofde half Europa nog in een snelle wapenstilstand, en hoopten de onderzoekers snel weer aan hun wetenschappelijk werk te kunnen beginnen.

Figuur 92. Johannes Stark.

Johannes Stark (Schickenhof, 15 april 1874 – Traunstein, Duitsland, 21 juni 1957) kreeg de Nobelprijs in de natuurkunde voor zijn ontdekking van het dopplereffect in kanaalstralen en van de splitsing van spectraallijnen in elektrische velden.

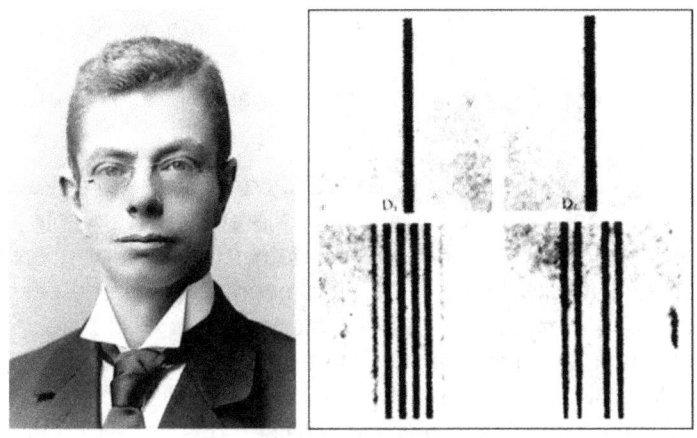

Figuur 93. Pieter Zeeman en het Zeemaneffect.

Links: Pieter Zeeman (25 mei 1865, Zonnemaire, Nederland –9 oktober 1943, Amsterdam, Nederland). Foto uit 1902.
Rechts: Afbeelding van de opsplitsing van spectraallijnen van natrium door een extern magneetveld.

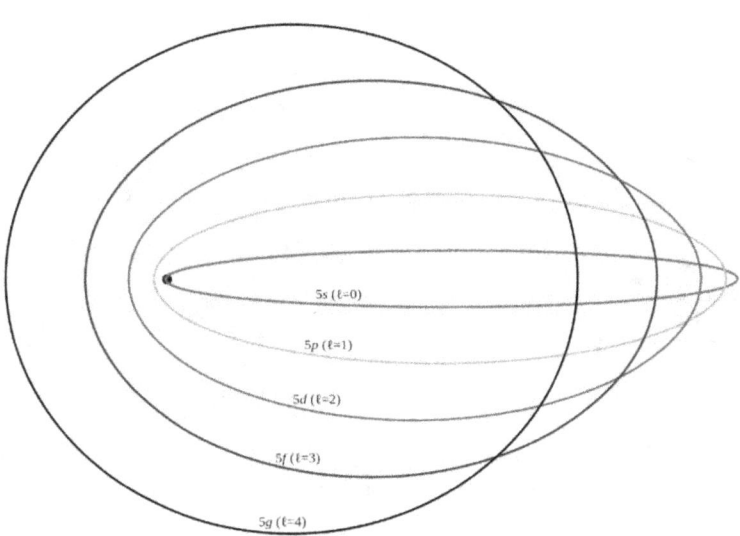

Figuur 94. De ellipsbanen die Sommerfeld voorstelde, uitgewerkt voor niveau 5.

Tegen de zomer van datzelfde jaar leek het er echter op dat de oorlog wel een pak langer zou duren dan gevreesd. Ook Sommerfeld moest daarop zijn atoomtheorieën links laten liggen en een bijdrage leveren aan de Duitse oorlogsmachine.

Uiteindelijk kon Sommerfeld, hierbij geholpen door zijn assistent Peter Debye, in 1919 ook het Zeemaneffect verklaren. Ten dele: zijn verklaring ging immers enkel op voor het waterstofatoom. Daarvoor voerde hij het magnetisch kwantumgetal in, m. Dit getal neemt alle waarden aan gaande van -l naar +l. In afwezigheid van een magneetveld vallen elektronen van de ene schil naar de andere terug, zonder meer. In aanwezigheid van een magneetveld blijkt echter dat elektronen meer of minder energie kunnen verliezen. De energieniveaus per schil splitsen dus verder op in fijnere en fijnere subniveaus.

Niet dat daarmee het Bohrmodel (of het latere Bohr-Sommerfeldmodel) volledig gered was. Het model van Bohr was eigenlijk enkel toepasbaar op atomen met slechts één elektron: het waterstofatoom, het He^+-ion, het Li^{2+}-ion, ... De spectra van andere atomen kon het model niet verklaren.

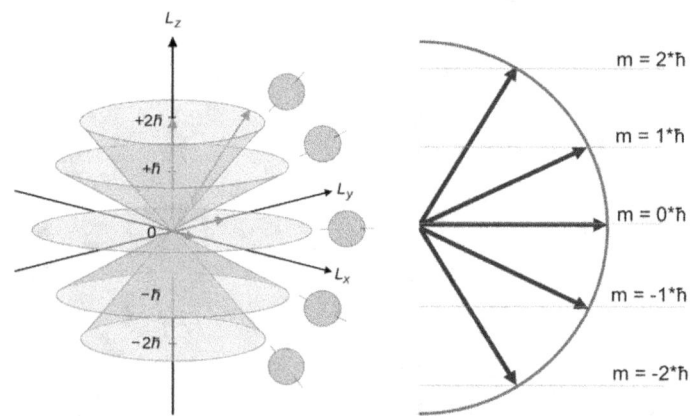

Figuur 95. Het magnetisch kwantumgetal.

Meetkundig bedoelt hij dat er verschillende banen mogelijk zijn van gelijk energieniveau (n hetzelfde) en van gelijke ellipsvorm (l hetzelfde), maar gelegen onder een bepaalde hoek ten opzichte van de éne baan die er bestaat in afwezigheid van het magneetveld. Ook deze waarde is (uiteraard) gekwantiseerd. Beide tekeningen publiek domein.

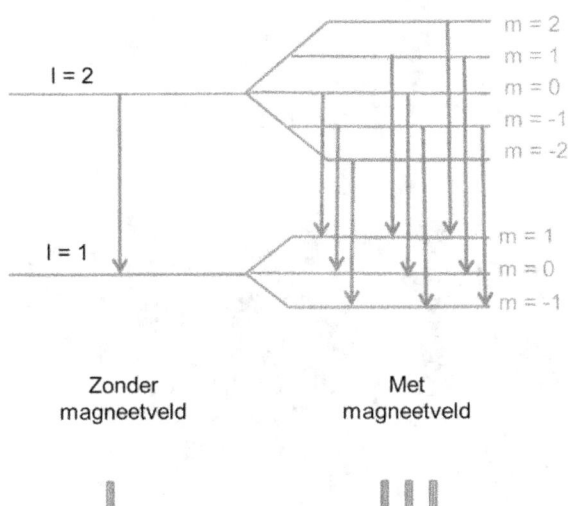

Figuur 96. Verklaring van het Zeemaneffect door Sommerfeld

Sommerfeld legt uit waar de opgesplitste spectraallijnen van het Zeemaneffect vandaan komen door de energieniveaus binnen een atoom verder te verfijnen.

Figuur 97. Arnold Sommerfeld.

Arnold Johannes Wilhelm Sommerfeld (5 december 1868, Königsberg, Pruisen – 26 april 1951, München, West-Duitsland) studeerde wiskunde en fysica aan de Albertina Universiteit van Königsberg, en doctoreerde er in 1891. Zijn snor, zijn grote gestalte en een litteken op zijn gezicht ten gevolge van een schermduel deden hem op een kolonel van de Hussaren gelijken. Na zijn legerdienst vertrok hij naar de Universiteit van Göttingen en nam er in september 1894 een assistentschap op bij Felix Klein. In 1897 volgde hij Wilhem Wien op als Professor in Wiskunde in de Bergakademie in Clausthal-Zellerfeld. In 1900 nam hij de positie op als Professor in Toegepaste Mechanica in Aken, en in 1906 verhuisde hij naar München.

Figuur 98. Sommerfeld in café Hofgarten

Dagelijks spendeerde Sommerfeld een uur in het café Hofgarten in München, waar een groep natuurkundigen, scheikundigen en kristallografen met hem discussieerde over het verloop van hun onderzoek.

Sommerfeld toonde zich daar een uitstekende leraar en een schitterende promotor voor zijn studenten. Onder zijn promovendi waren vier Nobelprijswinnaars (Werner Heisenberg, Wolfgang Pauli, Peter Debye, en Hans Bethe). Ook Linus Pauling en Isidor I. Rabi, werkten een tijd als postdoc in de groep van Sommerfeld. Veel van deze studenten hebben bovendien de Nobelprijswinnaars van de daaropvolgende generatie opgeleid. Enkel J.J. Thomson staat op eenzelfde hoogte.

Bovendien bleken de lijnen in het waterstofspectrum (en dat van alle andere atomen) eigenlijk te bestaan uit twee aparte lijnen, die pas bij een hoge resolutie zichtbaar werden. Bohrs theorieën konden ook dit niet verklaren (zelfs niet voor waterstof). Het was duidelijk dat dit nieuwe model een stap in de goede richting was, maar nog niet de kroon op het werk kon zetten. Daarvoor ontbraken er nog te veel puzzelstukjes.

En daarenboven dook een zekere Werner Heisenberg op. Met wel een heel vreemd idee.

Episode 13: Atomen en kwanta 2: Schrödinger stuurt zijn kat (niet)

The human understanding is like a false mirror, which, receiving rays irregularly, distorts and discolors the nature of things by mingling its own nature with it.

Francis Bacon

Denk je een wereld in waar het onmogelijk is om te weten waar je je bevindt, maar waar je je van het ene moment op het andere kan verplaatsen naar een verre bestemming. Een wereld waarin je dwars doorheen een muur kan gaan en aan beide zijden tegelijk kan bestaan. Een wereld waarin het feit dat je iets ziet, datgene wat je ziet doet veranderen. En, ten slotte, een wereld waarin alles mogelijk is, tot de boel instort en er slechts één werkelijkheid overblijft.

Onmogelijk? Sciencefiction? Niets is minder waar. Dit zijn allemaal fenomenen die het gevolg zijn van zeer goed onderzochte natuurwetten, die in talloze theoretische bespiegelingen en in nog meer experimentele situaties hun geldigheid keer op keer bewijzen. Het zijn de wetten die we vooral leren kennen wanneer we het gedrag van atomen en subatomaire deeltjes bestuderen: niet dat ze niet geldig zijn op "onze schaal", maar daar hebben we eenvoudiger wetten voor (die wiskundig gezien vaak speciale gevallen zijn van de kwantumwetten): de gewone klassieke mechanica. De kwantummechanica tracht daarentegen fysische fenomenen te verklaren op atomaire en subatomaire schaal, door zich te focussen op de eigenschappen van de elementaire deeltjes op die schaal. De kwantummechanica ontleent zijn naam aan het feit dat grootheden zich op die schaal enkel kunnen manifesteren in vaste en discrete hoeveelheden, kwanta, vaak gekoppeld in grootte aan de constante h (= $6,626 \times 10^{-34}$ J.s) van Max Planck. We hadden het in de vorige episode al over Planck's gekwantiseerde energie.

De kwantummechanica is op nog een aantal moeilijk voorstelbare, maar wel fundamentele concepten gestoten, waardoor we niet altijd op onze intuïtie zullen kunnen terugvallen. Meer nog - zelfs een echte specialist, Richard Feynman, de Nobelprijswinnaar voor Natuurkunde in 1965, zei over de kwantummechanica: "I think I can safely say that nobody understands quantum mechanics. (*Ik denk dat ik met zekerheid kan zeggen dat niemand kwantummechanica begrijpt.*)" Dat belooft.

Materie heeft een dubbel, tweeledig karakter en is zowel golf als deeltje.

Het tweeledige karakter van de materie is het principe volgens hetwelk alle objecten op atomaire en subatomaire schaal zowel eigenschappen vertonen van golven en van 'harde' deeltjes. Eigenlijk is dit geen nieuw idee: de discussie over de natuur van een lichtstraal stamt immers al uit de zeventiende eeuw. Volgens Christiaan Huygens bestond licht uit golven, terwijl Isaac Newton volhield dat licht bestond uit een reeks deeltjes.

Pas door het beroemde twee-spletenexperiment van Thomas Young kon aan het begin van de negentiende eeuw ontegensprekelijk worden aangetoond dat licht een golf was. Een experiment dat best wel wat aandacht verdient. Young bestudeerde wat er gebeurt als twee lichtgolven op eenzelfde punt inwerken. De beweging van golven kunnen we ons het best voorstellen door bijvoorbeeld te kijken naar de golven op het water. We kunnen ons daarbij ook voorstellen dat twee golven mekaar kunnen versterken als ze gelijktijdig op eenzelfde plaats aankomen, maar mekaar ook kunnen opheffen als het maximum van de ene golf samenvalt met het minimum van de andere golf. Dit verschijnsel van versterken of opheffen noemt men interferentie. Interferentie is ook gekend bij andere soorten golven zoals geluid, licht, radiogolven, microgolven enz...

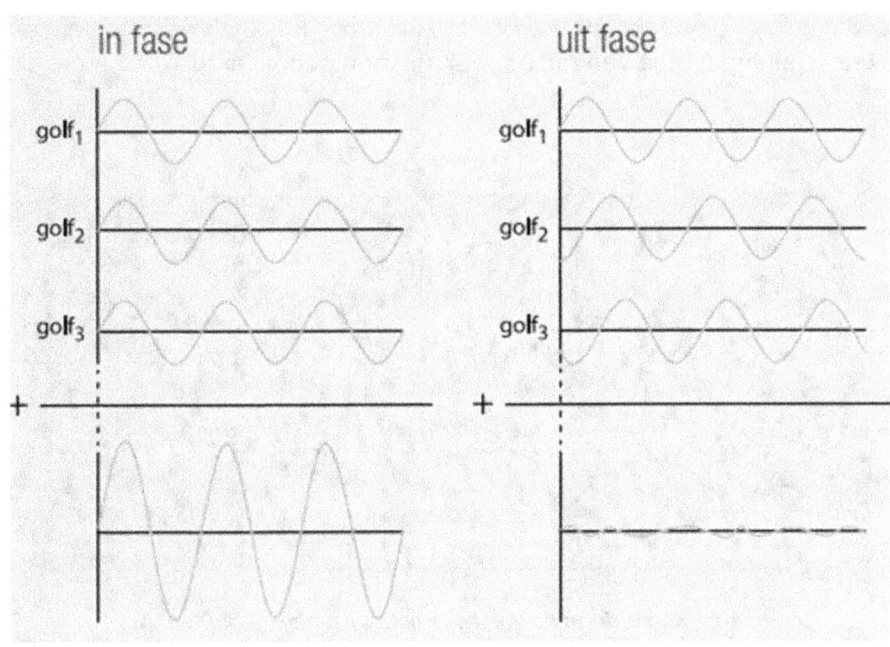

Figuur 99. Het optellen van golven.

Het effect van de combinatie van golven kan je gemakkelijk afleiden uit de figuur. Komen twee golven samen (zijn ze "in fase", zoals dat dan heet), dan tel je de amplitude op. Golven die netjes synchroon lopen, gaan mekaar versterken. Golven die niet synchroon lopen, zwakken mekaar af.

Als men bijvoorbeeld een scherm door twee spleten belicht dan zullen de golven die door beide spleten gaan mekaar achter het scherm op bepaalde plaatsen versterken en op andere plaatsen opheffen. Zulke banden van afwisselende intensiteit noemt men interferentiefranjes. Men ziet interferentie bijvoorbeeld ook in de kringen van olie op water, in parelmoer, in vlindervleugels, in opaal enz. En zelfs gsm-antennes gebruiken interferentie van radiogolven om een gebruiker te lokaliseren.

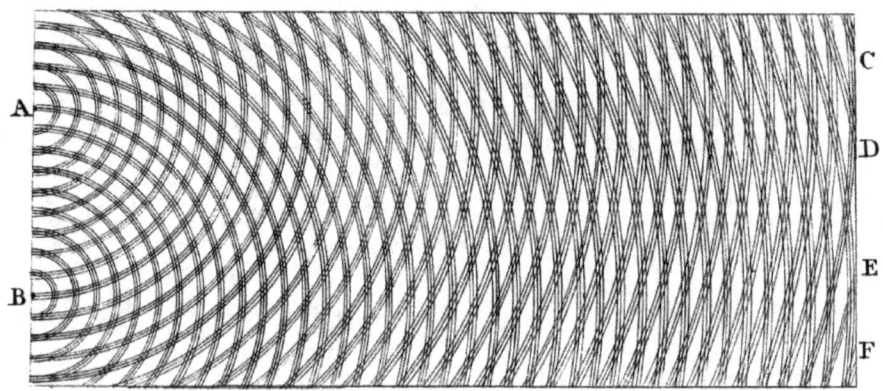

Figuur 100. Interferentie van twee lichtgolven volgens Young.

De originele tekening van Thomas Young uit zijn publicatie over zijn twee-spletenexperiment. De twee spleten waaruit het licht vertrekt, liggen op punten A en B. De franjes zijn te zien op punten C, D, E en F.

Wat we ons ook kunnen voorstellen is dat een golf die wordt opgesloten in een beperkte ruimte heen en weer kan kaatsen. Door interferentie heffen de heen- en weergaande golven mekaar op. Maar als de afstand tussen de wanden gelijk is aan een geheel aantal keren de golflengte, dan versterken de golven mekaar. Dat is de reden dat men op een orgelpijp alleen een bepaalde toonhoogte kan spelen, die bepaald wordt door de lengte van de orgelpijp. Ook de toonhoogte van een snaar wordt bepaald door de golf die perfect in de lengte van de snaar past.

In 1802 liet Thomas Young in zijn beroemde experiment daarom twee lichtstralen met elkaar interfereren. Dit leverde inderdaad interferentiefranjes op, waarmee het feit dat licht bestaat uit golven, meteen duidelijk was voor iedereen. Alleen al het bestaan van interferentiefranjes vormde afdoende bewijs voor het golfkarakter van licht. James Maxwell deed daar later nog een schepje bovenop: hij bewees dat licht een elektromagnetische golf is, bestaande uit een elektrische en een magnetische component. De deeltjestheorie van Newton leek daarmee dood en begraven. Dit toont trouwens meteen aan dat in de natuurwetenschappen uiteindelijk niet van belang is wie iets zegt, maar wel of de uitspraken elke inhoudelijke toets kunnen weerstaan. Ook de grootste wetenschappers, zoals Newton, hebben in de loop van hun leven uitspraken gedaan die achteraf niet (helemaal) correct bleken te zijn. Dit doet geen afbreuk aan al het werk dat ze hebben verricht.

Maar ook hier bleek er nog een donderwolkje aan de hemel te hangen, ditmaal onder de vorm van het foto-elektrisch effect. Dit is een fenomeen waarbij monochromatisch licht (dat wil zeggen, licht dat uit één enkele golflengte bestaat), dat invalt op een metalen plaat, in staat is om uit die plaat elektronen los te maken (zie de opstelling op de bijgevoegde figuur). De Duitser Philipp Lenard, een van de onderzoekers die zich zeer grondig over het fenomeen boog, kwam alleszins voor de verrassing van zijn leven te staan. Immers, als licht een golfverschijnsel is, dan verwachten we het volgende:

- hoe intenser het licht, hoe meer energie de elektronen krijgen wanneer ze van de plaat worden losgemaakt;
- bij zwak licht kan het een tijd duren voor er voldoende energie bijeengebracht is om de elektronen los te maken;
- elke mogelijke kleur licht kan elektronen losmaken, als de belichtingstijd maar lang genoeg duurt.

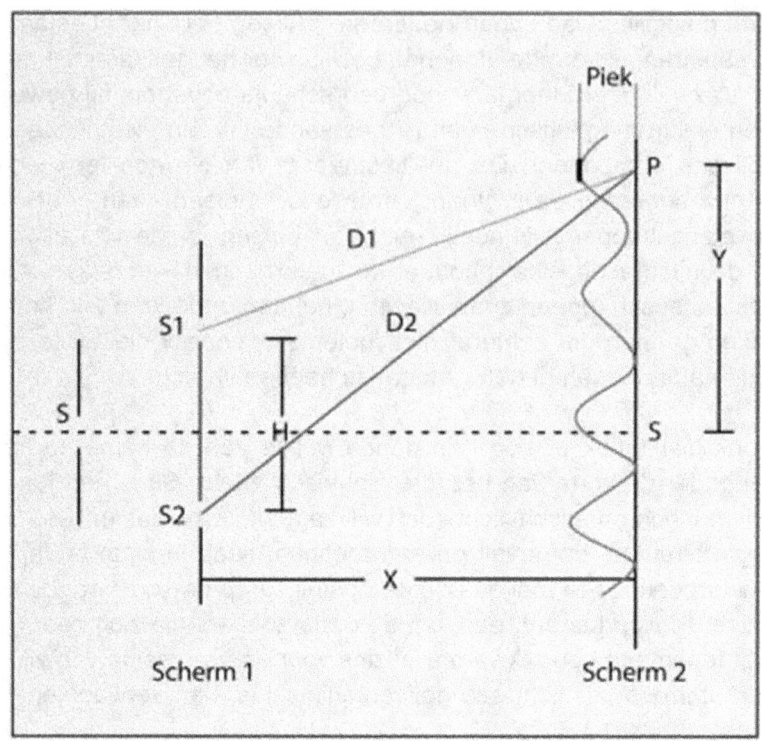

Figuur 101. Het twee-spletenexperiment van Young

Deze schets geeft op meetkundige wijze weer hoe de interferentiefranjes ontstaan. Wanneer stralen D1 en D2 mekaar versterken, krijgen we een verlichte franje. Dit gebeurt wanneer hun lengteverschil overeenkomt met een geheel aantal golflengten:

$$D2 - D1 = n\lambda$$

Zijn ze uit fase, dan neemt de intensiteit snel af, en bij een volledige opheffing van de twee golven krijgen we een zwarte zone. Met een beetje driehoeksmeetkunde kan je al snel de juiste positie van de franjes afleiden.

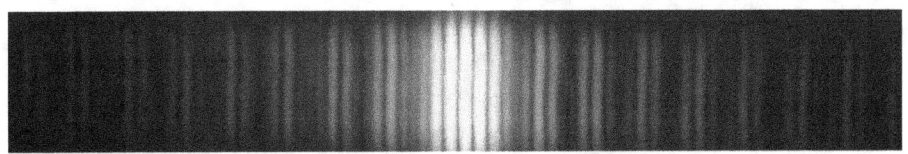

Figuur 102. Interferentiefranjes.

Het gebruikte licht is natriumlicht van 589 nm. De spleten zelf waren 0,08 mm wijd en de afstand tussen de spleten was 0,25 mm. Als projectiescherm (scherm twee uit de vorige figuur) diende een digitale camera op 15 cm van het scherm (1) met de spleten.

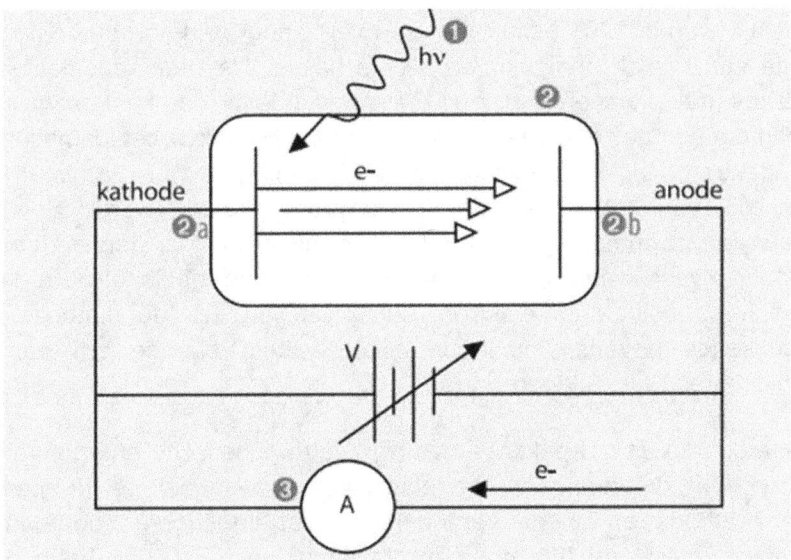

Figuur 103. Opstelling voor het onderzoek naar het foto-elektrisch effect.

Het toestel waarmee Lenard het foto-elektrisch effect onderzocht, bestaat uit een lichtbron (1), een vacuümbuis uit glas waarin zich twee metalen platen bevinden (2), en een meettoestel (3). De lichtstraal valt in op een van de twee metalen platen (2a), waaruit de elektronen worden losgemaakt. Deze plaat duiden we aan als kathode. Aan het andere eind van de buis bevindt zich de negatief geladen anode (2b). De stroom tussen anode en kathode wordt gemeten met een galvanometer en is een maat voor het aantal elektronen dat losgemaakt wordt door het licht. Door de lading op de anode te veranderen, kunnen bovendien de elektronen met te weinig kinetische energie worden teruggebogen. Zo krijgen we ook een beeld van de snelheid van de elektronen.

De praktijk sprak de theorie echter tegen:
- De energie van de elektronen hangt niet af van de intensiteit van het licht. Er bestaat een minimale spanning, waarbij er geen enkel elektron meer aankwam op de anode, maar ook die hangt niet af van de intensiteit van het licht. Deze laatste bepaalt enkel het aantal elektronen dat loskomt.
- de elektronen komen onmiddellijk los, ongeacht de intensiteit van het licht, al zal een zwakkere lichtstraal slechts enkele elektronen losmaken
- Wanneer de golflengte van het licht te groot wordt (en boven een kritische waarde uitsteekt), komen er geen elektronen meer vrij.

Einstein kwam in 1905 echter met een verklaring op de proppen, door de kwanta van Planck opnieuw van stal te halen. Wanneer licht bestaat uit pakketjes (met als energie-inhoud $E = h\nu$), stelde hij, dan kunnen we ervan uitgaan dat één pakketje telkens verantwoordelijk is voor het losmaken van één elektron. Dit kost een hoeveelheid energie, W. Die waarde is afhankelijk van het metaal dat in de proef gebruikt wordt. Sommige metalen staan immers gemakkelijker hun elektronen af dan andere. Dit verklaart alvast waarom licht met een te grote golflengte (te kleine frequentie) nooit enig elektron zal vrijstellen uit de kathode: die lichtpakketjes bevatten nu eenmaal te weinig energie om aan die energiekosten W te voldoen.

De energie die uit dat pakketje overblijft, is de kinetische energie van het elektron. Ook die kunnen we bepalen. Immers, wanneer we de spanning tussen kathode en anode veranderen zodat de stroom doorheen het toestel net nul wordt (we noemen die spanning V_{stop}), dan hebben alle elektronen (met lading e) op dat moment maximaal $e \cdot V_{stop}$ als energie. We kunnen dit opschrijven als vergelijking:

$$e \cdot V_{stop} = h\nu - W$$

Na een beetje algebra blijkt dan dat het verband tussen de frequentie van het invallende licht en de spanning V_{stop} een rechte is, met als richtingscoëfficiënt de verhouding h/e, dus tussen de constante van Planck en de lading van een elektron:

$$V_{stop} = (h/e) \cdot \nu - W/e$$

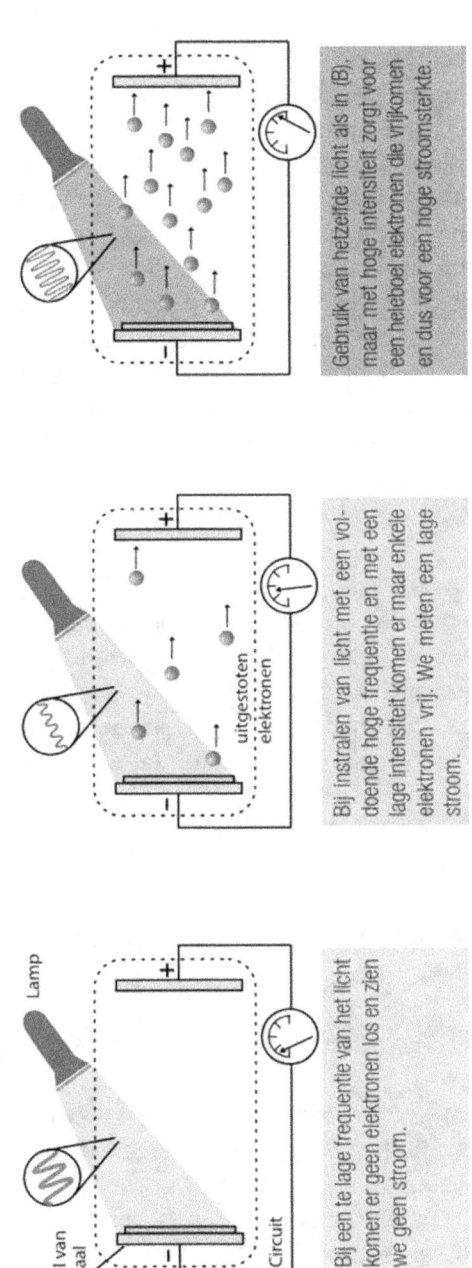

Figuur 104. De verklaring van Albert Einstein voor het foto-elektrisch effect.

Dit is meetkundig immers een rechte van de vorm y = mx + b, waarbij m overeenkomt met h/e (en die richtingscoëfficiënt is dus ook een constante).

Als Einsteins theorie klopt, moeten we experimentele gegevens kunnen verzamelen die dit laatste zo nauwkeurig mogelijk bevestigen. Dat is immers de beste toetssteen van goede wetenschap: zolang er geen goede metingen de theoretische voorspellingen ondersteunen, is de theorie waardeloos. In het geval van het foto-elektrisch effect zijn die er ook effectief gekomen: de grafiek in Figuur 105 toont dit verband, aan de hand van metingen van Millikan uit 1916. Het is overigens pas door dit experimenteel bewijs dat de wereld van de fysica echt bereid was om het kwantumbegrip te aanvaarden. Het foto-elektrisch effect (en de verklaring van Einstein hiervoor) betekende dus finaal de grote doorbraak van de discrete energieniveaus van Planck.

Geldt dit dan alleen voor licht? Hoe zit het met elektronen? Volgens Louis de Broglie gold die dualiteit ook voor elektronen – en eigenlijk voor eender welk object met massa. Wel geldt, dat hoe zwaarder het deeltje is, hoe kleiner de golflengte en hoe sneller de trilling van de golf. Terzijde - De Broglie formuleerde zijn hypothese in zijn doctoraal proefschrift. Zijn examenjury wist echter in eerste instantie niet wat te doen met deze zeer vooruitstrevende en gewaagde stelling, en stuurde een exemplaar naar Einstein. Die bestudeerde het werk van De Broglie uitgebreid, en liet de jury vervolgens weten:

> "I believe it is a first feeble ray of light on this worst of our physics enigmas".

De Broglie mocht zich kort daarna doctor in de wetenschappen noemen.

Deze hypothese kan worden gecontroleerd in een twee-spletenexperiment (Figuur 106). Hierbij laten we een bundel elektronen invallen op een dubbele spleet. De elektronenstraal wordt in twee gesplitst, en afgebogen ter hoogte van de dubbele spleet. Beide deelbundels worden vervolgens opgevangen op een fluorescerende film.

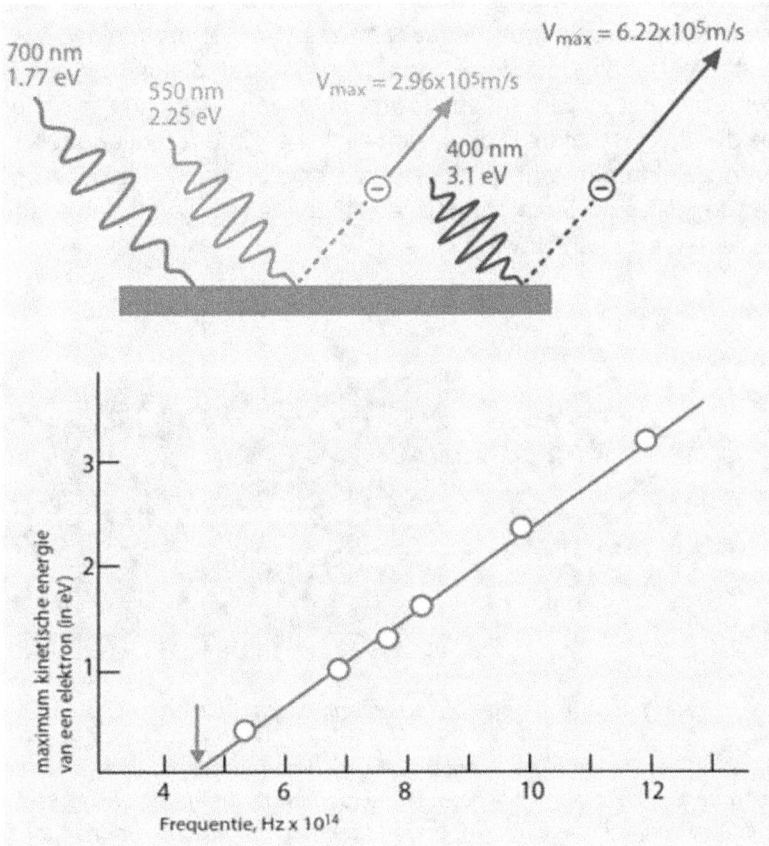

Figuur 105. Bewijs voor Einsteins idee over het foto-elektrisch effect.

Bewijs voor de stelling van Einstein: het foto-elektrisch effect geeft een lineair verband tussen de kleur (en de frequentie) van het licht, en de productie van elektronen uit een metalen oppervlak.

700 nm: rood licht – 550 nm: groen licht – 400 nm violet licht.

Het eindresultaat? Net zoals bij het experiment van Young zien we een afwisseling van heldere en donkere banden. Dat zijn interferentiepatronen, die we alleen kunnen verklaren door aan te nemen dat elektronen zich gedragen als golven. Wat gebeurt er nu als we de elektronen één per één detecteren? Dan zien we lichtflitsen die telkens op een willekeurige plaats oplichten, waar een elektron het scherm raakt. Maar naargelang we meer en meer elektronen detecteren dan zien we dat die individuele flitsen geleidelijk aan het interferentiepatroon opbouwen. Meer nog: als men een van beide spleten afdekt dan verdwijnt het interferentiepatroon. Dus moeten de elektronen tegelijk door beide spleten gaan – en dus op twee plaatsen tegelijk zijn. Draai dit hoe je wil, zoiets krijg je niet uitgelegd met de klassieke fysica van Newton.

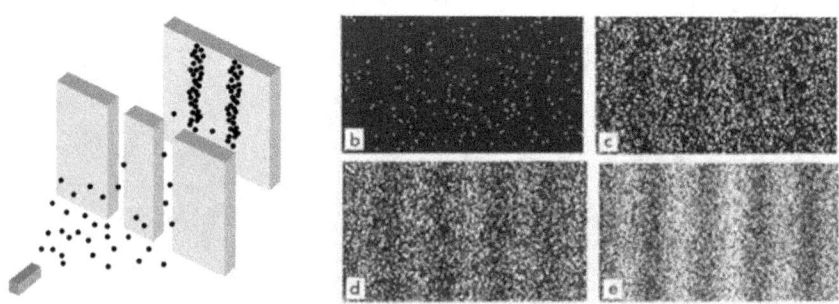

Figuur 106. Twee-spletenexperiment met elektronen.

Dit is het beroemde experiment waarbij het interferentiepatroon van twee elektronenbundels wordt bepaald. Het experiment werd jarenlang louter als gedachte-experiment beschouwd, en het heeft om technische redenen tot 1989 geduurd voor de metingen ook effectief werden uitgevoerd.

Ook andere deeltjes, zoals protonen, neutronen, enz., gedragen trouwens zich als golven. Meer nog – zelfs grote moleculen (met moleculaire massa's van 514 g/mol of 1298 g/mol) blijken zich te gedragen volgens de wetten van de kwantummechanica. En wat dacht je van experimenten met de C_{60}-buckyball (een voetbalvormige molecule die bestaat uit zestig koolstofatomen, zie Figuur 107)? Ook deze laten sporen van interferentie zien.

Het record tot nog toe staat trouwens op naam van Sandra Eibenberger en haar collega's, die in de zomer van 2013 interferentiepatronen verkregen bij experimenten met gefluoreerde porfyrines, bestaande uit 810 atomen met een totale molecuulmassa van maar liefst 10 000 g/mol! En er is geen reden om aan te nemen dat het daarbij stopt. Ook macroscopische objecten zijn namelijk zowel golf als deeltje. Weliswaar neemt de golflengte omgekeerd evenredig af met de massa van een voorwerp. De Broglie had dus gelijk met zijn hypothese.

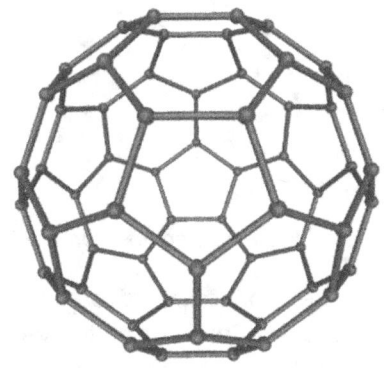

Figuur 107. Een buckyball

Over superpositie en ineenstortende katten: de golffunctie van Schrödinger

Als kwantumdeeltjes dan toch ook een golfkarakter hebben, dan moeten ze via een golfvergelijking kunnen beschreven worden. Die vergelijking, voorgesteld in Figuur 108, werd in 1925 door de Oostenrijker Erwin Schrödinger naar voren geschoven, om daarmee de beweging van een golf/deeltje te kunnen berekenen. Deze vergelijking steunt op de theorie van de complexe getallen en is het best bekend als differentiaalvergelijking van de tweede orde.

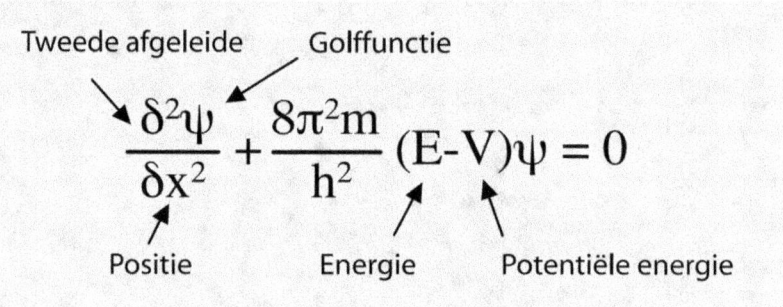

Figuur 108. De Schrödingervergelijking

Wiskunde of niet, het is de moeite waard om de vergelijking eens van naderbij te bekijken. Om te beginnen is er de te berekenen golffunctie zelf. Wie voor een gegeven probleem de juiste uitdrukking vindt voor deze golffunctie, heeft de oplossing van het probleem gevonden. We duiden haar aan met de Griekse letter psi (ψ). Verder gaan we ervan uit dat die golf zich slechts in één richting (x) voortbeweegt: de vergelijking bevat enkel de tweede afgeleide van ψ in functie van x. Beweegt de golf zich in drie richtingen (x, y en z), dan zal de vergelijking de som van de tweede afgeleiden van ψ naar x, y en z apart bevatten. E en V zijn verder de symbolen voor respectievelijk de totale energie en de potentiële energie van de golf/het deeltje waar de vergelijking voor wordt opgelost.

Schrödinger realiseerde zich namelijk nog meer. Volgens de wiskundige theorieën van Joseph Fourier (1768-1830) bestaat namelijk elke functie, zoals dus ook onze golffunctie ψ, uit een combinatie van verschillende eenvoudige (periodieke) sinus- en cosinusfuncties (Figuur 109).

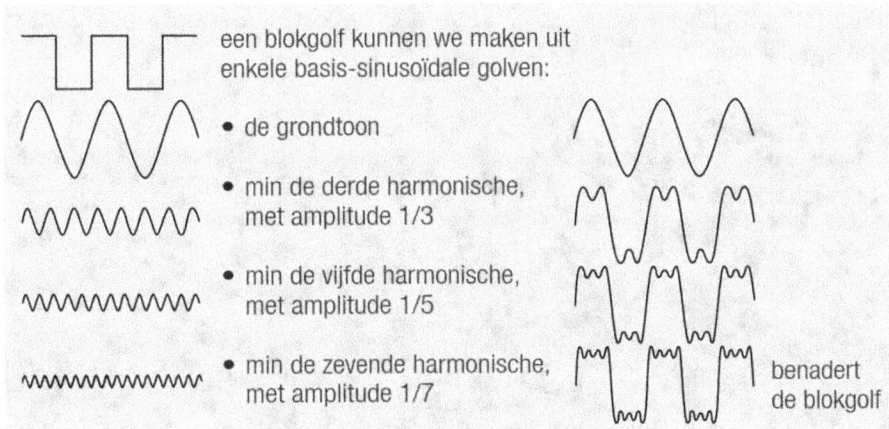

Figuur 109. Fourier-analyse van een blokgolf

In dit voorbeeld zien we hoe een blokgolf kan bestaan als een superpositie (som) van eenvoudige (co)sinusfuncties.

Deze wiskundige rekentechniek krijgt van Schrödinger nu echter ook een fysische betekenis: we spreken over de **superpositie** van deze eenvoudige periodieke functies die leidt tot de meer ingewikkelde golffunctie ψ. Elke individuele periodieke component komt daarbij overeen met één *mogelijke* toestand van het hele systeem dat we bestuderen. Bovendien zijn de verschillende periodieke componenten harmonische veelvouden van elkaar: hun frequenties verhouden zich tot elkaar als gehele getallen. En die gehele veelvouden komen ons bekend voor: hier duiken opnieuw de kwanta van Planck en Einstein op!

Door de inspanningen van Schrödinger (en al wie na hem verder nadacht over het gebruik van golffuncties om het gedrag van kwantumdeeltjes te beschrijven) heeft de kwantummechanica ook de naam golfmechanica gekregen.

Erwin Schrödinger, intellectueel voorbeeld van de twintigste eeuw

Erwin Schrödinger (12 augustus 1887, Wenen, Oostenrijk-Hongarije - 4 januari 1961, Wenen, Oostenrijk) kreeg in 1933 de Nobelprijs voor

Natuurkunde omwille van zijn bijdrage aan de kwantummechanica via zijn golfvergelijking.

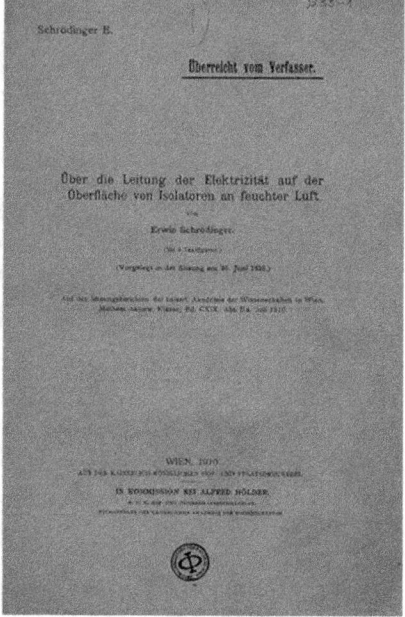

Figuur 110. Erwin Schrödinger

De man startte zijn academische carrière als natuurkundestudent aan de Universiteit van Wenen tussen 1906 en 1910, het jaar waarin hij zijn doctoraatswerk *Über die Leitung der Elektrizität auf der Oberfläche von Isolatoren an feuchter Luft* verdedigde (Figuur 110). Hij werd er vervolgens assistent van Prof. Franz Exner tot aan de Eerste Wereldoorlog. Tijdens de oorlog diende hij in het Oostenrijkse leger als officier in de artillerie, tot hij in de lente van 1917 werd teruggestuurd naar Wenen om er een cursus meteorologie te geven. In 1920 werd hij aangesteld als assistent van Max Wien in Jena. In hetzelfde jaar verbleef hij nog enige tijd als *ausserordentlicher Professor* in Stuttgart; het jaar nadien werd hij *ordentlicher Professor* (hoogleraar) in Breslau (thans Wroclaw in Polen). Zijn werk in de kwantummechanica leverde hij echter vooral tijdens zijn aanstelling aan de Universiteit van Zürich (en zelfs meer bepaald in het sanatorium in Arosa, waar hij verbleef om te genezen van aanvallen van tuberculose).

Bovendien trouwde hij dat jaar (op 6 april 1920) met Annemarie Bertel. Niet dat Erwin Schrödinger er een conventioneel huwelijksleven op nahield. Beide echtelieden hadden openlijk buitenhuwelijkse verhoudingen, en toen het echtpaar tijdens de Tweede Wereldoorlog in Dublin verbleef, leefde zijn maîtresse Hilde March gewoon bij hen in.

Figuur 111 Schrödinger op de Oostenrijkse 1000-schillingbiljetten

In 1927 verhuisde Schrödinger naar Berlijn, als opvolger van Max Planck aan de Friedrich Wilhelm University in Berlijn. Hij had echter een afkeer van het antisemitisme van de Nazi's en verhuist in 1934 naar Oxford. Niet lang daarna mocht hij de Nobelprijs ontvangen, die hij deelde met Paul Dirac (zie later). De man keerde terug naar zijn geboorteland in 1936 (waar hij een aanstelling kreeg aan de Universiteit van Graz), maar zijn politieke standpunten bleven hem daar parten spelen. Hij werd afgedreigd en kreeg verbod om het land nog te verlaten, maar hij slaagde erin om met zijn vrouw naar Italië te vluchten. Via korte perioden in Oxford en Gent kwam de geleerde terecht in Dublin, op persoonlijke uitnodiging van de Ierse *Taoiseach* (Eerste Minister) Éamon de Valera. Erwin Schrödinger hielp er om het Institute for Advanced Studies op te richten, werd er hoofd van de School for Theoretical Physics in 1940 (een positie die hij 17 jaar lang zou bekleden) en werd zelfs Iers staatsburger in 1948. Pas in 1950 nam hij opnieuw een taak op in zijn geboorteland (een gastprofessorschap aan de Universiteit van Innsbruck). In 1956 keerde Schrödinger voorgoed terug naar zijn Alma Mater in Wenen. Op 4 januari 1961 stierf de man aan tuberculose. Hij ligt begraven in het Tirolerdorpje Alpbach, waar hij zijn laatste levensjaren sleet.

Schrödinger was wellicht een van de grootste intellectuelen van de twintigste eeuw. Hij had een universele interesse, sprak naast zijn moedertaal nog vloeiend Engels, Frans, Italiaans en Spaans, las vlot in het Latijn en het oud-Grieks, genoot van de grote werken uit de wereldliteratuur (en het liefst nog in de originele taal) en heeft een reeks niet onverdienstelijke gedichten nagelaten. Hij was atheïst, maar had en diepgaande interesse in de oosterse religies. Ook de filosofie had een bijzondere invloed op de man. Door de lectuur van de filosofische werken van Arthur Schopenhauer was Schrödinger geboeid geraakt door kleuren en kleurentheorie. Hij geloofde ook in een hiërarchische organisatie van ons begrip van de werkelijkheid, met de fysische beschrijving ervan op een lager niveau dan het filosofische inzicht in de wereld rondom ons. Om de man zelf aan het woord te laten:

> *It seems plain and self-evident, yet it needs to be said: the isolated knowledge obtained by a group of specialists in a narrow field has in itself no value whatsoever, but only in its synthesis with all the rest of knowledge and only inasmuch as it really contributes in this synthesis toward answering the demand, "Who are we?"*
>
> Schrödinger in *Science and Humanism* (1951)

In 1944 schreef Schrödinger het boek *What is Life?* (Figuur 112) waarin hij vanuit zijn achtergrond als natuurkundige probeert te komen tot een discussie van het begrip leven. De ideeën die hij daarin uitwerkt, rond mutaties, de moleculaire kant daarvan en rond de rol van entropie (wanorde), spannen een brug tussen de natuurkunde en de ontluikende moleculaire biologie. Het werk was een van de grote bronnen van inspiratie voor Watson, Wilkins en Crick bij hun zoektocht naar de structuur van DNA.

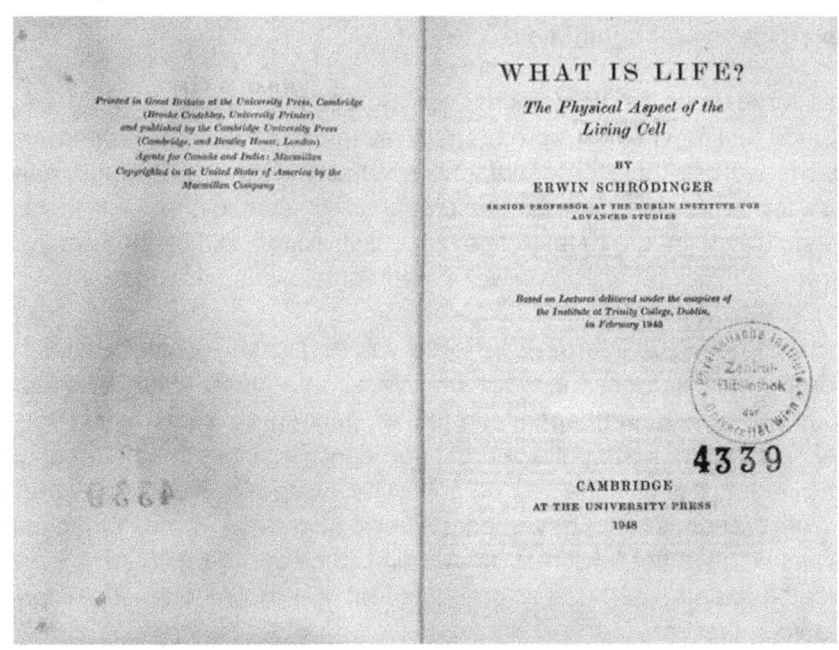

Figuur 112. Voorpagina van Erwin Schrödingers boek What is Life?

Figuur 113. Schrödingerkrater op de maan.

Golven en waarschijnlijkheid

Maar terug naar de vergelijking van Schrödinger. Hoe moeten we die vreemde golffuncties interpreteren? Wat leren ze ons nu echt over de fysische werkelijkheid op subatomaire schaal? Dit is een vraag waar de fysica tot op vandaag nog niet helemaal uit is. Schrödinger zelf dacht dat elke golf zich in de hele ruimte zou uitstrekken. Dit bleek echter niet overeen te stemmen met heel wat experimentele waarnemingen.

De meest gevolgde interpretatie is die van de Duitser Werner Heisenberg en de Deen Niels Bohr (en wordt omwille van de plaats waar deze laatste werkte wel de Kopenhageninterpretatie genoemd). Hun visie over de betekenis van de golffunctie vertrekt van een fysisch kenmerk van golven, namelijk dat de amplitude van de golf in het kwadraat evenredig is met de intensiteit (energie-inhoud) van de golfbeweging. In de kwantummechanica beschouwen we het kwadraat van de amplitude van de golffunctie op een bepaalde plaats, gelijk aan de kans dat het golf/deeltje zich op die bepaalde plaats bevindt.

In tegenstelling tot de klassieke mechanica, waarbij we op een deterministische (dus rechtstreeks berekenbare en exacte) manier de positie en de bewegingen van een deeltje kunnen bepalen, gaat het in de kwantummechanica slechts over de waarschijnlijkheid dat een deeltje zich op een bepaalde plaats bevindt. De vergelijking van Schrödinger beschrijft perfect deterministisch hoe die kansen verdeeld zijn over de ruimte waar dat deeltje in te vinden is, maar wanneer je een experiment doet om te zien waar het deeltje is, doe je een trekking uit die kansverdeling (dit noemen we stochastisch). Deze stap, de meting, is in de Kopenhageninterpretatie NIET deterministisch.

Meer nog – elke periodieke component van de golffunctie geeft telkens één mogelijke toestand van het deeltje weer. De gehele golffunctie, samengesteld uit al die componenten, is de superpositie van al die individuele mogelijkheden. Moeilijk? Ja. Maar laten we het tweespletenexperiment nog eens anders bekijken. Zolang beide spleten open zijn, zijn ook beide trajecten (door de bovenste en door de onderste spleet) mogelijk. Elk van die trajecten komt overeen met één component van de algemene golffunctie. Deze twee componenten van de golffunctie kunnen elkaar beïnvloeden. Wanneer we met zekerheid te weten willen komen welk traject ons golf/deeltje effectief aflegt, telt nog slechts één component mee zodat er geen interferentie kan optreden. Fysici zeggen dan dat de hele set gesuperponeerde golven ineenstort tot één enkele mogelijkheid (in het Engels: *collapse*).

De oorzaak van dit ineenstorten blijkt trouwens de meting zelf te zijn: door een van beide spleten te sluiten, weten we meteen waar de elektronen zich bevinden. Opnieuw schudt de kwantummechanica hier aan onze dagdagelijkse manier van denken: het uitvoeren van de meting, dus het verzamelen van informatie over een fenomeen, verstoort het fenomeen zelf! Of nog: door naar het systeem te kijken, veranderen we het vanzelf. Of, met een boutade: *durft er nu nog iemand beweren dat vallende bomen ook geluid maken als er niemand ze kan horen?*

Gesuperponeerde katten

De Kopenhageninterpretatie, waarin de fysica plots vol met waarschijnlijkheden zat, was niet makkelijk te verteren. Einstein had een dermate grote afkeer van het concept, dat hij zou hebben uitgeroepen: "Gott würfelt nicht!", oftewel, God speelt niet met dobbelstenen. Bohrs antwoord aan Einstein was overigens bijzonder laconiek: "Stop met God te zeggen wat hij moet doen!". Echter, Einstein stond niet alleen met deze gedachte. Ook Schrödinger zelf kon zich niet achter de Kopenhaagse gedachtengang zetten. Hij maakte dat duidelijk in 1935 aan de hand van wellicht een van de beroemdste gedachte-experimenten aller tijden: het verhaal over zijn kat (Figuur 114).

Stel je voor, zegt Schrödinger, dat ik een kat opsluit in een doos, samen met een mechanisme dat bestaat uit een radioactief atoom, een geigerteller, een hamer en een flesje vergif. Die zijn op zulke wijze met elkaar verbonden, dat zodra het radioactief atoom vervalt en zijn radioactieve straling uitzendt (en de geigerteller die oppikt), er een signaal naar de hamer gaat, en deze het flesje vergif openbreekt. Wanneer het vergif zich in de doos verspreidt, sterft de kat ogenblikkelijk. Omdat het radioactief verval van een atoom een louter stochastisch proces is (we kunnen het exacte moment niet voorspellen), weten we niet wat er zich in de doos heeft afgespeeld. Op dat moment bestaat de kat in twee gesuperponeerde toestanden: dood en levend, naargelang het radioactieve verval heeft plaatsgehad of nog niet. Ook het atoom zelf bestaat trouwens in twee gesuperponeerde toestanden. Pas wanneer we de doos openmaken om te kijken hoe het met de kat gesteld is - met andere woorden, pas wanneer we een meting doen – zien we in welke van beide toestanden de kat zich bevindt: dood OF levend. De golffunctie stort dus ineen.

Schrödinger zelf had dit gedachtenexperiment eigenlijk geformuleerd om de absurditeit van de Kopenhagen-interpretatie aan te tonen: hoe kan een kat nu dood EN levend tegelijkertijd zijn? Het antwoord op die paradox ligt in het feit dat de kat een macroscopisch wezen is. Om vanuit de microscopische schaal van het elektron over te gaan naar de macroscopische wereld zijn er massaal veel microscopische tussenschakels nodig. Elke tussenschakel heeft een golfkarakter. Maar door het optellen van een zulk groot aantal golven wordt het golfkarakter praktisch niet meer waarneembaar. In principe bestaan dus alle objecten van onze dagelijkse wereld uit een zeer groot aantal kleine deeltjes zoals elektronen, protonen enz..., die alle als golven bijdragen tot het geheel. Maar hun aantal is zo groot dat daardoor het golfkarakter verdwijnt. Het verschil tussen onze reële wereld en de microscopische wereld van de kwantummechanica is dus vooral een kwestie van schaal. Bovendien zit de onzekerheid over het lot van de kat niet bij het onfortuinlijke dier zelf, maar eerder bij de waarnemer. De lezer kan nu zelf bedenken, wat er zou gebeuren als de waarnemer mee in de doos zou zitten...

En hoe zit het nu met de kat zelf? Die doet sinds haar eerste avontuur, in de gedachten van Schrödinger, vooral dienst als didactisch model, om superpositie tastbaar te maken.

In de woorden van de auteur zelf:

Man kann auch ganz burleske Fälle konstruieren. Eine Katze wird in eine Stahlkammer gesperrt, zusammen mit folgender Höllenmaschine (die man gegen den direkten Zugriff der Katze sichern muss): in einem Geigerschen Zählrohr befindet sich eine winzige Menge radioaktiver Substanz, so wenig, dass im Lauf einer Stunde vielleicht eines von den Atomen zerfällt, ebenso wahrscheinlich aber auch keines; geschieht es, so spricht das Zählrohr an und betätigt über ein Relais ein Hämmerchen, das ein Kölbchen mit Blausäure zertrümmert. Hat man dieses ganze System eine Stunde lang sich selbst überlassen, so wird man sich sagen, dass die Katze noch lebt, wenn inzwischen kein Atom zerfallen ist. Der erste Atomzerfall würde sie vergiftet haben. Die ψ-Funktion des ganzen Systems würde das so zum Ausdruck bringen, dass in ihr die lebende und die tote Katze (s. v. v.) zu gleichen Teilen gemischt oder verschmiert sind.

Figuur 114. Conceptuele voorstelling van de "kat van Schrödinger".

[Men kan zo vrij absurde voorbeelden uitwerken. Een kat is opgesloten in een stalen kamer, met de volgende installatie erbij, afgeschermd tegen directe interventie van de kant van de kat: in een Geigerteller is er een klein beetje radioactieve stof, zo klein, dat misschien tijdens een volledig uur slechts één van de atomen vervalt, maar ook, met gelijke waarschijnlijkheid, misschien geen; als het gebeurt, dan springt het telbuisje aan en activeert het via een relais een hamer die een kleine kolf blauwzuur verbrijzelt. Als men dit hele systeem alleen laat voor een uur, kan men zeggen dat de kat nog leeft als intussen geen atoom is vervallen. De psi-functie van het gehele systeem zou dit zo uitdrukken, dat daarin de levende en dode kat in gelijke delen gemengd en bijeengevoegd bestaan.]

Schrödinger E (1935)
Die gegenwärtige Situation in der Quantenmechanik, The Science of Nature 23, 807

De intellectuele omslag in het natuurkundige denken over de structuur van de materie die op die manier genomen is tijdens de Roaring Twenties, kan moeilijk worden overschat. Tot pakweg 1925 bestond de wereld uit een grote machine, gehoorzamend aan de wetten van Newton, en was het voldoende om te kunnen rekenen om de toekomst te voorspellen. Schrödinger en Heisenberg en hun collega's transformeren haar in een groot kansspel, met waarschijnlijkheden als enige mogelijke benadering voor de werkelijkheid.

En zo zijn we weer eens aanbeland bij Werner Heisenberg ...

Episode 14: Van Heisenberg naar Bohr: de elektronen vinden hun plaats

De hooikoorts van Heisenberg

We ontmoeten de jonge Werner Heisenberg (Figuur 115) in de Roaring Twenties, meer bepaald in 1922, op een congres in de Alpen. De ondertussen wijd en zijd beroemde Niels Bohr, die dat jaar overigens ook zijn Nobelprijs toegekend kreeg, sprak daar over zijn atoommodel, waarin elektronen als planeetjes rond de atoomkern cirkelden. Alleen – waarom en hoe elektronen meestal in hun baan bleven en af en toe van baan naar baan sprongen, kon Bohr niet verder uitleggen. De vragen van een jonge assistent in het publiek, Werner Heisenberg, bleven grotendeels onbeantwoord, ook na een wandeling die de twee samen maakten in de wijde omgeving. Heisenberg zelf getuigde later over die wandeling wel dat dat het moment geweest was waarop hij zijn wetenschappelijke carrière echt voelde beginnen. Maar zijn problemen met het model van Bohr raakte hij niet kwijt.

De jongeman verhuisde in 1925 naar Göttingen, in Duitsland, op uitnodiging van Max Born (Figuur 117). Hij pakte er het probleem van de atoombanen aan op een originele manier: in plaats van uit te gaan van concepten (zoals elektronenbanen) die niet konden gemeten worden, probeerde hij de toestand van de elektronen in een atoom enkel voor te stellen met meetbare waarden, zoals de frequenties van de lichtdeeltjes die worden uitgezonden wanneer elektronen van baan wisselen. Hij bracht al deze waarden netjes onder in tabellen, en deed hetzelfde voor een pak andere variabelen: posities van elektronen, impuls van elektronen, ... Daarna begon hij ermee te rekenen, om te zien of hij ergens structuur kon vinden in de data. Tegenwoordig gebeurt dat met een computer en speciale software, toen moest dat nog met de hand.

De grote doorbraak kwam er op 7 juni 1925. Als hooikoortslijder vond Heisenberg de lente en de zomer in Duitsland ondraaglijk, en hij was gevlucht naar Helgoland, een eiland in de Noordzee, waar hij gemakkelijker kon ademen, en doorwerken.

Figuur 115. Werner Karl Heisenberg

5 december 1901, Würzburg, Koninkrijk Beieren, Duitse Keizerrijk - 1 februari 1976, München, Beieren, West-Duitsland

Die nacht ontdekte hij echter, tot zijn grote verbazing, het volgende: als hij tabel A met de waarden van de posities van de elektronen vermenigvuldigde met tabel B met de waarden voor hun impuls, dan bekwam hij niet hetzelfde resultaat als wanneer hij tabel B vermenigvuldigde met tabel A. In symbolen uitgedrukt:

$$A \times B \neq B \times A$$

Meer nog, het verschil tussen beide tabellen kwam steeds neer op h/4π!

Bovendien voelde hij aan, dat dit inzicht hem in staat zou stellen om zijn problemen met het atoommodel van Bohr op te lossen. Wat een wetenschapper voelt wanneer hij een dergelijk inzicht bereikt? We laten Heisenberg zelf aan het woord:

> *"It was about three o' clock at night when the final result of the calculation lay before me. At first I was deeply shaken. I was so excited that I could not think of sleep. So I left the house and awaited the sunrise on the top of a rock."*

Bij zijn terugkeer in Göttingen legde Heisenberg zijn bevindingen voor aan Born. Die herkende dit soort problemen: dit had te maken met de wiskunde van matrices (een wiskundige manier om met tabellen om te gaan), waarbij inderdaad de commutativiteit niet geldt voor de vermenigvuldiging. Born haalde er zijn assistent Pascual Jordan bij, en met zijn drieën legden ze de basis voor wat later de matrixmechanica is gaan heten. Zo kwam de man tot het zogenoemde onzekerheidsprincipe van Heisenberg: Er bestaat een fundamentele onzekerheid die verhindert om tegelijkertijd twee gekoppelde grootheden exact te gaan bepalen. Meer bepaald is het onmogelijk om tegelijkertijd de exacte positie én de exacte snelheid van een voorwerp te kennen.

Wiskundig geformuleerd komt deze ontdekking neer op het volgende: wanneer we van een kwantumdeeltje de exacte positie x willen kennen, of de exacte impuls p, dan zal er telkens een mate van onzekerheid overblijven (in symbolen: Δx en Δp). Uit de ontdekking van Heisenberg weten we nu dat

$$\Delta x \cdot \Delta p \geq h/4\pi$$

Hoe zekerder je bent van de eerste waarde, des te minder zeker je kan zijn van de andere. De waarde h/4π dient hierbij als ondergrens.

De gevolgen van het onzekerheidsprincipe van Heisenberg gaan echter verder. Om te beginnen vertrekt Heisenberg van de stelling dat enkel meetbare gegevens en grootheden echt een betekenis hebben in de fysica. Wat we niet kunnen meten (of uit meetwaarden berekenen) heeft dus geen betekenis. Maar de toekomstige baan van een partikel zoals een elektron kunnen we niet (exact) meten, en evenmin (exact) berekenen. Wat er overblijft, zijn een reeks mogelijke beschrijvingen van die baan (met elk een waarschijnlijkheid die we uit de vergelijking van Schrödinger kunnen afleiden). Of om Heisenberg een laatste keer zelf het woord te geven:

"In the sharp formulation of the law of causality - "if we know the present exactly, we can calculate the future" – it is not the conclusion that is wrong but the premise."

Niet de bewering dat we de toekomst kunnen berekenen is fout, wel dat we het heden perfect kunnen kennen.

Figuur 116. Heisenberg tijdens een college.

Figuur 117. Max Born

Born (Breslau, 11 december 1882 – Göttingen, 5 januari 1970) was een Duitse, en later, vanaf 1933, een Britse wis- en natuurkundige. In 1954 ontving hij de Nobelprijs voor Natuurkunde voor zijn waarschijnlijkheidsinterpretatie van de Schrödingervergelijking. Samen met zijn echtgenote ligt hij begraven op de begraafplaats Stadfriedhof in Göttingen, met op zijn grafsteen de fundamentele vergelijking van de kwantummechanica.

De geboorte van de orbitalen

Heisenbergs onzekerheidsprincipe levert zo de genadeslag voor het atoommodel van Bohr. Het Bohrmodel behandelt het elektron als een miniatuur planeet, met duidelijke afstand tot de atoomkern en met een duidelijke impuls (massa maal snelheid). Als afstand en impuls niet eens meer exact kunnen zijn, hoe zou men dan de positie van de elektronen, de banen en schillen van Bohrs atoom dan exact kunnen uitrekenen?

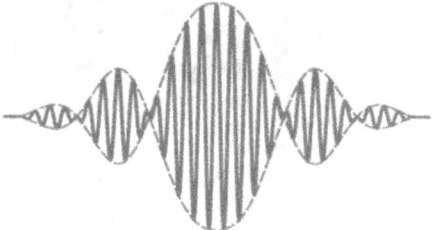

Figuur 118. Louis de Broglie

Links: Louis-Victor-Pierre-Raymond, 7e duc de Broglie (15 augustus 1892, Dieppe, Frankrijk – 19 maart 1987, Louveciennes, Frankrijk). Hij mocht in 1929 de Nobelprijs voor Natuurkunde ontvangen, nadat zijn hypothese over het golf-deeltjesgedrag van materie in 1927 door de Amerikaanse onderzoekers Clinton Davisson en Lester Gerner experimenteel bevestigd werd.

Rechtsboven: Abstract van de doctoraatsthesis van Louis de Broglie.

Rechtsonder: Golfpakketje.

Om te beginnen stappen we af van het beeld dat elektronen kleine balletjes zijn (deeltjes). Volgens de kwantummechanica zijn ze immers tegelijk een deeltje, maar ook een golfpakketje. Deze hypothese werd voor het eerst naar voren geschoven in de doctoraatsthesis van Louis de Broglie (uit 1924) en beperkt zich overigens niet tot fotonen en elektronen alleen (Figuur 118). Alle vormen van materie vertonen tegelijk deeltjeseigenschappen en golfkenmerken.

Een golfpakketje voldoet ook perfect aan het onzekerheidsprincipe van Heisenberg. Hoe beter de positie van zo een pakketje bekend is, hoe kleiner de golflengte van de golf zal moeten zijn. Alleen geldt meteen ook, dat hoe kleiner de golflengte van een golfpakketje wordt, hoe groter de energie wordt die erin opgeslagen zit. Energie en golflengte λ zijn immers omgekeerd evenredig. Een golfpakketje dat in een oneindig klein volume kan worden opgesloten (d.w.z. waarvan we de positie zeer goed kennen) bezit dan een oneindig hoge energie. En dat is nonsens.

In de praktijk worden het model van Bohr en Sommerfeld, dat toch heel wat zaken kon verklaren, en de inzichten van de kwantummechanica verenigd in het nieuwe model: het orbitaalmodel.

Om te beginnen behield men de verschillende fijne onderverdelingen van het atomaire model die Bohr en Sommerfeld hadden ingevoerd. Elektronen hebben in het nieuwe model nog steeds verschillende energieën, alleen worden ze op een nieuwe manier berekend. De energieniveaus van de elektronen zijn immers oplossingen van de Schrödingervergelijking: elk elektron krijgt zijn eigen golffunctie ψ. Die wordt daarvoor uitgedrukt in zogenoemde sferische coördinaten (Figuur 119): ψ(r,θ,φ) – geen slechte keuze, vermits atomen nu eenmaal bolvormen zijn. Hierbij is de energie van een elektron nog steeds gerelateerd met de afstand r tussen het elektron en de kern en bepalen θ en φ de richting waarin het elektron zich ergens moet bevinden, gezien vanuit het middelpunt (de kern).

Om het wiskundig uit te drukken, slaagde men er eerst en vooral in om die golffunctie Ψ(r,θ,φ) op te splitsen als het product van drie aparte deelfuncties R(r), Θ(θ) en Φ(φ) die elk slechts één variabele bevatten (respectievelijk r, θ en φ, de drie sferische coördinaten).

$$\Psi(r,\theta,\varphi) = R(r) * \Theta(\theta) * \Phi(\varphi)$$

Als oplossing voor die deelfuncties R(r), Θ(θ) en Φ(φ) bekomen we nu een set cijfers: de hoofdkwantumgetallen, nevenkwantumgetallen en magnetische kwantumgetallen. Elk van deze getallen heeft zijn eigen karakteristieke eigenschappen en een eigen interpretatie, hieronder samengevat (zie ook Figuur 120).

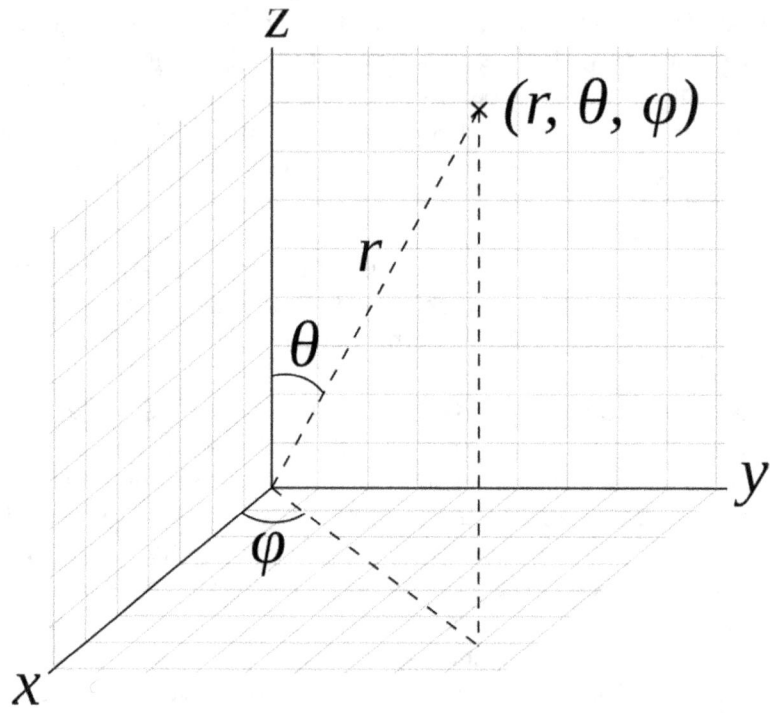

Figuur 119. Cartesiaanse en sferische coördinaten

Net zoals je een punt in de ruimte kan aanduiden met de Cartesiaanse coördinaten (x, y en z), kan je dat punt even eenduidig beschrijven met de drie sferische coördinaten r, θ en φ. Hierbij is r de afstand tot de oorsprong van het assenkruis, en zijn θ en φ de hoeken tussen de assen en de rechte die de oorsprong met het punt verbindt.

Hoofdkwantumgetal n
- Geheel getal: n = 1, 2, 3...
- Bepaalt een energieniveau voor het elektron (vergelijkbaar met de schillen van Bohr).

- Controleert de grootte, de ruimtelijke uitdijing van de orbitaal: een orbitaal met hoofdkwantumgetal 2 is kleiner dan een gelijkaardige met hoofdkwantumgetal 4 bijvoorbeeld.

Nevenkwantumgetal l
- Geheel getal tussen 0 en n-1
- Bepaalt de algemene vorm van de orbitaal
- Bepaalt een serie subschillen (de ellipsvormen van Sommerfeld):
  - s (*sharp*) voor l = 0, en deze zijn bolvormig
  - p (*principal*) voor l = 1, en deze hebben een haltervorm
  - d (*diffuse*) voor l = 2
  - f (*fundamental*) voor l = 3

Magnetisch kwantumgetal m
- Geheel getal tussen -l en +l
- Bepaalt de oriëntatie van de atoomorbitaal
- Voor l = 0, m = 0. Er is dus slechts een enkele oriëntatie mogelijk, 1 orbitaal s (een bol ziet er altijd hetzelfde uit, hoe je die ook draait).
- Voor l = 1, m = -1 ; 0 ; 1. 3 oriëntaties die overeenkomen met de drie assen van een 3d-systeem (p_x, p_y, p_z). Deze drie p-orbitalen hebben een gelijke energie.
- Voor l = 2, m = -2 ; -1 ; 0 ; 1 ; 2. Er zijn dus vijf orbitalen mogelijk van het d-type.

Hiermee kennen we nog niet de fysische betekenis van de orbitalen zelf. Een interessante interpretatie steunt op de eerder besproken interpretatie van Kopenhagen, namelijk dat als we de golffunctie van een elektron kennen in een bepaalde zone, dan geeft het kwadraat van de waarde van die golffunctie aan wat de kans is dat dat elektron in die zone voorkomt. De kwantumgetallen die bij een elektron horen, bepalen diens golffunctie, en dus ook de waarschijnlijkheid waarmee we dat elektron in een bepaalde zone rondom de atoomkern te vinden is. Een orbitaal is nu die zone, waar we het betrokken elektron kunnen terugvinden in 95% van de gevallen.

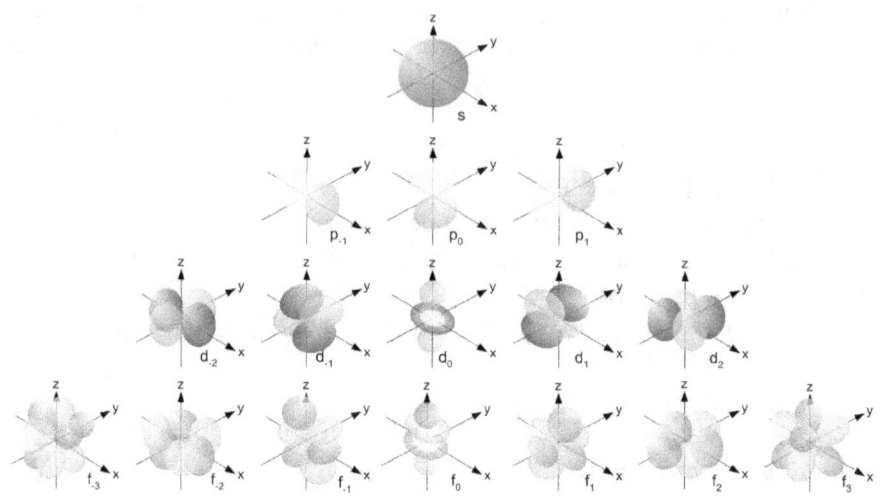

Figuur 120. Vorm en oriëntatie van verschillende orbitalen.

Van boven naar beneden zien we de (enige) s-orbitaal (een bolvorm, die slechts één oriëntatie kent), de drie p-orbitalen, die zich langsheen de drie hoofdassen van de ruimte leggen, de vijf d-orbitalen (met complexe vormen) en de nog complexere f-orbitalen, waarvan er zeven vormen bestaan.

Zijn er nog meer orbitalen? Theoretisch wel: verdere ontwikkeling van de Schrödingervergelijking voor elektronen in een atoom levert nog g-orbitalen (9 varianten) enzovoort... In de praktijk hebben we echter nog geen enkel atoom ontdekt waarbij andere vormen en oriëntaties een rol spelen.

Twee elementen zijn er nog nodig om het verhaal rond te maken. Om te beginnen bleek er nog een vierde kwantumgetal te bestaan: het **spinkwantumgetal** s, voorgesteld door George Uhlenbeck, Samuel Goudsmit en Ralph Kronig (Figuur 121).

Dit getal kan twee waarden aannemen: 1/2 of -1/2. Het komt intuïtief overeen met hoe een elektron in een orbitaal rond zijn as draait. Het spinkwantumgetal zou de oplossing bieden voor de nog ontbrekende verklaring van een deel van het Zeemaneffect. Samen met de drie andere kwantumgetallen vormt het spinkwantumgetal een set van vier getallen waarmee de toestand van een elektron rond een atoomkern volledig mee beschreven kan worden. En dat leidt dan meteen tot het tweede element.

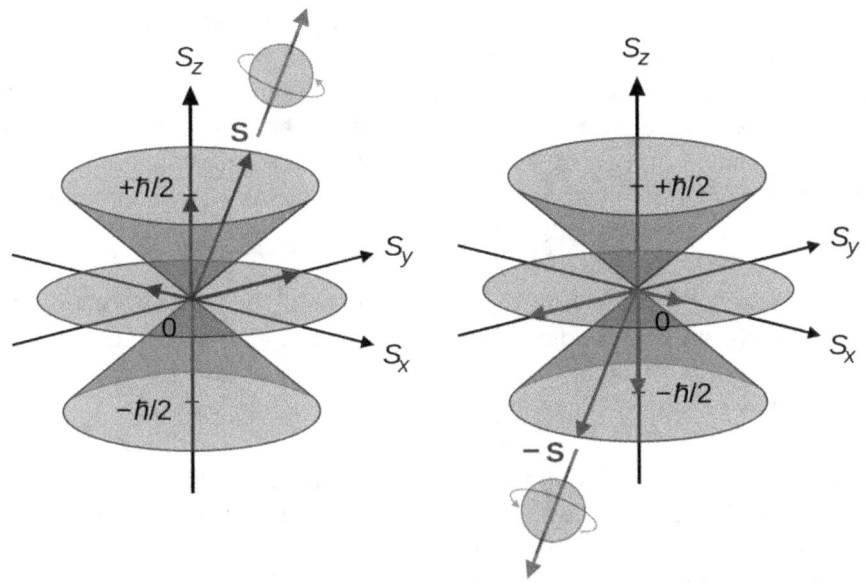

Figuur 121. Het spinkwantumgetal

Eerder beschreven we hoe het magnetisch kwantumgetal m de oriëntatie van de ellipsbanen (nu orbitalen) van Sommerfeld bepaalt. Deze figuur geeft aan hoe het vierde kwantumgetal aansluit op dat magnetische kwantumgetal.

In 1925 komt de Oostenrijkse fysicus Wolfgang Pauli namelijk tot het besef, dat elk elektron in een atoom een unieke set kwantumgetallen bezit. Dit concept heet nu het **exclusieprincipe van Pauli**. Hij leidde dat af uit vele waarnemingen van het begin van de twintigste eeuw die alle stelden dat atomen en moleculen met even aantallen elektronen chemisch stabieler waren dan deze met oneven aantallen. Ook het Bohr-model hield hiermee al rekening: een van de aanvullingen die Niels Bohr nog maakte aan zijn oorspronkelijk model stelt, dat bepaalde *even* aantallen elektronen (2, 8 of 18) overeenkomen met stabiele, "gesloten" schillen.

Het feit dat elke mogelijke toestand slechts éénmaal kan voorkomen, leidt tot de vaststelling dat elektronen in een bepaalde orde in een atoom voorkomen. Bovendien zitten deze elektronen geordend volgens energieniveau. In de lichtste atomen bevatten enkel de kleinste orbitalen (laagste kwantumgetallen) elektronen, en naarmate atomen groter worden (en meer elektronen bevatten), worden orbitalen met grotere kwantumgetallen actief. Elk nieuw elektron wordt toegevoegd aan telkens weer de volgende positie die openligt op een geordende lijst. Zo bouwen er zich in de grotere atomen systematisch energierijkere orbitalen op. Drie kwantumgetallen (n, l en m) bepalen daarbij in welke orbitaal een elektron zit. Doordat het vierde kwantumgetal s nog twee waarden kan aannemen, passen er in één orbitaal dus twee elektronen.

Anders gezegd: elk elektron in een atoom heeft een eigen, unieke set kwantumgetallen, en met die kwantumgetallen bepalen we de zone waarin dat elektron zich (meestal) bevindt. Ze vormen met andere woorden het adres van het elektron in het flatgebouw dat het atoom voorstelt.

Nu lijkt dit wellicht een zeer abstract verhaal. Maar bekijk het even langs deze kant. Die opbouw, waarbij elektronen in grotere atomen in steeds energierijkere orbitalen terechtkomen, is het *Leitmotiv* dat uitmondt in een algemene organisatie van atomen en elementen in één overkoepelende tabel... het Periodiek Systeem. Mocht u zo nog niet overtuigd zijn van de kracht van de kwantummechanica, bedenk dan even het volgende. Halverwege de negentiende eeuw ontwerpt de Rus Dmitri Mendelejev een tabel die de toen gekende elementen zodanig ordent, dat elementen met gelijkaardige eigenschappen ook in mekaars buurt uitkomen in die tabel. Hij doet dat op basis van experimentele waarnemingen van het gedrag van atomen en verbindingen zoals die was vastgesteld in proefbuizen en retorten. De kwantummechanica komt, louter door berekeningen en theoretische beschouwingen, op exact dezelfde structuur uit. De basis van de chemie is daarbij steviger dan graniet.

Episode 15: Het Wonderjaar van Rutherford: 1932

Figuur 122. De International Bunsentagung on Radioactivity in Münster (16-19 mei 1932).

Zittend, van links naar rechts: James Chadwick, Hans Geiger, Ernest Rutherford, Stefan Meyer, Karl Przibram.
Staand, van links naar rechts: Georg de Hevesy, mevrouw Geiger, Lise Meitner, Otto Hahn.

Net zoals Einstein een wonderlijk jaar beleefde in 1905 (met vier wereldschokkende vindingen), geldt dit voor de groep rond Rutherford aan het begin van de jaren 1930: alles kan, *the sky is the limit*.

Vooral 1932 blijkt een wonderjaar te zijn voor de groep onderzoekers in het Cavendishlab in Cambridge. Niet alleen komt collega Chadwick dat jaar voor de dag met het neutron, er zijn nog twee andere mijlpalen die van 1932 een spannend jaar maken in de geschiedenis van de ontsluiering van de materie.

Figuur 123. Rolf Widerøe

11 juli 1902, Oslo/Kristiania, Noorwegen – 11 oktober 1996, Obersiggenthal, Zwitserland, hier in 1954.

Atomen zijn breekbaar: de deeltjesversneller

Rutherford had in 1911 het bestaan van de atoomkern aangetoond door een goudplaatje te bombarderen met alfadeeltjes. Een tiental jaar later was diezelfde Rutherford in staat om met een straal alfadeeltjes van om en bij de 5 MeV (mega-elektronvolt, miljoen eV), geproduceerd door radioactieve isotopen, kernen van stikstofatomen te vernietigen. Maar dat was niet genoeg. Om het onderzoek naar het splijten van atoomkernen echt op gang te trekken, vond Rutherford, had de wetenschap nood aan bronnen van deeltjes met veel hogere energieën en snelheden. Jarenlang zochten wetenschappers naar manieren om atomen te versnellen tot een energie van een megawatt en meer, om daar andere, zware atomen mee te beschieten en in stukken te laten breken. Het eerste toestel dat dit in een laboratorium kon doen, was de lineaire deeltjesversneller van de Noorse fysicus Rolf Widerøe (Figuur 123), uit 1928.

Zo een apparaat bestaat uit een lange buis, opgebouwd uit verschillende delen met telkens een alternerend voltage (Figuur 124). Bovendien veranderen de polen van het elektrisch veld tijdens het versnellen: terwijl het geladen deeltje door de buis gaat, worden alle buizen die eerst positief waren negatief, en omgekeerd.

Stel dat we een positief geladen deeltje afvuren in de buis. Het wordt eerst aangetrokken (en daardoor versneld) door het eerste deel van de buis, wat negatief geladen is. Het vliegt door het midden, maar op dat moment veranderen de spanningen op de delen van de buis. Het deeltje in de buis zelf voelt er niets van, want daar is geen elektrische spanning te merken. Maar zodra het deeltje het eerste deel van de buis verlaat, is die buis ook positief geworden, en is het tweede deel negatief. Hierdoor wordt het deeltje versneld: deel één stoot het af, en deel twee trekt het aan. Telkens als een deeltje van het ene deel naar het andere springt, kreeg het, door het spanningsverschil, een extra hoeveelheid kinetische energie mee.

Hoe meer sprongen het deeltje moet maken, hoe sneller het beweegt. Uiteindelijk wordt het versnelde deeltje afgevuurd op een doel, waarmee het gaat botsen. Het resultaat van die botsing werd in die beginjaren met nevelkamers opgevolgd.

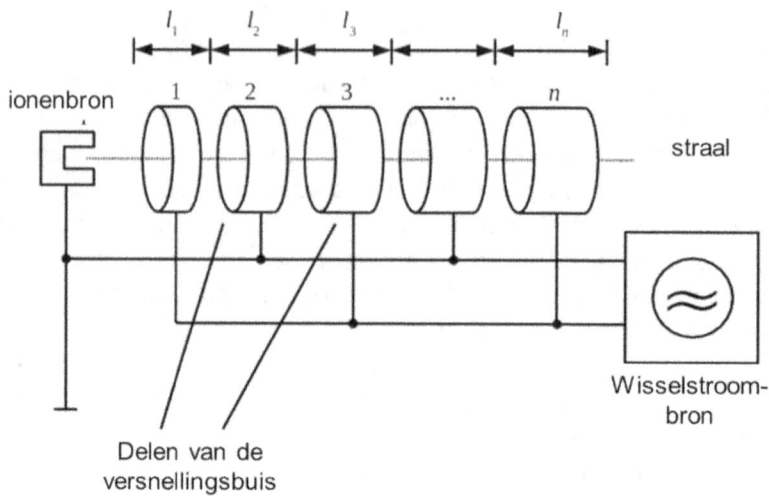

Figuur 124. De lineaire versneller – schematische opbouw.

Figuur 125. Stanford Linear Accelerator Center

Moderne voorbeelden van dergelijke lineaire versnellers zijn de versneller van het Stanford Linear Accelerator Center (3,2 km lang) en de International Linear Collider (31 km lang), die nog in de ontwerpfase zit. De eerste versnelt elekrronen en positronen tot 50 GeV (Giga-elektronVolt of 10^9 eV), de laatste zou tot 1 TeV (Tera-elektronVolt, 10^{12} eV) moeten gaan.

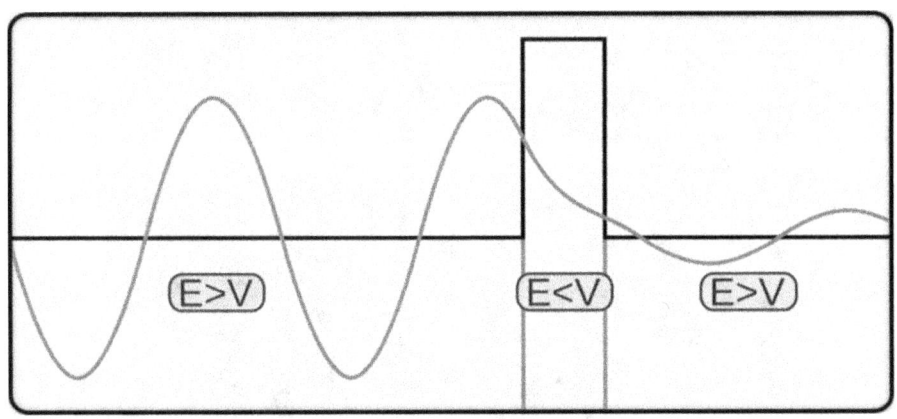

Figuur 126. Kwantumtunneling

Kwantumtunneling, zegt u? Dat is weer zo een vreemd, maar waargenomen effect van de kwantummechanica: deeltjes kunnen door een barrière heen, wanneer ze te weinig energie hebben om erover te gaan. Wanneer een deeltje opgesloten zit in een ruimte met niet al te dikke wanden, dan kan het hier dus uit ontsnappen, als had er zich een tunnel door de barrière gevormd. Opgelet – dit is enkel een flauwe manier van voorstellen: in werkelijkheid kunnen we het tunneleffect enkel goed uitleggen met behulp van de wiskundige benadering van de vergelijking van Schrödinger.

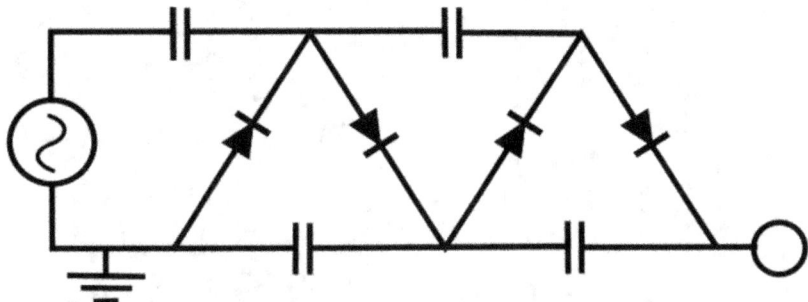

Figuur 127. De Cockcroft-Waltongenerator: elektrisch circuit

De Cockcroft–Waltongenerator is een elektrisch circuit dat in staat is om een hoge gelijkstroomspanning voort te brengen uit een wisselstroom met lage spanning. Het is het hart van de deeltjesversneller van de Brit John Douglas Cockcroft en de Ier Ernest Thomas Sinton Walton, die daarmee voor het eerst in het labo een atoomkern lieten desintegreren. Het circuit speelt ook een rol in fotomultipliers, laserprinters en kopieerapparaten.

Figuur 128. Cockcroft-Waltongenerator. tentoongesteld in het National Museum of Scotland.

Vanuit zijn team zette Rutherford John Cockcroft, Thomas Allibone en Ernest Walton op de zaak. Ze bouwden een toestel dat bekend werd als een Cockcroft-Walton-accelerator, en koppelden dat aan een protonenbron. Een cruciaal moment kwam er, toen Cockcroft op een artikel van George Gamow over kwantumtunneling stuitte. Hij begreep daaruit dat kernsplijting al met veel lagere spanningen kon worden opgewekt dan eerst gedacht: protonen met een energie van slechts 300.000 elektronvolt zouden al kunnen doordringen in een kern van een booratoom en het laten uiteenvallen. Rutherford kreeg van de Universiteit van Cambridge een subsidie van duizend pond om voor hen een transformator en alle andere benodigde apparatuur te kopen. Cockcroft en Walton werkten twee jaar lang aan hun versneller.

Vanaf maart 1932 draaide de deeltjesversneller van Cockcroft en Walton volop, toen ze lithium en beryllium begonnen te bombarderen met energierijke protonen. Ze verwachtten eigenlijk om gammastralen te vinden, net zoals een groep Franse onderzoekers voor hen, maar dat bleek een maat voor niets: Chadwick had ondertussen het neutron ontdekt en de Franse vinding eens van nader bekeken in het licht van die nieuwe kennis... hij stelde vast dat wat ze gevonden hadden, inderdaad neutronen waren geweest.

Cockcroft en Walton verlegden vervolgens hun zoektocht en trachtten alfadeeltjes te detecteren. Op 14 april 1932 leek het doel bereikt: bij het bombarderen van lithium dacht Walton alfadeeltjes waar te nemen. Eerst werd Cockcroft erbij geroepen, vervolgens ook Rutherford zelf. Beiden bevestigden die waarneming. Diezelfde avond nog schreef het trio een bijdrage voor het vakblad *Nature* waarin ze beschreven hoe ze als eersten op kunstmatige wijze een atoomkern in stukken hadden geschoten, volgens deze reactie:

$$^7Li + p^+ \rightarrow 2\ ^4He + 17,2\ MeV$$

Voluit staat daar dat bij een botsing van een voldoende versneld proton met een lithiumkern deze laatste kan uiteenvallen in twee heliumkernen (genoegzaam bekend als alfadeeltjes). Daarbij komt er per lithiumkern 17,2 MeV aan energie vrij. Deze prestatie werd bekend als de eerste splijting van een atoom. Het leverde het duo in 1938 de Hughes Medal op en in 1951 de Nobelprijs voor Natuurkunde.

Cockcroft en Walton waren zich terdege bewust van de grenzen van hun deeltjesversneller. Een veel beter ontwerp was het cyclotron, ontwikkeld door de Amerikaanse onderzoeker Ernest Lawrence (Figuur 130). Niettegenstaande deze technische handicap was het Cavendish Lab toch in staat om de Amerikanen te snel af te zijn, dankzij hun doorzicht in de achterliggende natuurkunde. Het is pas dankzij een gift van Lord Austin (van niet minder dan £250 000) dat zelfs een befaamd lab als dat van Rutherford het zich kon veroorloven om een cyclotron te bouwen, gebaseerd op het ontwerp van Lawrence (Figuur 131) en met een diameter van 910 mm. Tegelijk werd een nieuwe vleugel toegevoegd aan het lab om het toestel te huisvesten. Het cyclotron werd in oktober 1938 in werking gesteld, en twee jaar later naar de nieuwe vleugel verhuisd. Ondertussen was Mark Oliphant, een andere medewerker van Rutherford, in Birmingham een groter toestel (1524 mm diameter) aan het bouwen. De bouw werd vertraagd door het uitbreken van de Tweede Wereldoorlog, en het toestel zou ook reeds verouderd zijn toen het werd voltooid na de oorlog.

Figuur 129. Cockcroft en Walton

Links: Sir John Douglas Cockcroft (27 mei 1897, Todmorden, West Yorkshire, Groot-Brittannië - 18 september 1967, Cambridge, Groot-Brittannië).

Rechts: Ernest Walton, 6 oktober 1903, Abbeyside, Dungarvan, Ierland - 25 juni 1995, Belfast, Noord-Ierland, Groot-Brittannië).

Figuur 130. Ernest Lawrence

Ernest Orlando Lawrence (8 augustus 1901, Canton South Dakota, USA – 27 augustus 1958, Palo Alto, Californië, USA) was een Amerikaans natuurkundige die bekend werd als ontwerper van het cyclotron. Tijdens het Manhattanproject (het Amerikaanse project om een atoombom te ontwikkelen) legde hij zich toe op het opzuiveren van uranium-isotopen. Hij kreeg in 1939 de Nobelprijs voor Natuurkunde voor zijn werk aan het cyclotron. Element nummer 103, lawrencium (Lr), is naar hem vernoemd.

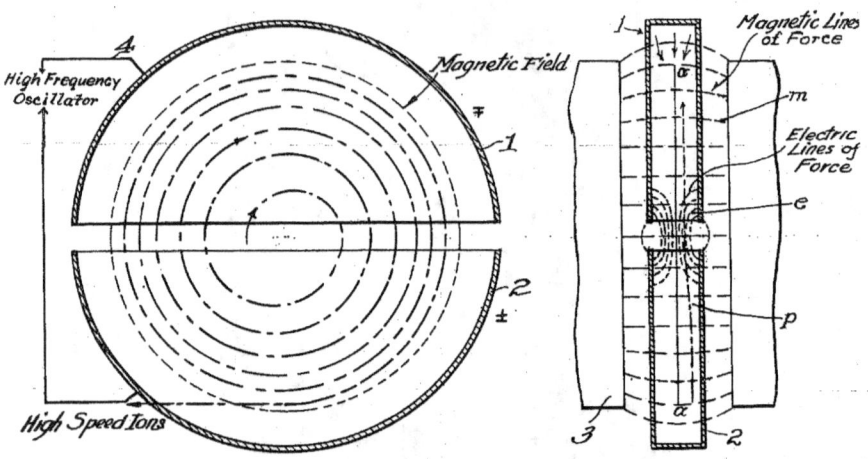

Figuur 131. Cyclotron van Lawrence.

Werking van het cyclotron, uit het originele octrooi van Lawrence. Het basisprincipe van de werking van dit toestel is dat een geladen partikel dat zich in een magnetisch veld bevindt, zich loodrecht op dit veld zal voortbewegen. Een cyclotron gebruikt holle metalen elektroden die de vorm hebben van halve schijven of "D's". In het centrum komt een bron van geladen deeltjes, die door de elektroden worden aangetrokken. Net zoals bij de lineaire versneller wisselt het elektrisch veld tussen beide D's, zodat de geladen deeltjes heen en weer vliegen tussen beide elektroden. Loodrecht op deze D's komt dan een magnetisch veld, waardoor de geladen deeltjes worden afgebogen. Al deze velden en krachten zorgen ervoor dat de geladen deeltjes in een spiraalvormige beweging naar buiten beginnen bewegen. Hogere snelheden worden bereikt hoe sterker het magnetische veld en hoe groter de omvang van het cyclotron, hoe sneller de deeltjes bewegen. Dat eerste cyclotron van Lawrence was ongeveer 30 cm in diameter met een veld van ongeveer een halve Tesla. Het versnelde protonen tot iets meer dan 1 MeV.

Het laatste mirakel van 1932

In de laatste jaren van de jaren 1920 betreedt een bijzondere figuur het toneel: de Engelse fysicus Paul Dirac (Figuur 133). In 1928 sloeg hij een brug tussen de relativiteitstheorie en de kwantummechanica, en stelde hij een vergelijking voor die de golffunctie van het elektron op relativistische wijze beschrijft (en die later zijn naam gaat dragen). Met dit laatste verhaal werd het er niet minder wonderlijk op – integendeel. De wetenschap leerde immers de tegenpool van de materie kennen: antimaterie.

Een van de eerste voorspellingen van de Diracvergelijking was bijzonder intrigerend: het bestaan van een soort van anti-elektron, met een even grote massa, maar een tegengestelde lading. Wanneer een positron en een elektron botsen, vernietigen ze mekaar, en blijven er twee fotonen over, die in tegengestelde richting worden uitgestuurd. De energie van elk van beide fotonen is 511 keV (hetgeen er overblijft na conversie van alle massa van beide deeltjes volgens de vergelijking van Einstein, $E = mc^2$).

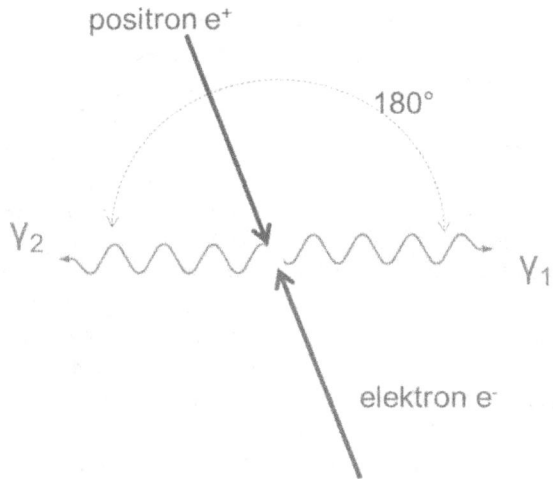

Figuur 132. Schematische weergave van de botsing van een elektron met een positron.

Figuur 133. Paul Dirac

Paul Adrien Maurice Dirac (8 augustus 1902, Bristol, Groot-Brittannië–20 oktober 1984 Tallahassee, Florida, USA) won de Nobelprijs voor Natuurkunde in 1933, samen met Erwin Schrödinger. Hoewel hij zijn academische carrière was begonnen als elektrisch ingenieur aan de Universiteit van Bristol, kwam zijn genie vooral in zijn theoretisch wiskundig werk tot volle bloei. In 1928 publiceerde hij een relativistische golfvergelijking, waarmee voor de eerste keer de speciale relativiteitstheorie wordt uitgewerkt in een kwantummechanische context.

In 1930 toonde hij aan dat de benaderingen van de kwantummechanica door Heisenberg (de matrixmechanica) en door Schrödinger (golffuncties) gelijkwaardig zijn. Ook later bleef Dirac verder werken aan de theoretische benadering van de kwantummechanica. Hij werd daarbij een groot voorbeeld voor heel wat theoretici van na de Tweede Wereldoorlog, zoals Richard Feynman. Hij was een van de grootste theoretische genieën van de twintigste eeuw. Tussen 1932 en 1969 bekleedde hij de Lucasian Chair voor Wiskunde aan de Universiteit van Cambridge (zoals Newton zelf lang voorheen, en Stephen Hawking tussen 1979 en 2009).

Figuur 134. Drie kwantumgeleerden.

Van links naar rechts: Paul Dirac, Wolfgang Pauli (1900-1958) en Rudolf Peierls (1907-1994) in Birmingham.

Op de vraag wat zijn fundamentele filosofie in het leven inhield, moet Dirac ooit geantwoord hebben: "Dat de natuurwetten in mooie vergelijkingen kunnen gevat worden." Toen Dirac op een keer was uitgenodigd in de Sovjetunie kreeg hij de vraag wat hij dacht over poëzie. Zijn antwoord was: "In de wetenschappen probeert men iets te vertellen wat niemand nog weet op een zodanige manier dat iedereen het verstaat. Bij poëzie is het net omgekeerd." Een vreemde man, zegt u? Neem het van Einstein aan. Die zei ooit over Dirac: "This balancing on the dizzying path between genius and madness is awful."

Alleen, zolang er geen experimenteel bewijs volgt, blijft de theorie onbewezen (zoals we al eerder vermeldden). Niet dat dat lang hoefde te duren: in 1932 toonden twee onderzoekers in het team van Rutherford, Patrick Blackett en Giuseppe Occhialini, aan dat een dergelijk positron effectief bestaat.

Helaas waren ze niet de eersten – wel, alvast niet de eersten om aan de wereld te verkondigen wat ze hadden gevonden. Terwijl Blackett en Occhialini verder gegevens verzamelden om met een volledige publicatie naar buiten te komen, had Carl Anderson van het California Institute of Technology de eer en het genoegen om zijn waarnemingen als eerste openbaar te maken. Hij behaalde er in 1936 de Nobelprijs in de Natuurkunde mee.

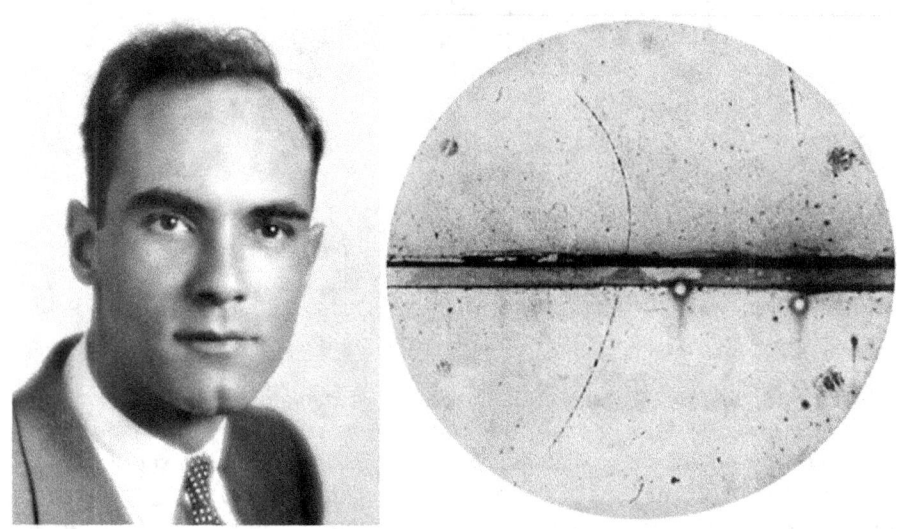

Figuur 135. Carl Anderson.

Links: Carl Anderson bij het ontvangen van zijn Nobelprijs in 1936. Rechts: Nevelkamerobservatie van het positron door Carl Anderson. Twee sporen schieten weg in tegengestelde richting

Figuur 136. Patrick Blackett.

Patrick Maynard Stuart Blackett, (18 November 1897, London, Groot-Brittannië – 13 juli 1974, London, Groot-Brittannië) startte zijn loopbaan in de Britse marine. Tijdens de Eerste Wereldoorlog diende hij op de HMS Carnarvon (Figuur 137) en de HMS Barham (Figuur 138) als aspirant-officier en later als onderluitenant.

Hij werkte er onder andere een toestel uit om de mate van verandering van de kompaspeiling van het doelwit te meten om de trefzekerheid te verhogen, een toestel waarop de Royal Navy achteraf een patent nam. Blackett was vooral bezorgd over de slechte kwaliteit van de artillerie vergeleken met die van de vijand, en begon op eigen houtje wetenschappelijke handboeken rond het thema te bestuderen.

Figuur 137. De HMS Carnarvon

Figuur 138. De HMS Barham (in de jaren 1930)

Hij werd gepromoveerd tot luitenant in mei 1918, en trok in januari 1919 op bevel van de Britse legerleiding naar de Universiteit van Cambridge om zijn opleiding af te werken. Blackett raakte onder de indruk van het prestigieuze Cavendish Laboratory, en verliet de marine om wiskunde en natuurkunde te studeren aan Cambridge. Na zijn afstuderen werkte hij tien jaar in het Cavendish Lab.

Rutherford had in 1919 ontdekt dat de kern van het stikstofatoom kan uiteenvallen. Hij vroeg Blackett nu om met een nevelkamer zichtbare sporen van deze desintegratie te vinden. Tegen 1924 had de man 23 000 foto's met in totaal 415 000 sporen van geïoniseerde deeltjes genomen. Acht daarvan waren gevorkt, en daaruit bleek dat bij de botsing tussen een alfadeeltje en een stikstofatoom eerst een fluoratoom werd gevormd, dat daarna uiteenviel in een zuurstofatoom en een proton. In 1932 en 1933 werkte hij samen met Giuseppe Occhialini. Samen ontdekten ze sporen van het positron in hun nevelkamer.

Na zijn werk bij Rutherford in Cambridge verhuisde hij voor vier jaar naar de Universiteit van Londen als hoogleraar natuurkunde. In 1937 verhuisde hij naar de Victoria Universiteit van Manchester (waar Rutherford zelf nog had gewerkt), waar hij een groot internationaal onderzoekslaboratorium op poten zette. In 1947 introduceerde Blackett een theorie waarmee hij de sterkte van het aardmagnetisch veld kon verklaren als functie van de rotatie, in de hoop om zo de elektromagnetische kracht en de zwaartekracht te verenigen. Zijn werk bracht hem naar het gebied van de geofysica, waar hij uiteindelijk hielp om gegevens rond paleomagnetisme te analyseren en finaal ook sterke bewijzen te vinden voor de theorie van de continentale drift.

In 1948 ontving hij de Nobelprijs voor natuurkunde voor zijn onderzoek naar kosmische straling. Patrick Blackett werd in 1953 aangesteld tot hoofd van de Afdeling Natuurkunde van het Imperial College in Londen. Hij trok zich uit het actieve leven terug in juli 1963.

Daarmee is het verhaal niet afgelopen. In 1931 voorspelde Wolfgang Pauli (Figuur 134) het bestaan van het neutrino (en dit werd experimenteel bevestigd in 1956). In 1935 volgde het pion (door Hideki Yukawa) en in 1936 het muon (opnieuw door Anderson). Vijftien jaar later was er een dermate grote variatie aan partikels gevonden, dat het tijd werd om er wat orde in te scheppen. Dit gebeurde in eerste instantie met behulp van het quark-model, en later door het standaardmodel van de materie. Maar dat is voor de verdere afwikkeling van ons vervolgverhaal. Eerst valt Hitler Polen binnen, en belichten we een vreemd huwelijk: dat tussen het nationaalsocialisme en de natuurkunde.

Overlijdensbericht – Ernest Rutherford
Met het stukje over het positron nemen we bovendien ook afscheid van Ernest Rutherford. De man onder wiens leiding maar liefst 11 Nobelprijzen verdiend zijn, overleed immers in 1936.

Rutherford werd geridderd in 1914, en kreeg de Orde van Verdienste uitgereikt in 1925. In 1931 kreeg hij de titel van Baron Rutherford van Nelson en Cambridge (Figuur 139). Niet alleen was hij hoofd van het Cavendish Laboratory, hij nam ook een aantal extra functies op, waaronder voorzitter van de Raad van Advies van het ministerie van Wetenschappelijk en Industrieel Onderzoek, hoogleraar Natuurlijke Filosofie aan de Royal Institution in Londen en directeur van de Royal Society Mond Laboratory in Cambridge. Hij was reeds in 1903 gekozen tot Fellow van de Royal Society, en hij trad op als voorzitter van 1925 tot 1930. Hij werd bekroond met vele prijzen en onderscheidingen, waaronder de Rumford Medal, de Copley Medal, de Bressa Prize, de Albert Medal en de Faraday Medal, evenals talloze eredoctoraten en doctoraten. Niet dat al die eretitels hem iets konden schelen. Niels Bohr zei eens, dat hij Rutherford nooit zo kwaad had meegemaakt als die ene keer toen hij de man als Lord aansprak.

Rutherford overleed onverwacht in Cambridge op 19 oktober 1937, 66 jaar oud, na een operatie voor een navelbreuk. Voor een Britse Lord zoals hij stelde het protocol van die dagen dat hij enkel geholpen kon worden door een arts met een adellijke titel, en de vertraging om zo een arts ter plekke te krijgen, heeft hem wellicht het leven gekost. Hij werd begraven in Westminster Abbey, naast Lord Kelvin en in de buurt van Sir Isaac Newton.

Figuur 139. Baron Ernest Rutherford of Nelson and Cambridge

Episode 16: De Deutsche Physik-beweging

Dat wetenschappers ook mensen zijn met alle grote en kleine kantjes, zal niemand ontkennen – god in het diepst van hun gedachten, in het binnenst van hun ziel ten troon, dichtte Kloos. Maar verder heel gewoon, met haaruitval en spijsverteringsklachten, voegde de plezierdichter Drs P daar dan aan toe. Het zal dan ook niemand echt verwonderen, dat ook wetenschappers niet per se langs de kant gaan staan in totalitaire regimes. Zo ook niet in nationaalsocialistisch Duitsland.

Om dit verhaal te duiden, moeten we terug naar het begin van de Eerste Wereldoorlog. Hoewel België krachtens internationale verdragen als neutrale (en dus niet-betrokken) partij moest worden beschouwd in potentiële gewapende conflicten, lapte het Duitse Keizerrijk van Wilhelm II dit in 1914 aan de soldatenlaars. Om Frankrijk binnen te kunnen vallen, maakte het Duitse leger op 4 augustus 1914 een omtrekkende beweging door België en viel zo het land binnen.

Tijdens die bezetting ging het Duitse leger ongenadig te keer tegen de Belgische burgerbevolking. 6000 Belgen werden direct gedood, 17 700 stierven tijdens uitzetting, deportatie, in de gevangenis of ter dood veroordeeld door de rechtbank. Alleen al in 1914 verwoestte de bezetter 25 000 woningen. Vrouwen werden gedwongen zich te ontkleden (om te controleren of ze geen vermomde verzetsstrijders waren) en dan verkracht. Anderhalf miljoen Belgen (20% van de gehele bevolking) vluchtten uit vrees voor het binnenvallende Duitse leger. In de

Angelsaksische pers (die zich uiteraard ook niet te goed voelde om de zaken nog wat extra in de verf te zetten) klonk luid afschuw voor "The Rape of Belgium" (Figuur 140).

Figuur 140. The Rape of Belgium: of wat de pers daarvan maakte.

Zelfs schrijvers zoals Kipling lieten zich niet onbetuigd. Zijn gedicht *For All We Have And Are* uit 1914 begint als volgt:

> For all we have and are,
> For all our children's fate,
> Stand up and take the war.
> The Hun is at the gate!

Na de oorlog zal blijken dat heel wat verhalen waar waren, maar niet allemaal. Een groot gedeelte was minstens aangedikt, overdreven or ronduit gelogen. Oorlogspropaganda is een verhaal van alle tijden.

Maar één gebeurtenis was zeker waar. Wat ook de aanleiding was – represailles voor een verzetsdaad of een poging Leuven te intimideren – op 25 augustus 1914 ging de Leuvense universiteitsbibliotheek in vlammen op, door toedoen van Duitse soldaten (Figuur 142). Meer dan 300 000 wetenschappelijke werken en onvervangbare middeleeuwse handschriften gingen in vlammen op. Deze culturele ramp lokte overal reacties van afschuw uit, en de Duitse invallers werden overal vergeleken met de Hunnen (Figuur 141), die ook zonder respect voor mens of cultuur alles op hun weg plunderden en brandschatten. Hierop kwam, op 4 oktober 1914, een reactie van 93 Duitse wetenschappers, die wellicht ingegeven was door de manier waarop de pers in Groot-Brittannië en de USA de gebeurtenissen nog extra aandikten. Samen publiceerden ze *An die Kulturwelt!* (ook wel het *Manifest van de 93* genoemd) waarin ze de groeiende internationale afkeer van Duitsland aanklaagden. In hun eigen woorden:

> *"Wir können die vergifteten Waffen der Lüge unseren Feinden nicht entwinden. Wir können nur in alle Welt hinausrufen, daß sie falsches Zeugnis ablegen wider uns."*
> (We kunnen het giftige wapen van de leugen van onze vijanden niet ombuigen. We kunnen enkel uitschreeuwen naar de hele wereld, dat zij over ons valse getuigenissen afleggen.)

Bovendien konden vele Duitsers aan het thuisfront, vaders en moeders van heel wat jonge mannen onder de wapens, zich onmogelijk voorstellen dat hun zonen zich zo gruwelijk zouden misdragen. Zo ondertekende ook Max Planck de tekst – zijn zoon Erwin was namelijk ook in dienst, op weg om de Duitse belangen te verdedigen.

De volledige tekst kan u nalezen in het Duits op http://www.nernst.de/kulturwelt.htm en in Engelse vertaling op https://wwi.lib.byu.edu/index.php/Manifesto_of_the_Ninety-Three_German_Intellectuals.

Figuur 141. Britse oorlogspropaganda uit 1917

Echter, naargelang de oorlog langer duurde, verhardde ook deze discussie in een stellingenoorlog. Een groep Britse intellectuelen diende deze groep van 93 intellectuelen datzelfde jaar nog van antwoord – met onder hen bekende namen zoals Alexander Fleming (de ontdekker van de penicilline), William Bragg (de vader van de studie van kristallen via x-straaldiffractie), lord Rayleigh (de grondlegger van de akoestiek en de ontdekker van het edelgas argon) en de ons ondertussen bekende J.J. Thomson.

Figuur 142. De restanten van de beroemde bibliotheek van Leuven.

Wellicht was dit reeds voldoende om de meeste ondertekenaars van het Manifest met de twee voeten op de grond te zetten. In 1921 stelde de New York Times immers de 76 ondertekenaars die nog in leven waren, de vraag of ze nog achter hun manifest van zeven jaar tevoren stonden. Zestig onder hen (waaronder Planck) hadden er spijt van, en sommigen zeiden vlakaf dat ze zich hadden laten meesleuren en dat ze niet wisten wat ze juist hadden ondertekend.

De tekst van de Britten is te vinden op http://www.gutenberg.org/files/13635/13635-h/13635-h.htm#page188.

Niet iedereen was die mening toegedaan, evenwel. Nog in 1915 eiste een groep Duitse wetenschappers onder leiding van Wilhelm Wien dat de suprematie van het Engels dringend moest worden teruggedrongen: Duitse onderzoekers zouden best geen publicaties meer schrijven in het

Engels, buitenlandse werken konden beter enkel nog maar in het Duits worden gedrukt en vooral, alle onnodige Engelse invloed op het Duitse onderzoek diende te worden verwijderd. Niet iedereen dacht zo, maar het tegenmanifest *Aufruf an die Europäer*, dat opriep voor vrede en wederzijds begrip, trok maar vier ondertekenaars (waaronder Albert Einstein).

Deutsche Physik

Maar daar bleef het niet bij. De anti-Joodse wetten van de NSDAP lieten zich ook in de wetenschappen voelen. In Duitsland werden Joodse wetenschappers van de universiteiten verdreven. Meer dan honderd natuurkundigen emigreerden in de jaren 1930 naar de Verenigde Staten waaronder Albert Einstein, vooral toen de Neurenbergwetten van 1935 alle joden verboden om aan een universiteit te werken. Ook niet-Joodse onderzoekers voelden zich belemmerd in hun taak als onderzoeker. Max Born en Erwin Schrödinger brachten de oorlog als het ware in ballingschap door in Edinburgh en Dublin.

Slechts een paar – waaronder Werner Heisenberg, over wie we het nog hebben – bleven in het Reich. Met de opkomst van het nazisme was het daarnaast niet verwonderlijk dat er stemmen zouden opgaan voor een raszuivere wetenschap – een Deutsche Physik, die zich niet inliet met de nieuwe ("joodse") denkrichtingen in de natuurkunde, zoals de relativiteitstheorie en de kwantummechanica. Ironisch genoeg waren het enkele Nobelprijswinnaars die zich opwierpen als de grote voorvechters van deze Arische wetenschappelijke marsrichting: Philipp Lenard en Johannes Stark.

Een van de belangrijkste doelwitten van de Deutsche Physik was Werner Heisenberg, een van de centrale personen in de ontwikkeling van die nieuwe kwantummechanica. Na de machtsovername door de NSDAP in 1933 begonnen leden van de Deutsche Physik hem als "witte jood" te bestempelen, wat de man meteen verdacht maakte in de ogen van de SS. Op 15 juli 1937 werd Heisenberg zelfs openlijk aangevallen in *Das Schwarze Korps*, een van de publicaties van het SS-korps. De aanleiding daartoe? Platte bevorderingspolitiek bij de vraag wie Arnold Sommerfeld in München moest opvolgen.

Reeds op 1 april 1935 was immers de tijd gekomen voor Arnold Sommerfeld, onder wiens leiding Heisenberg zijn doctoraatsonderzoek had uitgevoerd, om op pensioen te gaan (op *emeritaat*, in academische termen). De man bleef nog wel aan tot een gepaste wetenschapper gevonden was die zijn positie kon overnemen. Drie onderzoekers, allen oud-studenten en oud-medewerkers van Sommerfeld, kwamen hiervoor in aanmerking, met name Heisenberg (Nobelprijswinnaar Natuurkunde in 1932), Peter Debye (Nobelprijswinnaar Scheikunde in 1936) en Richard Becker, met Heisenberg op kop (toch volgens de Universiteit van München zelf). Dit was niet naar de zin van de Deutsche Physikbeweging, die eigen kandidaten naar voren wilde schuiven.

De zaak-Heisenberg

In dat kader had Heinrich Himmler, hoofd van de SS, een editoriaal geschreven voor de SS waarin Heisenberg als witte jood werd aangesproken, die best zou verdwijnen – geen holle retorische frase in een tijd waarin joden werden mishandeld, opgesloten en vermoord.

...1933 erhielt Heisenberg den Nobelpreis...- eine Demonstration des jüdisch beeinflußten Nobelkomitees gegen das nationalsozialistisch gesinnte Deutschland...Heisenberg ist nur ein Beispiel für manche andere. Sie allesamt sind Statthalter des Judentums im deutschen Geistesleben, die ebenso verschwinden müssen wie die Juden selbst...

Weiße Juden in der Wissenschaft,
in: *Das Schwarze Korps*, 15 juli 1937, p.6

Maar Heisenberg liet zich niet intimideren. Hij schreef een brief terug, om Himmler te overtuigen van het ongelijk van de Deutsche Physik.

Wenn die Ansichten des Herrn Stark mit denen der Regierung übereinstimmen, werde ich selbstverständlich um meine Entlassung

Figuur 143. Philipp Lenard en zijn Deutsche Physik

Philipp Eduard Anton von Lenard (7 juni 1862, Pressburg, Hongaarse koninkrijk, Oostenrijkse Keizerrijk – 20 mei 1947, Messelhausen, Duitsland) op zijn 80ste verjaardag. Lenard won de Nobelprijs voor Natuurkunde in 1905 voor zijn onderzoek naar de eigenschappen van kathodestralen. De familie Lenard kwam oorspronkelijk uit Tirol en behoorde tot de Duitstalige bevolking in Pressburg (vandaag Bratislava in Slovakije). Hij studeerde fysica en chemie in Wenen en Budapest tussen 1880 en 1882, en trok daarna naar Heidelberg en Berlijn, waar hij respectievelijk werkte bij Robert Bunsen en Hermann von Helmholtz. Na omzwervingen in Aken, Bonn, Breslau en Kiel kreeg hij in 1907 een positie aan de Universiteit van Heidelberg als hoofd van het naar hem genoemde Philipp Lenard-instituut. Tijdens zijn carrière werd hij de actieve pleitbezorger van de Deutsche Physik-beweging. Hij gaf een handboekenreeks uit onder diezelfde benaming, en schreef een tekst (Grosse Naturforscher) waarin hij zijn ideeën over het leven van grote wetenschappers uit de geschiedenis weergaf (het boek bevat geen letter over Einstein, Curie, of enige andere twintigste-eeuwse natuurkundige). In 1931 legde hij zijn ambt van hoogleraar in theoretische fysica aan de Universiteit van Heidelberg neer, maar bleef aan de instelling verbonden tot de geallieerden hem in 1945 definitief verwijderden.

bitten. Wenn das aber nicht der Fall ist, wie mir vom Reichserziehungsministerium ausdrücklich versichert wurde dann bitte ich Sie als Reichsführer der SS um einen wirksamen Schutz gegen solche Angriffe in der Ihnen unterstellten Zeitung.

Werner Heisenberg,
Brief aan Heinrich Himmler, 21 juli 1937

Bovendien kenden de moeders van beide mannen mekaar (Heisenbergs grootvader langs moederskant en Himmlers vader waren beiden lid geweest van een wandelclub in Beieren), zodat er ook via die weg toenadering werd gezocht.

Met succes, overigens. Op 21 juli 1938 zette de SS-leider de zaak recht. In een brief naar *SS-Gruppenführer* Reinhard Heydrich stelde Himmler dat Duitsland zich niet kon permitteren een wetenschapper van het formaat van Heisenberg te verliezen of het zwijgen op te leggen. Finaal werd wel Deutsche Physiker Wilhelm Müller aangesteld als opvolger van Sommerfeld – dat kon Himmler blijkbaar niet rechtzetten (of schelen). De man was geen theoretisch natuurkundige, had geen publicaties op zijn naam staan in een natuurkundig tijdschrift, en was zelfs geen lid van de Deutsche Physikalische Gesellschaft (DPG, Duitse Natuurkundige Vereniging). Maar het bleek een pyrrhusoverwinning voor de Deutsche Physik.

Ironisch genoeg was het de afkeer van de beweging voor de nieuwe ontwikkelingen in de natuurkunde die hen de das omdeed. Al snel brak immers de Tweede Wereldoorlog los – een oorlog waarbij onder andere net de nieuwe natuurkunde van de kernsplijting, de uraniumisotopen en de radioactieve straling werden ingelijfd. Heisenberg werd aangesteld tot leider van het Duitse kernprogramma (de *Uranverein*); Stark en Lenard verloren tijdens de oorlogsjaren alle krediet bij de leiders van het Reich.

De rol van Heisenberg in het Duitse atoomprogramma blijft tot op de dag van vandaag omstreden (zie ook Figuur 144). Volgens sommigen was het verachtelijke collaboratie, anderen suggereren dat Heisenberg het programma eigenhandig gesaboteerd heeft. Heisenberg zelf heeft steeds het tweede volgehouden. Maar misschien begreep hij de natuurkunde achter de atoombom niet voldoende. Na de val van het naziregime werden

Heisenberg en negen van zijn collega's namelijk geïnterneerd in een Britse boerderij. Hun reacties op de val van de bom op Hiroshima en Nagasaki werden afgeluisterd (om hun atoomgeheimen te weten te komen). Uit deze gesprekken bleek dat een aantal van de berekeningen van Heisenberg (en anderen) rond de minimale massa splijtstof die in de bom moest zitten, fout waren, en dat Heisenberg inderdaad minder begreep van het bouwen van een atoombom dan hij zelf wel wou toegeven. Gelukkig was hij beter in de theoretische kwantummechanica.

Figuur 144. Heisenberg en Bohr in 1934

Toen Heisenberg in 1941 zijn jarenlange vriend Niels Bohr ontmoette in het bezette Kopenhagen, was deze laatste geschokt om te horen dat Heisenberg meewerkte met de pogingen van de nazi's om een atoombom te maken. Het nieuws sijpelde door naar de geallieerden (via Bohr) en zorgde ervoor dat de Amerikanen hun Manhattanproject, rond de ontwikkeling van een atoombom, versnelden.

In 1944 gaf Heisenberg een lezing in het neutraal gebleven Zwitserland. In het publiek zat een Amerikaans agent, voormalig baseball catcher Moe Berg, gereed met een wapen om Heisenberg ter plekke neer te schieten als hij zou laten blijken dat Duitsland (bijna) klaar zou zijn met hun versie van de atoombom.

Episode 17: Elementair is niet meer wat het geweest is

Halverwege de jaren 1930 zat het atoommodel goed in mekaar. De elektronen golfden in hun orbitalen, de kern bestond uit de protonen van Rutherford en de neutronen van Chadwick. Nochtans was men er zich om allerlei redenen van bewust dat de zoektocht naar de structuur van de materie verre van afgelopen was. Sommige van deze redenen vloeiden voort uit theoretische beschouwingen en berekeningen, andere uit vragen die onderzoekers zich stelden over het atoom.

Pauli en de neutrino's

Een van die beschouwingen was de vraag of er bij het radioactieve verval van een kern met productie van een β-deeltje energie verloren ging dan wel bewaard bleef. In de klassieke natuurkunde en scheikunde gelden er verschillende behoudswetten. Zo is er het behoud van massa in een scheikundige reactie: de massa van de reagerende stoffen moet gelijk zijn aan de massa van de reactieproducten. Ook energie blijft behouden: zij het mogelijks onder een andere vorm. Een auto zal de chemische energie in de brandstof gebruiken om er mechanische energie van te maken (en warmte-energie). Bij het remmen met je fiets zet je bewegingsenergie om in wrijvingswarmte (en die voel je op je remblokjes en op je banden). Een energiecentrale gebruikt warmte om stoom te maken en daarmee de turbineschoepen van een elektriciteitsgenerator aan te drijven.

Al deze zaken kan je gemakkelijk nagaan: meten is weten! Maar hoe zit dat nu bij desintegrerende atomen? Om te beginnen moeten we even bekijken wat er juist gebeurt bij dit zogenoemd β-verval. Dit komt voor bij atomen die te veel neutronen bevatten in hun kern om stabiel te zijn. In dergelijke gevallen zet een neutron zich om in een proton en een elektron.

$$n^0 \rightarrow p^+ + e^-$$

Het proton blijft zitten op de plaats van het neutron (en daardoor verandert het atoom van element) en het elektron schiet het atoom uit. Dit gebeurt bijvoorbeeld bij het verval van koolstof-14 tot stikstof-14

$$^{14}_{6}C \rightarrow ^{14}_{7}N + e^-$$

Figuur 145. De schoepen van een stoomturbine

Wat blijkt nu? Het spectrum van de β-deeltjes, en daarmee bedoelt men de verschillende energieën die de ontsnappende β-deeltjes kunnen hebben, is nogal breed - ontsnappende β-deeltjes kunnen vele verschillende energieniveaus hebben (Figuur 146 onderaan) Alfadeeltjes en gammastralen, de twee andere vaak voorkomende vormen van radioactieve straling, hebben dit echter niet: daar heeft een straal een vaste, nauw luisterende energie (Figuur 146 bovenaan). Vermits de rest van de reactie (voor zover men dat kon zien in de jaren 1920 en 1930) steeds hetzelfde bleef, zou dat willen zeggen dat er soms veel, soms weinig energie verdwijnt. En dat is in strijd met de regel dat energie altijd blijft bestaan.

Niels Bohr wou, om dit fenomeen te begrijpen, zelfs het principe van behoud van energie opgeven. Tot in 1930 Wolfgang Pauli met een alternatieve verklaring voor de dag kwam. In een brief, gericht aan de *Eidgenössische Technische Hochschule Zürich* (Zwitserland), schreef hij:

> ...*considering [...] the continuous β-spectrum, I have hit upon a desperate remedy to save the "exchange theorem" of statistics and the energy theorem. Namely [there is] the possibility that there could exist in the nuclei electrically neutral particles that I wish to call neutrons [...] The mass of the neutron must be of the same order of magnitude as the electron mass and, in any case, not larger than 0.01 proton mass. The continuous β-spectrum would then become understandable by the assumption that in β decay a neutron is emitted together with the electron, in such a way that the sum of the energies of neutron and electron is constant.*

Hij hield nog een slag om de arm:

> *I admit that my remedy may appear to have a small a priori probability because neutrons, if they exist, would probably have long ago been seen.*

maar spoorde zijn collega's aan om vooral op zoek te gaan naar het onbekende deeltje. Pittig detail is dat er inderdaad twee jaar later zoals we weten door Chadwick een neutron wordt gevonden, maar met een veel te grote massa. Enrico Fermi (Figuur 147) loste dit op door het vooralsnog hypothetische deeltje van Pauli een neutrino te noemen. Dit is de aangepaste reactie:

$$n^0 \rightarrow p^+ + e^- + \bar{v}_e$$

waarbij dat laatste symbool het neutrino van Pauli voorstelt. Pauli's idee redt het behoud van energie (en overigens ook dat van moment en hoekmoment): de som van de energieën van elektron en neutrino samen, blijft constant.

Experimenteel bewijs kwam er pas in de jaren 1950 (en wordt beloond met de Nobelprijs in ... 1995!) via het werk van Clyde Cowan, Frederick Reines en hun collega's. Zij gebruikten kunstmatig opgewekte neutrino's (uit een reactor) die ze laten reageren met vrije protonen.

Deze reactie levert neutronen en positronen op. De positronen vinden al gauw een elektron en beide deeltjes annihileren mekaar. Hun massa wordt volledig omgezet in energie, onder de vorm van twee detecteerbare gammastralen. De neutronen worden gevangen door nabijgelegen atoomkernen en ook dat levert een detecteerbare gammastraal op. Het feit dat deze gammastralen op hetzelfde moment opduiken, leverde het bewijs voor het bestaan van de neutrino's.

Ondertussen weten we overigens dat er twee vormen van β-stralen (en deeltjes bestaan): de elektronen (β⁻-stralen) en de positronen (β⁺-stralen). Zoals we al zeiden, komen elektronen vrij wanneer atoomkernen minstens één neutron te veel bevatten; een neutron vormt zich om tot proton en een elektron wordt de kern uitgestuurd, Samen met een neutrino. Zo zijn er ook atoomkernen die te weinig neutronen bevatten (en dus te veel protonen).

Bij elk type verval komt er een bepaald type van neutrino vrij: is het β-deeltje een elektron, dan noemen we dat tegenwoordig formeel een antineutrino; enkel wanneer het β-deeltje een positron is, spreken we van een neutrino.

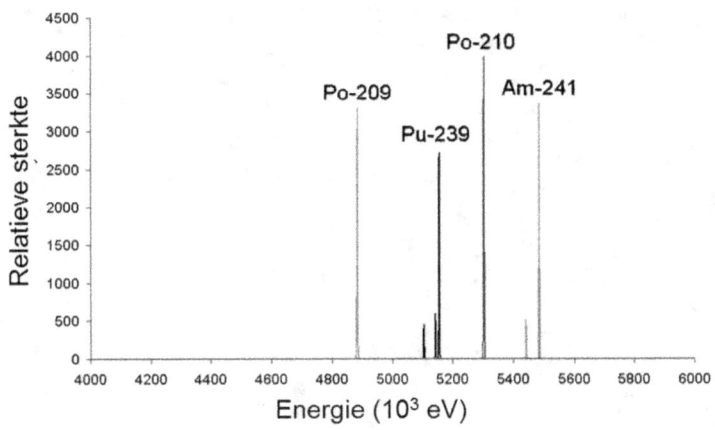
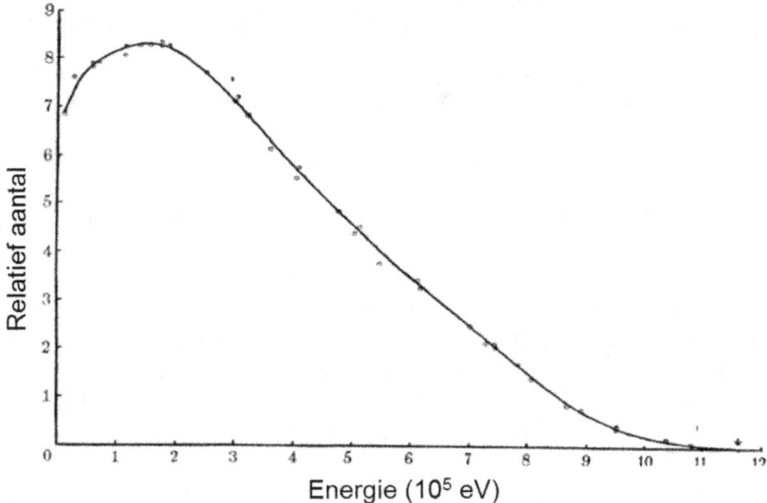

Figuur 146. Energiespectra van alfastralers en een bètastraler

Bovenaan: Nauwe energiespectra van vier alfastralers (van links naar rechts: polonium-209, plutonium-239, polonium-210 en americium-241).

Onderaan: Breed energiespectrum van bismuth-210 (ofwel Radium E zoals het toentertijd werd genoemd), gemeten en gepubliceerd door G.J.Neary.

Figuur 147. Enrico Fermi

Links: Enrico Fermi (29 september 1901, Rome, Italië - 28 november 1954, Chicago, Illinois, United States), winnaar van de Nobelprijs Natuurkunde in 1938.

Rechts: Fermi en zijn studenten (de Via Panisperna-boys) op de binnenplaats van het Romeinse Instituut voor Natuurkunde aan de Via Panisperna, rond 1934. Het zou in dit instituut zijn, dat Fermi op een avond tijdens een discussie de term neutrino moet hebben bedacht. Van links naar rechts: Oscar D'Agostino, Emilio Segrè, Edoardo Amaldi, Franco Rasetti en Fermi zelf.

Fermi schreef rond het neutrino in 1934 een paper, waarin hij Pauli's neutrino met Paul Dirac's positron koppelde en zo voorzag in een solide theoretische basis voor toekomstig onderzoek naar het neutrino. Het vakblad Nature wees echter Fermi's paper en zei dat de theorie 'te ver van de realiteit' was. Hij stuurde zijn publicatie dan maar ingediend bij een Italiaans tijdschrift, dat het aanvaardde, maar het algemene gebrek aan interesse in zijn theorie zorgde ervoor dat hij koos voor een carrière in experimentele fysica.

Hideki Yukawa en de voorspelling van de mesons

Een gelijkaardig probleem betrof de samenhang van de kern. Wat houdt er een aantal positieve ladingen (de protonen) samen met een aantal niet geladen deeltjes (de neutronen)? Niet de zwaartekracht – die is veel te zwak op die schaal, zeker ten opzichte van de elektromagnetische kracht, die de vele positief geladen protonen in de kern eigenlijk los uit mekaar zou moeten duwen. Nee, er moest dus wel een soort van kernkracht bestaan, die sterk genoeg is op afstanden van rond de femtometer (10^{-15} meter, oftewel een miljoenste van een miljoenste van een millimeter) om kerndeeltjes (protonen en neutronen) bij mekaar te houden. Vanaf 2,5 femtometer is deze kracht niets meer waard, en op afstanden onder de 0,7 femtometer worden de deeltjes weer uit mekaar geduwd. Tenminste, dat weten we er vandaag over.

Om die samenhang van de kern en de korte afstanden waarop die kracht voelbaar is te verklaren, kwam de Japanner Hideki Yukawa voor de dag met een radicaal concept omtrent de natuur van een kracht: een kracht wordt overgebracht doordat de twee deeltjes die de kracht ondergaan, een dragerpartikel (dus een ander deeltje) uitwisselen. Dit dragerpartikel noemde hij een meson, en heet tegenwoordig een pion (symbool π).

$$V(r) = A \cdot \frac{e^{-\frac{mc}{\hbar}r}}{r}$$

Figuur 148. Vergelijking van de Yukawapotentiaal

We mogen af en toe ook even de schoonheid en compactheid van de wiskundige beschrijving in beeld brengen, voor hen die daar nieuwsgierig naar zijn. Bij de uitwisseling van een meson (pion) tussen twee kerndeeltjes wordt er ook een potentiaal opgewekt, de Yukawapotentiaal V, berekend volgens bovenstaande vergelijking, waarbij A een constante is (en de diepte van de put in de grafiek bepaalt), c de lichtsnelheid, ħ (h-bar) de Diracconstante (gelijk aan de Planckconstante gedeeld door 2π), m de massa van het startdeeltje en r de afstand vanaf het startdeeltje. Zoals gebruikelijk is e het getal 2,71828..., de basis van de natuurlijke logaritme.

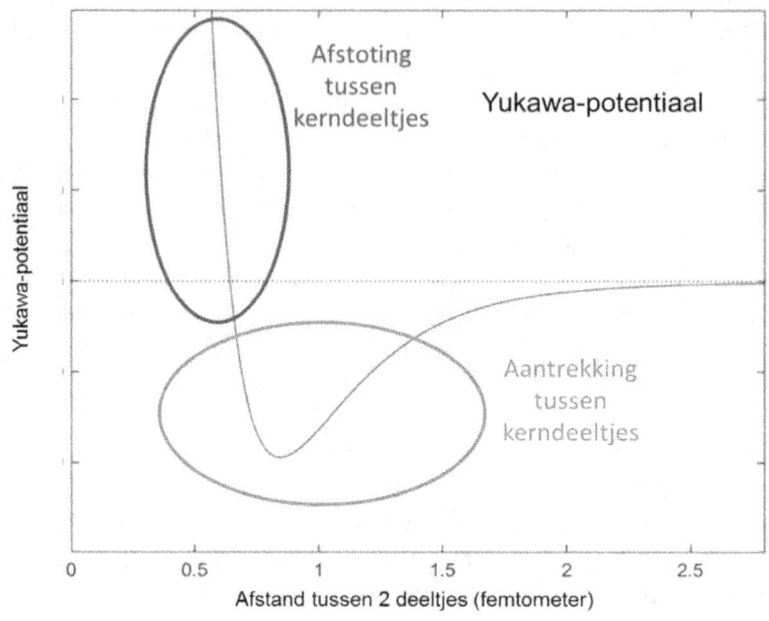

Figuur 149. Grafiek van de Yukawapotentiaal

Voor zeer kleine afstanden moet deze potentiaal nog worden aangevuld met een tegengestelde term... zoals gesteld in de tekst en te zien op bovenstaand diagram stoten kerndeeltjes op heel korte afstand mekaar weer af.

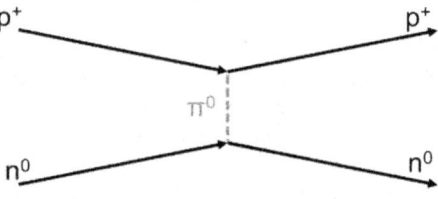

Figuur 150. Feynmandiagram

Interacties tussen subatomaire deeltjes worden vaak voorgesteld met behulp van een zogeheten Feynmandiagram (naar de bedenker, fysicus Richard Feynman) waaruit de interactie tussen, in dit geval, een proton en een neutron blijkt: via uitwisseling van een pion.

Volgens de berekeningen van Yukawa had het een massa van 200 maal de massa van het elektron. Het vervalt (buiten de kern) in een miljardste van een seconde. Net als bij de theorie rond de neutrino's komt echter ook hier de wet van het behoud van energie om de hoek kijken. Een pion heeft een zekere massa, en op het moment waarop het gecreëerd wordt, ontstaat die massa... uit niets! Nu laat de kwantummechanica dat voor heel korte perioden toe. Herinner u hiervoor het onzekerheidsprincipe van Heisenberg. Enkele hoofdstukken geleden drukten we dat uit als

$$\Delta x \cdot \Delta v \geq h/4\pi$$

oftewel, hoe beter we weten waar een deeltje zich bevindt (hoe kleiner Δx, de onzekerheid op die plaatsbepaling), hoe minder goed we de snelheid van dat deeltje kennen (hoe groter de onzekerheid Δv op die snelheid). Er bestaat een alternatieve variant, waarbij het gaat over de onzekerheid op de bepaling van de energie-inhoud van een deeltje, ΔE, en die op een levensduur van dat deeltje, Δt:

$$\Delta E \cdot \Delta t \geq h/4\pi$$

In het geval van het pion betekent dit, dat een dergelijk deeltje met een bepaalde energie in het leven kan geroepen worden voor een heel korte tijd. Of een deeltje met een bepaalde massa, want energie en massa zijn aan mekaar gelijkgesteld via de vergelijking van Einstein, $E = mc^2$. Hoe groter die massa/energie-inhoud, hoe korter het deeltje zal leven, en hoe minder ver het deeltje kan bewegen. Die afstand d kan je berekenen door de levensduur Δt te vermenigvuldigen met de snelheid van het deeltje, gelijk aan de snelheid van het licht c:

$$d = c \cdot \Delta t$$

Uit dergelijke relaties poogde Yukawa een massa te berekenen voor zijn nieuwe deeltje. Hij kwam uit op een 100 MeV/c^2, oftewel $1,783 \times 10^{-28}$ kg. We kunnen een pion daarboven dus niet rechtstreeks waarnemen, want daarvoor kan het niet ver genoeg bewegen. Een dergelijk deeltje noemen we ook virtueel. Om het bestaan ervan te bewijzen moeten onderzoekers op zoek gaan naar de effecten van het bestaan van zulke deeltjes – bijvoorbeeld, de restanten van het deeltje nadat het is uiteengevallen.

Figuur 151. Hideki Yukawa

Hideki Yukawa (23 januari 1907, Tokyo, Japan – 8 september 1981, Kyoto, Japan) werd geboren als Hideki Ogawa als vijfde in een gezin van zeven kinderen. Hideki's vader twijfelde nog om hem naar de universiteit te laten gaan, "omdat hij niet even briljant was als student als zijn oudere broers". Toen zijn schooldirecteur dit hoorde, bood deze aan Hideki desnoods te adopteren, en hem zelf naar de universiteit te sturen omwille van zijn groot potentieel in wiskunde. De jongeman koos uiteindelijk voor een carrière in theoretische natuurkunde en kon bij zijn afstuderen in 1929 meteen aanblijven als onderwijzend personeel aan de Universiteit van Kyoto. In 1932 trouwde hij met Sumi Yukawa. Volgens de Japanse traditie wordt een aanstaande schoonzoon uit een gezin met vele zonen door de vader van de bruid, indien die geen zonen heeft, geadopteerd. Zo ook Hideki Ogawa, die daardoor de familienaam Yukawa overnam. In 1933 werd hij assistant professor aan de Universiteit van Osaka. Daar publiceerde hij in 1935 zijn mesontheorie.

Desalniettemin eist de wetenschap dat het bestaan van het meson/pion toch nog moest voldoen aan de toets van het experimenteel onderzoek. Een eerste spoor van deze deeltjes leek alvast op te duiken in 1937-38. Carl D. Anderson en Seth H. Neddermeyer hielden zich bezig met analyse van de kosmische straling (de straling die vanuit de kosmos de aarde voortdurend overspoelt) en vonden daar een deeltje met een massa zoals het pion van Yukawa. Alleen was de blijdschap niet van zeer lange duur. Dit nieuwe deeltje interageerde nauwelijks met protonen en neutronen (en dat was net de aanleiding geweest voor de theorie van Yukawa). Het nieuwe deeltje werd daarop een muon genoemd. Waar het voor diende, of waar het ergens in paste, wist echter niemand. De natuurkundige I.I. Rabo stelde zich hardop de vraag, "wie dit [deeltje] besteld had?"

Beppo Occhialini en César Lattes hadden meer geluk. Zij bestudeerden de sporen van kosmische stralen, opgevangen met speciale, zeer gevoelige fotografische platen. Ze plaatsten een deel van die platen op de top van de Pic du Midi, een berg in de Franse Pyreneeën. Toen de platen werden ontwikkeld en geanalyseerd, observeerden ze een groot aantal sporen afkomstig van hetzelfde type deeltje als de muonen van Anderson en Neddermeyer. Echter, na een paar dagen geduldig natrekken van elk van de sporen, vonden ze er een met een speciaal patroon. De onderzoekers interpreteerden dit als afkomstig van een meson waarvan de snelheid van het eerste in de emulsie geleidelijk aan verminderde, en zelfs stopte. Op dat moment verscheen er echter een nieuw spoor dat toebehoorde aan een ander meson.

Hiervoor hadden de onderzoekers twee mogelijke verklaringen. Ofwel had het meson gereageerd met een atoomkern in de emulsie, ofwel was het omgezet in een ander soort meson. Om een duidelijker beeld te krijgen, trok Lattes naar Bolivia, naar de top van de berg Chacaltaya, op 5500 m boven de zeespiegel. De fotografische platen die daar werden gebruikt, vertoonden een dertigtal sporen van diezelfde dubbele mesonen. Bovendien waren de sporen duidelijk genoeg om een schatting te maken van de massa van beide mesonen. Een van de mesonen was ongeveer 30% of 40% zwaarder dan de andere. De zwaardere meson was in staat om te ontbinden en de lichtere meson te produceren. Dat lichtere deeltje was het muon van Anderson en Neddermeyer. Maar het zwaardere deeltje was nieuw. Het werd 'pi-meson' genoemd (later verkort tot pion). Verder onderzoek liet zien dat dit deeltje de eigenschappen had die Yukawa had voorspeld. Zijn deeltje bleek eindelijk terecht.

Over bellenvaten en vonkenkamers

Waar in het begin van de twintigste eeuw de nevelkamer een cruciale rol vervulde bij het detecteren van deeltjes zoals het proton, het alfadeeltje en het elektron, vergde de zoektocht naar nieuwe deeltjes in de jaren 1930 ook nieuwe methoden en apparaten. Twee types toestellen bleken bijzonder nuttig in het verdere onderzoek: bellenvaten en vonkenkamers.

Het bellenvat was de opvolger van de nevelkamer, maar in plaats van een vat gevuld met mist, bestaat dit apparaat vooral uit een vat met een transparante vloeistof (meestal vloeibare waterstof of deuterium), op een temperatuur die net onder het kookpunt van de vloeistof ligt. Wanneer een hoogenergetisch deeltje door de vloeistof passeert, zal die langsheen het traject van het deeltje beginnen koken. Hierbij ontstaat een spoor van belletjes die de aanwezigheid van het deeltje verraden. Rondom het vat bevinden zich magneten, die de deeltjes op hun traject kunnen laten afbuigen, afhankelijk van hun lading (net als bij de experimenten met de nevelkamer). Uit de kromming van deze sporen kunnen de onderzoekers de massa en de lading van de deeltjes afleiden. De snelheid is af te lezen uit de afstand tussen de belletjes.

Een vonkenkamer bestaat uit een reeks metalen platen, ingesloten in een hermetisch afgesloten doos, verder gevuld met helium of neon. Wanneer een geladen deeltje door die doos reist, zal dit het gas tussen de platen ioniseren. Wanneer er een voldoende hoge spanning aangelegd is tussen deze platen, zal dit zorgen tot een overslaande vonk op die plaats. Ook op die manier kan het spoor van het binnenkomende deeltje dus gevolgd worden. Het vereiste hoge voltage is wel niet altijd aanwezig, omdat dat zou leiden tot een voortdurend laden en ontladen van de platen. Vonkenkamers zijn daarom voorzien van een aparte detector die het passeren van die kosmische straal voelt en dan de spanning inschakelt. Beide toestellen bleken bijzonder nuttig tussen de jaren 1930 en 1960. Daarna geraakten ze in onbruik ten voordele van modernere toestellen.

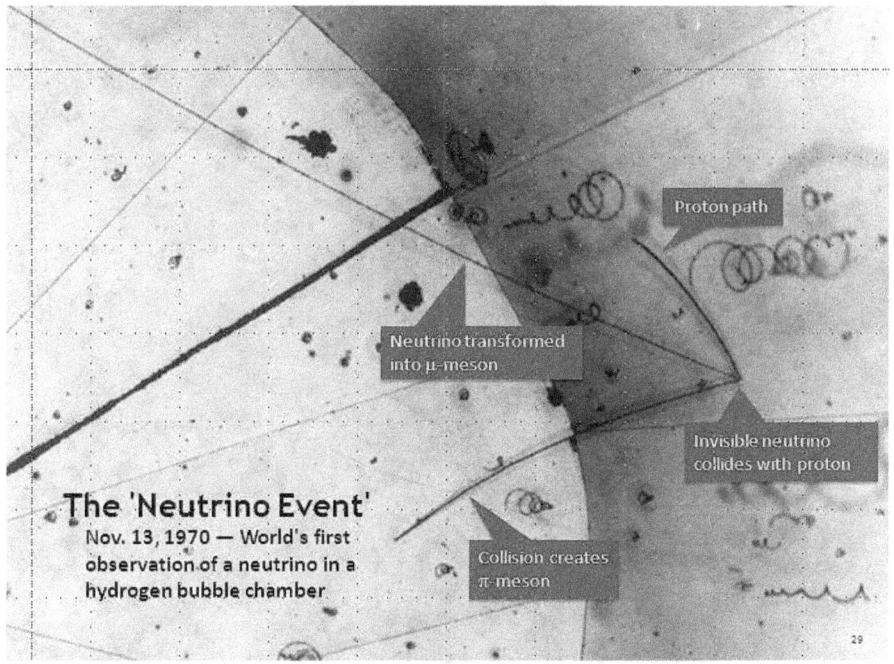

Figuur 152. Eerste observatie van een neutrino in een bellenvat, op 13 november 1970.

Het eerst onzichtbare neutrino raakt een proton (op het punt rechts op foto), waardoor het verandert in een muon of µ-meson (de lange lijn van rechts naar linksboven op de foto). De korte kromme is de baan van het proton dat net botste met het neutrino. Het derde spoor, naar linksonder, is getrokken door een pion of π-meson, ontstaan ten gevolge van de botsing.

Figuur 153. De bellenkamer Gargamelle

Dit was een apparaat met een diameter van haast 2 m en een lengte van 4,8 m, was in gebruik op het CERN tussen 1970 en 1978. Het was gevuld met 12 m^3 Halon 1301 (CF_3Br). Door deze zwaardere vloeistof te gebruiken in plaats van het zeer lichte waterstof (H_2), konden de onderzoekers met Gargamelle veel gemakkelijker het verschil zien tussen muonen en pionen.

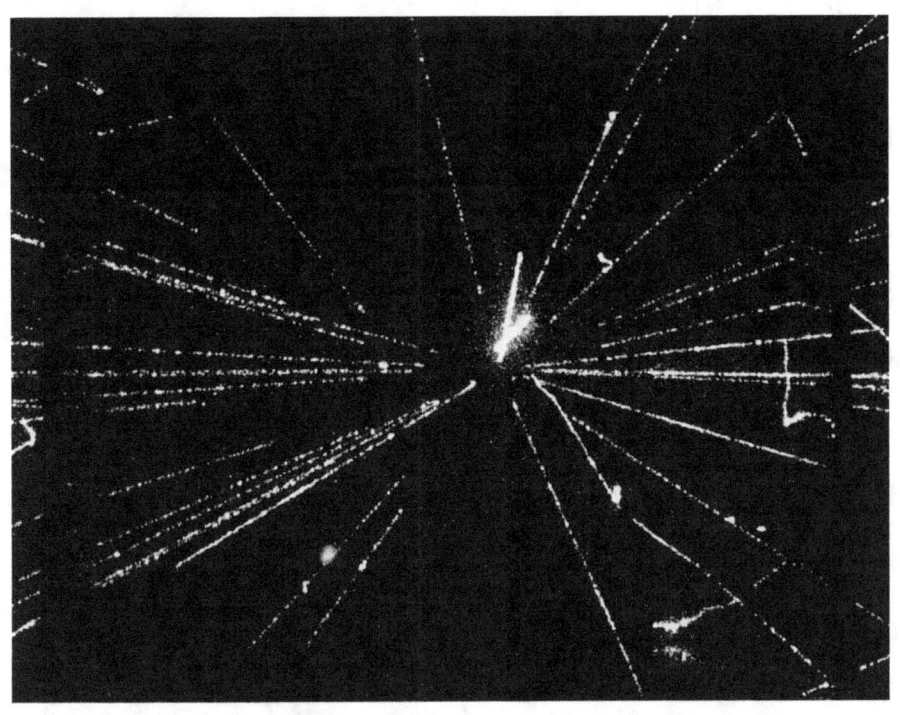

Figuur 154. Botsing tussen een proton en een antiproton

Dit beeld is waargenomen met een streamer chamber, een variant op de klassieke vonkenkamer (1982, CERN, Zwitserland).

Episode 18: Het Standaardmodel van de Materie

Van chaos naar structuur: Quarks

Het experimenteel bewijs voor het pion was niet louter een bevestiging van de theorie van Yukawa. Het heeft een hele nieuwe wereld geopend voor het onderzoek naar de subatomaire structuur van de materie, om twee redenen: ten eerste, omdat het duidelijk werd dat in de natuur nog deeltjes (muonen) bestonden waarvan de juiste rol nog niet bekend was. Ten tweede, omdat de studie van diezelfde kosmische stralen snel leidde tot de onverwachte ontdekking van verschillende andere deeltjes. Al gauw verschenen er verschillende sporen van voorheen compleet onbekende en onverwachte deeltjes. Die nieuwe deeltjes werden eerst bestudeerd in kosmische stralen, maar al snel werden er steeds krachtiger en krachtiger deeltjesversnellers gebouwd, waarmee deeltjes nu in het laboratorium konden worden aangemaakt. Zo dook, in 1947, nog een soort meson op, dubbel zo zwaar als de pionen (de kappa-mesonen of kaonen). In 1950 ontdekten Hopper en Biswas aan de Universiteit van Melbourne het lambda-baryon, in 1955 vonden Emilio Segrè en Owen Chamberlain (Figuur 155) in Berkeley het antiproton (de antimaterieversie van het proton) en in 1962 volgde een zwaardere variant van het eerder besproken neutrino, nl. het muon-neutrino (in het lab van Leon Lederman in Columbia University in New York).

De stortvloed aan nieuwe "elementaire" deeltjes met alle mogelijke ladingen, massa's, energieën, maten en kleuren bracht Robert

Oppenheimer ertoe, het te hebben over een subnucleaire zoo. Wolfgang Pauli liet zich zowaar ontvallen, dat "als hij dat geweten had, hij wel voor een carrière in plantkunde had gekozen". Enrico Fermi zei iets gelijkaardigs tegen zijn toenmalige student Leon Lederman: "Young man, if I could remember the names of these particles, I would have been a botanist." Het was duidelijk dat die deeltjes niet de basis van de structuur van de materie vormden, maar wat dan wel, dat bleef een mysterie. Tot 1964.

Onafhankelijk van mekaar stelden de Amerikaanse onderzoekers Murray Gell-Mann (Figuur 156) en George Zweig (Figuur 157) dat jaar een model voor waarin ze stelden dat al die vreemde deeltjes samenstellingen waren van nog nooit waargenomen basisdeeltjes, waarvan er minstens drie types bestonden ("smaken", zo noemen we ze – *flavours* in het Engels). Zweig noemde die basisdeeltjes aces, maar het is de naam van Gell-Mann die bleef hangen: hij noemde ze quarks, naar een citaat uit *Finnegan's Wake* van James Joyce:

Three quarks for Muster Mark!
Sure he hasn't got much of a bark
And sure any he has it's all beside the mark

Het zijn deze quarks die de dag van vandaag de basis vormen voor wat we het Standaardmodel van de Materie zijn gaan noemen.

Quarks zijn voor zover we weten de meest elementaire bouwstenen van de materie. Voor zover we weten, inderdaad, want er bestaat tot nu toe geen goede theorie die vereist dat ook quarks uit andere, kleinere deeltjes zouden bestaan en geen experimenteel bewijs dat quarks ook effectief verder kunnen worden opgedeeld.

Quarks bestaan er in verschillende **smaken**. De eerste modellen, van Gell-Mann en Zweig, postuleerden het bestaan van drie verschillende smaken: up, down en strange. Nog geen jaar later voegden Sheldon Lee Glashow en James Bjorken daar een vierde deeltje aan toe; de charm-quark. In 1973 stelden Makoto Kobayashi en Toshihide Maskawa voor om nog een laatste koppel quarks toe te voegen aan het theoretische model: top en bottom (de originele namen *truth* en *beauty* vonden nooit echt ingang). Ondertussen werd het bestaan van quarks ook experimenteel bewezen: in

1968 bleek in experimenten in Stanford dat het proton uiteen kon vallen in kleinere deeltjes (de up- en down-quarks). De strange-quark volgde uit het bestaan van de twee vorige (omdat anders het model van Gell-Mann en Zweig in mekaar zou stuiken) en leverde bovendien de verklaring voor het bestaan van kaonen en pionen.

De charm-quark liet zich opmerken in november 1974, gevolgd door de bottom-quark in 1977. Voor de laatste quark, de top, was het wachten tot 1995 (en het deeltje bleek veel zwaarder dan verwacht, met een massa even groot als die van een goudatoom), maar sindsdien is het sextet wel compleet. Bovendien bestaat er voor elke quark een antiquark (de bouwstenen voor de antimaterie). De up- en de down-quark noemt men ook wel de eerste generatie, charm en strange zijn de tweede generatie, en top en bottom vormen de derde generatie.

LETTERS TO THE EDITOR 947

Observation of Antiprotons*

Owen Chamberlain, Emilio Segrè, Clyde Wiegand,
and Thomas Ypsilantis

*Radiation Laboratory, Department of Physics, University of
California, Berkeley, California*
(Received October 24, 1955)

ONE of the striking features of Dirac's theory of the electron was the appearance of solutions to his equations which required the existence of an antiparticle, later identified as the positron.

The extension of the Dirac theory to the proton requires the existence of an antiproton, a particle which bears to the proton the same relationship as the positron to the electron. However, until experimental proof of the existence of the antiproton was obtained, it might be questioned whether a proton is a Dirac par-

Figure 1 shows a schematic diagram of the apparatus. The Bevatron proton beam impinges on a copper target and negative particles scattered in the forward direction with momentum 1.19 Bev/c describe an orbit as shown in the figure. These particles are deflected 21° by the field of the Bevatron, and an additional 32° by magnet $M1$. With the aid of the quadrupole focusing magnet $Q1$ (consisting of 3 consecutive quadrupole magnets) these particles are brought to a focus at counter $S1$, the first scintillation counter. After passing through counter $S1$, the particles are again focused (by $Q2$), and deflected (by $M2$) through an additional angle of 34°, so that they are again brought to a focus at counter $S2$.

Figuur 155. Chamberlain en Segrè vinden antiprotonen

(Links) Owen Chamberlain (10 juli 1920, San Francisco, Californië, VS – 28 februari 2006, Berkeley, Californië, VS) en (rechts) Emilio Gino Segrè (1 februari 1905, Tivoli, Italië – Lafayette (Californië), 22 april 1989) kregen in 1959 de Nobelprijs voor Natuurkunde voor de ontdekking van het antiproton. Onderaan de cruciale publicatie in Physical Review.

Figuur 156. Murray Gell-Mann

Murray Gell-Mann 15 september 1929, Manhattan New York, USA) begon zijn academische carrière reeds op zijn vijftiende als student aan de prestigieuze Yale-universiteit. Hij haalde zijn bachelorsdiploma in Natuurkunde in 1948 en doctoreerde aan het MIT in 1951. In de jaren 1950 onderzocht hij verschillende deeltjes die waren aangetroffen in kosmische stralen. Hij stelde daarbij verschillende modellen voor die culmineerden in zijn quarkmodel uit 1964. Dit werk leverde hem de Nobelprijs voor Natuurkunde op in 1969.

Figuur 157. George Zweig

George Zweig (geboren op 30 mei 1937, in Moskou, Sovjetrepubliek Rusland) haalde zijn bachelorsdiploma wiskunde in 1959 aan de Universiteit van Michigan en trok vervolgens naar het California Institute of Technology om een doctoraat te maken in de theoretische fysica onder begeleiding van Richard Feynman. Hoewel de man een cruciale bijdrage leverde aan de natuurkunde, kreeg hij tot op heden geen Nobelprijs. In de jaren 1970 stapte hij over op de studie van het gehoor, meer bepaald van de wijze waarop akoestische impulsen in zenuwprikkels worden omgezet.

Het profiel van een quark

Quarks hebben een elektrische **lading**, die een fractie is van de lading van een proton of een elektron. Zo heeft de up-quark een lading van +2/3 van de elementaire lading e, en heeft de down-quark een lading van −1/3 van diezelfde lading.

Naam	Symbool	Lading (e)	Massa (MeV/c^2)
Up	u	+⅔	1,5–3,3
Down	d	−⅓	3,5–6,0
Charm	c	+⅔	1160–1340
Strange	s	−⅓	70–130
Top	t	+⅔	169100–173300
Bottom	b	−⅓	4130–4370

Voorbeeld: de lading van protonen en neutronen.
Een proton bestaat uit twee quarks up en een quark down en heeft dus een finale lading van 2/3 + 2/3 - 1/3 = 3/3 en dus +1e. Een neutron bestaat uit twee quarks down en een quark up en heeft dus een lading van 2/3 - 1/3 - 1/3 = 0/3 = 0e. Het is dus neutraal.

Ten slotte hebben quarks naast de gewone elektrostatische lading ook een **kleurlading** (Figuur 158). Er zijn drie kleuren, telkens met hun antikleur: blauw en antiblauw, groen en antigroen, en rood en antirood. Quarks dragen kleuren, antiquarks antikleuren.

Niet dat de deeltjes echt voorkomen in het blauw of het geel, maar de eigenschap gedraagt zich wel alsof het kleuren betrof. Zo is de samenstelling van een blauw en een antiblauw (geel) deeltje kleurneutraal (zeg maar, wit), net als blauw en het geel licht samen wit licht vormen. Stabiele combinaties van quarks zijn steeds kleurneutraal (en dat betekent meteen dat individuele quarks niet stabiel zijn en dus ook nooit zo worden aangetroffen). Zo bestaan protonen en neutronen uit drie quarks met elk een andere kleur. Ook de combinatie van een quark met een antiquark met de overeenkomstige antikleur levert stabiele deeltjes op: de mesonen. Deze kleurentheorie is de basis voor de kwantumchromodynamica, een tak van de kwantummechanica die zich in de jaren 1970 ontwikkelde, onder andere onder impuls van Richard Feynman. Tijd om de man wat beter te leren kennen.

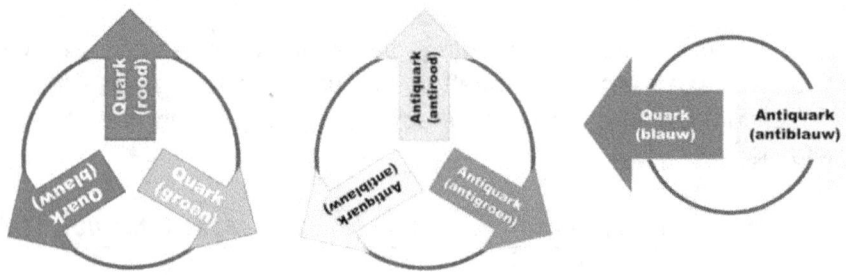

Figuur 158. Kleurenreacties tussen quarks

Van links naar rechts: samenstelling van een proton (uit drie quarks), van een antiproton (uit drie antiquarks) en van een meson (uit een quark en een antiquark) volgens de kwantumchromodynamica.

Richard Feynman: popidool van de moderne fysica

Richard Phillips Feynman (11 mei 1918, Queens, New York, VS – 15 februari 1988, Los Angeles, Californië, VS) is wellicht een van de kleurrijkste figuren uit de naoorlogse natuurkunde.

Van zijn vader had hij geleerd steeds alles in vraag te stellen; van zijn moeder had hij zijn gevoel voor humor geërfd. Als kind had hij reeds zijn eigen laboratorium ingericht thuis, waar hij knutselde aan radio's en later aan een eigen inbrekersalarm. De man was daarnaast ontegensprekelijk een wiskundig genie: op zijn vijftiende had hij zichzelf driehoeksmeetkunde, hogere algebra, analytische meetkunde en differentiaal- en integraalrekenen bijgebracht. Hij had hierbij een eigen notatie ontwikkeld voor sinus, cosinus, logaritme en de afgeleide. In weerwil hiervan behaalde hij op een IQ-test tijdens zijn middelbare school slechts een score van 125 (minder dan zijn zus). Wellicht was de test weinig op wiskundige vaardigheden en vooral op taal gericht. Nu, zoals hij zelf zei:

"Study hard what interests you the most in the most undisciplined, irreverent and original manner possible."

Voor zijn bachelorsopleiding trok de jonge Feynman naar het MIT, waar hij al twee publicaties op zijn naam zette – een ervan op basis van zijn eindscriptie *The Forces in Molecules*.

AUGUST 15, 1939   PHYSICAL REVIEW   VOLUME 56

Forces in Molecules

R. P. FEYNMAN
Massachusetts Institute of Technology, Cambridge, Massachusetts
(Received June 22, 1939)

Formulas have been developed to calculate the forces in a molecular system directly, rather than indirectly through the agency of energy. This permits an independent calculation of the slope of the curves of energy *vs.* position of the nuclei, and may thus increase the accuracy, or decrease the labor involved in the calculation of these curves. The force on a nucleus in an atomic system is shown to be just the classical electrostatic force that would be exerted on this nucleus by other nuclei and by the electrons' charge distribution. Qualitative implications of this are discussed.

Figuur 159. De start van Feynmans carrière

Hierna trok Feynman naar Princeton, waar hij in 1942 zijn doctoraat verdedigde onder promotorschap van John Archibald Wheeler, met als titel *The Principle of Least Action in Quantum Mechanics*. Ondertussen was de Tweede Wereldoorlog begonnen. Door de aanval van Japan op de Amerikaanse marinebasis Pearl Harbour waren ook de Verenigde Staten betrokken geraakt bij het wapengeweld.

In Los Alamos, in de staat New Mexico, werd in het geheim gebouwd aan een kernwapen op basis van uranium. De leider van dit zogenoemde Manhattanproject project was Robert Oppenheimer. Ook Feynman voelt zich geroepen om een bijdrage te leveren en verhuist naar Los Alamos. Zijn toenmalige echtgenote, die leed aan tuberculose, werd ondergebracht in een kamer vlakbij in Albuquerque. Feynman kwam terecht in het departement Theoretische Afdeling van Hans Bethe (Figuur 161 links) en werkte met hem de formule uit om de kracht van een dergelijke bom te berekenen.

Om zich te vermaken tijdens de lange geïsoleerde dagen in het lab in Los Alamos, hield Feynman zich onder andere bezig met het ontcijferen van de combinatiesloten van de kasten van zijn collega's. Zo ontdekte hij dat de drie kasten waarin een deel van het onderzoek werd bijgehouden, met dezelfde combinatie waren afgesloten. Hij liet een aantal nota's achter in de kasten, wat de betrokken collega (Frederic de Hoffman) liet geloven dat er een spion of een saboteur rondliep in het topgeheime lab. Toen Feynman zich dan ook nog in het weekend naar Albuquerque trok om bij zijn zieke vrouw te zijn, met de Buick van zijn vriend Klaus Fuchs (Figuur 161 rechts), maakte hij zich daardoor des te meer verdacht. Toen Fuchs in 1950 dan nog toegaf om echt een Russische spion te zijn, opende de FBI een lijvig dossier over Feynman zelf.

Figuur 160. Richard Feynman

Na de oorlog trok Feynman eerst terug naar Cornell University (in New York), maar zakte na het overlijden van zijn vader op 8 oktober 1946 weg in een depressie. Ook zijn onderzoek leed hieronder: hij was niet in staat om zich op enig onderzoeksvraagstuk te werpen, en bovendien heerste er een algemene malaise in de theoretische natuurkunde. Tegen 1948 begon Feynman zijn ideeën weer te publiceren, in een reeks voor Physical Review. Tegelijk werkte hij ook zijn Feynmandiagrammen uit – eenvoudige diagrammen waarmee op een visuele manier de interactie tussen elementaire deeltjes kon worden voorgesteld.

Figuur 161. Hans Bethe en Emil Fuchs

Links: Hans Bethe (2 juli 1906, Straatsburg, Duitsland – 6 maart 2005, Ithaca, New York, VS) was niet enkel hoofd van de theoretische afdeling van het team in Los Alamos, maar was ook op vele andere vlakken actief. In 1967 won hij de Nobelprijs voor Natuurkunde voor zijn theorie over hoe zwaardere atoomkernen ontstaan in het hart van sterren.

Rechts: Emil Julius Klaus Fuchs (29 december 1911, Rüsselsheim, Duitse Keizerrijk – 28 januari 1988, Oost-Berlijn, Duitse Democratische Republiek)

Na enkele jaren in Rio de Janeiro (19489-1952), trok Feynman naar Caltech (California Institute of Technology, gevestigd in Pasadena, Californië, VS). Hij verrichtte er baanbrekend werk rond het unificeren van de vier basiskrachten in de natuur (iets wat we later nog uitgebreid bespreken) en trachtte de sterke kernkrachten uit te leggen met zijn "parton"-model, wat complementair bleek aan het quarkmodel van Gell-Mann.

Feynman won ook aan bekendheid door zijn vele boeken en lezingen waarmee hij de natuurkunde toegankelijk wilde maken voor een breder publiek. Zo is er zijn lezing uit 1959 *There's Plenty of Room at the Bottom*, over nanotechnologie. In de vroege jaren 1960 werkte hij daarnaast aan een lessenreeks voor beginnende natuurkundestudenten op Caltech, onder de titel *The Feynman Lectures on Physics*.

Figuur 162. Julian Schwinger en Shin'ichirō Tomonaga

Feynman ontving samen met Julian Schwinger (links) en Shin'ichirō Tomonaga (rechts) in 1965 de Nobelprijs in de Natuurkunde voor hun bijdragen aan de ontwikkeling van kwantumelektrodynamica.

De boeken zijn nog steeds erg populair, tot ver buiten het universitaire circuit, bij iedereen die meer wil weten over natuurkunde. Feynman werd ook bekend door zijn semi-autobiografische boeken *Surely You're Joking, Mr. Feynman!* and *What Do You Care What Other People Think?* die getuigen van zijn geweldige vermogen om de wetenschappelijke aspecten van zijn leven duidelijk uiteen te zetten, maar vooral van zijn karakteristieke humoristische stijl.

De man speelde daarnaast een belangrijke rol in de *Rogers Commission*, die de Challenger-ramp (Figuur 163) onderzocht. Tijdens een hoorzitting van de televisie toonde hij aan dat het materiaal dat in de afsluitringen van de shuttle werd gebruikt, bij koude temperaturen niet elastisch genoeg reageerde en daardoor de brandstoftanks niet volledig afsloot. Hij deed dit door een monster van het materiaal in een klem samen te drukken en het geheel in ijskoud water te dompelen.

Figuur 163. Ontploffing van het ruimteveer Challenger op 28/01/1986.

De commissie moest uiteindelijk vaststellen dat de ramp veroorzaakt werd doordat een belangrijke rubberen afsluitring op de brandstoftanks in het koude weer op Cape Canaveral niet voldeed. Feynman had tijdens zijn onderzoek vastgesteld dat het ongeval vooral had kunnen gebeuren omdat de betrokkenen bij NASA zichzelf hadden wijsgemaakt dat er niets mis kon gaan. Hij voegde daarom de volgende rake opmerking toe aan zijn rapport:

"For a successful technology, reality must take precedence over public relations, for nature cannot be fooled."

In 1978 werd bij de onderzoeker echter liposarcoom vastgesteld, een zeldzame vorm van kanker. Chirurgen verwijderden een tumor ter grootte van een voetbal, die een nier en zijn milt verpletterd had. Na verdere operaties in oktober 1986 en 1987, weigerde hij begin 1988 de dialyse te ondergaan die zijn leven voor een paar maanden zou kunnen verlengen. Hij stierf op 15 februari 1988.

Figuur 164. Richard Feynman voor de klas op Caltech.

Leptonen

Terug naar het Standaardmodel nu. Naast de zes smaken van quarks zijn er evenveel smaken leptonen. Ook deze deeltjes worden opgesplitst in drie generaties, waarbij elke generatie bestaat uit een deeltje en het bijbehorende neutrino. Zo is er de eerste generatie die bestaat uit het elektron en het elektron-neutrino. De tweede bestaat uit het muon en het muon-neutrino, en de derde uit het tau-deeltje en het tau-neutrino. Net zoals bij de quarks bestaat er voor elk lepton ook een antideeltje, met tegengestelde lading. Quarks kunnen interageren via de sterke kernkrachten, terwijl leptonen dit nooit doen. Leptonen hebben ook een spin, en doordat ze een lading hebben, wil dat zeggen dat ze ook een magneetveld op wekken.

Naam	Symbool	Lading (e)	Massa (MeV/c^2)
LEPTONEN			
Elektron	e−	−1	0,511
Elektron neutrino	v_e	0	< 0,000 0022
Muon	μ−	−1	105,7
Muon neutrino	v_μ	0	< 0,170
Tau	τ−	−1	1777
Tau neutrino	v_τ	0	< 15,5

De naam is afkomstig van het Griekse woord leptos, wat "klein" betekent. De term werd voor het eerst voorgesteld door de Belg Léon Rosenfeld, die zich baseerde op de toenmalige kennis over leptonen: het elektron, het muon en het antineutrino van Pauli. De naam werd minder toepasselijk toen het tau-deeltje verscheen.

Over de ontdekking van de eerste drie deeltjes (elektron, elektron-neutrino en muon) hebben we het al eerder gehad. Het muon-neutrino werd in 1962 ontdekt door Leon Lederman, Melvin Schwartz en Jack Steinberger. Het tau-deeltje volgde tussen 1974 en 1977 door het werk van Martin Lewis Perl en zijn collega's van het Stanford Linear Accelerator Center en Lawrence Berkeley National Laboratory. Het tau-neutrino bleef verborgen tot het Fermi-lab in juli 2000 het verlossende bericht de wereld instuurde dat ook dat deeltje ontdekt was.

Figuur 165. Congres in Kopenhagen in 1937

Een congres in 1937 in Kopenhagen met heel wat Nobelprijswinnaars. Op de eerste rij onderscheiden we (van links naar rechts): Niels Bohr, Werner Heisenberg, Wolfgang Pauli, Otto Stern, Lise Meitner, Rudolf Ladenburg en een onbenoemd gebleven collega. De middelste figuur, staand tegen de muur, is Léon Rosenfeld.

Krachten en bosonen

De vier fundamentele krachten in de natuur zijn de zwaartekracht, de elektromagnetische krachten, de zwakke kernkracht en de sterke kernkracht.

Elektromagnetische krachten zijn krachten die spelen tussen geladen deeltjes. Hierbij ondervinden deeltjes in rust elektrostatische aantrekking, en gaan bewegende ladingen daarenboven gepaard met magneetvelden. De zwakke en sterke kernkrachten spelen op het niveau van de kerndeeltjes. De zwakke kernkrachten zijn daarbij verantwoordelijk voor het radioactief verval van de kern (vooral dan het produceren van β-stralen), terwijl de sterke kernkrachten de kerndeeltjes bij elkaar houden. Deze laatste zijn daarbij veel sterker dan de elektromagnetische afstoting tussen de protonen in de atoomkern. De zwaartekracht, ten slotte, de aantrekkingskracht tussen twee massa's, is bij iedereen genoegzaam bekend. Nochtans is dit de zwakste van de vier.

Deze fundamentele krachten komen tot stand doordat de materiedeeltjes andere, krachtvoerende deeltjes (de zogenoemde bosonen) uitwisselen met elkaar – zoals een team rugbyspelers de bal heen en weer gooit. Deze bosonen dragen daarbij energie over tussen de materiedeeltjes (en dat doen rugbyballen tot nader order nog niet).

De elektromagnetische krachten begrijpen we eigenlijk nog het best van allemaal. Het krachtvoerende deeltje is het foton, het deeltje waaruit elektromagnetische straling is opgebouwd.

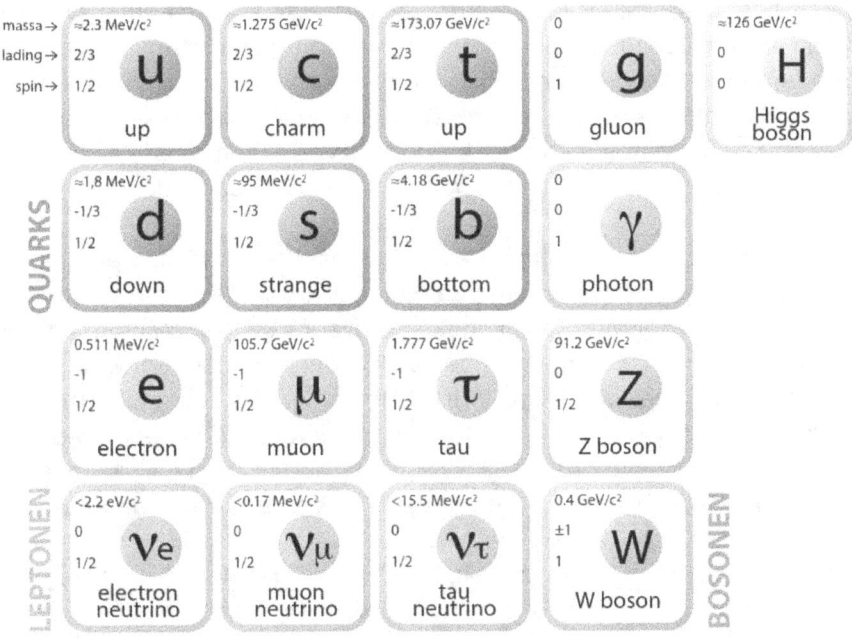

Figuur 166. Standaardmodel van de Materie

Al deze deeltjes samen (quarks, leptonen en bosonen) vormen het Standaardmodel van de Materie.

De sterke en zwakke kernkrachten zijn de krachten die de processen in de kern beheersen: enerzijds is er de cohesie van de kern via de sterke kernkrachten, en anderzijds het verval van kerndeeltjes (en de productie van β-stralen) via de zwakke kernkrachten.

De sterke kernkrachten binden de quarks samen tot protonen en neutronen. Hierbij wisselen de quarks een krachtdragend deeltje, een gluon, uit (denk aan het Engelse werkwoord *to glue*, kleven). Deze gluons dragen zelf ook een kleurlading, en door ze uit te wisselen veranderen quarks van kleurlading. Zo zal een rode quark een rode-antigroene quark kunnen uitstoten waardoor de rode lading van de quark verdwijnt en er een groene in de plaats komt. Een groene quark die die gluon opneemt, verliest zijn groene kleur (want antigroen en groen neutraliseren mekaar) en neemt de resterende rode kleurlading over.

De zwakke kernkrachten worden overgedragen via een ander deeltje, de W- en Z-bosonen. "Zwak" slaat op het feit dat deze krachten veel zwakker zijn dan andere fundamentele krachten: elektromagnetische krachten zijn 100 miljard (10^{11}) keer sterker, en de sterke kernkrachten zijn zelfs 10 000 miljard (10^{13}) maal sterker. De invloed van de zwakke kernkrachten blijft beperkt tot de atoomkern: ze zijn bijzonder zwaar (een massa van 80-90 GeV) en een levensverwachting van slechts 33×10^{-25} seconden.

Zwakke kernkrachten kunnen quarks van smaak laten veranderen: van up naar down, bijvoorbeeld. Dit veroorzaakt tegelijkertijd de transformatie van een proton in een neutron en omgekeerd. Neem bv. de transformatie op onderstaande figuur. Een neutron bestaat uit één up-quark en twee down-quarks (in symbolen: udd). Om in een proton (uud) te veranderen, moet dus een van de down-quarks van het neutron veranderen in een up-quark. Dit gebeurt door uitstoot van een W^--boson, dat vervolgens uiteenvalt in een hoogenergetisch elektron (de β⁻straal) en een elektron- anti-neutrino.

W-bosonen zijn er in twee vormen, het positief geladen W^+ en negatief geladen W^-. Het Z-boson is elektrisch neutraal. Deze deeltjes werden ontdekt in 1983 in het CERN-laboratorium door Simon van der Meer en Carlo Rubbia, die hiervoor in 1984 de Nobelprijs voor Natuurkunde kregen.

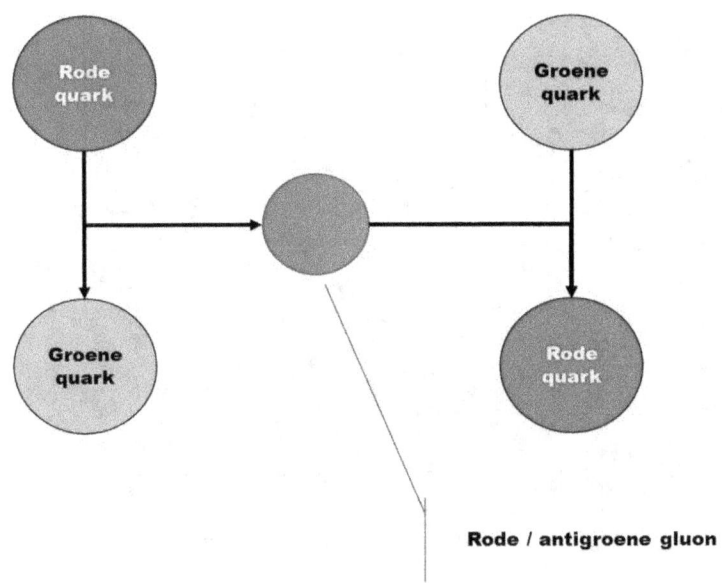

Figuur 167. Een rood-antigroen gluon bindt een rode en een groene quark.

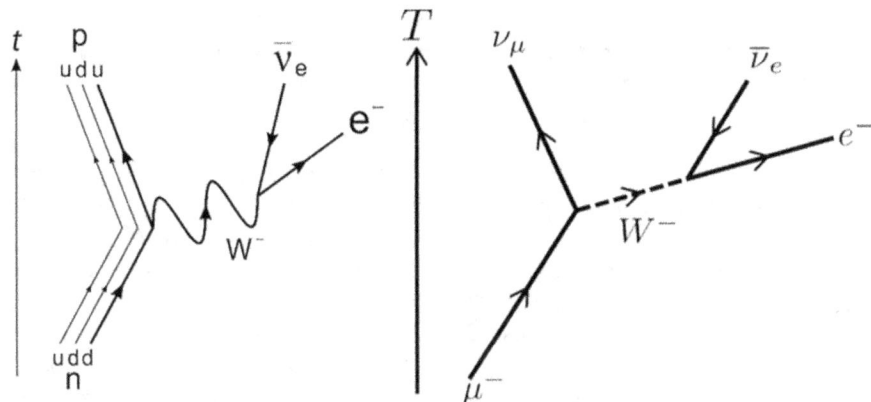

Figuur 168. Verval via W-bosonen

Links: Verklaring voor β⁻-verval: een neutron verandert in een proton, door toedoen van een W⁻-boson. Bij deze interactie komen een elektron en een elektron-antineutrino vrij, door verval van het boson.

Rechts: Ook muonen vervallen tot muon-neutrino's door een W⁻-boson uit te sturen. Dit boson vervalt dan weer tot een elektron en een elektron-antineutrino.

Figuur 169. Simon Van der Meer en Carlo Rubbia

Links: Simon Van der Meer (24 november 1925, Den Haag, Nederland - 4 maart 2011, Genève, Zwitserland), hier samen met Koningin Beatrix op Huis ten Bosch (op 25 januari 1985). Van der Meer studeerde technische fysica aan de TU Delft en behaalde zijn ingenieursdiploma in 1952. Na enkele jaren te hebben gewerkt bij Philips Research in Eindhoven maakte hij in 1956 de overstap naar het CERN. Daar ontwikkelde hij koeltechnologie, nodig om antiprotonen te verzamelen en deze te stabiliseren (als deel van de Super Proton Synchrotron). Deze was van dermate groot belang bij de ontdekking van de W/Z-bosonen, dat hij er in 1984 samen met Carlo Rubbia de Nobelprijs voor Natuurkunde voor kreeg.

Rechts: Carlo Rubbia (geboren 31 maart 1934, Gorizia, Friuli-Venezia Giulia, Italië) behaalde zijn doctoraatsdiploma aan de Universiteit van Pisa in 1958. Daarna trok hij naar de Verenigde Staten om onderzoek te doen naar het verval van muonen (aan Columbia University). Aangetrokken door de oprichting van het CERN keerde hij in 1960 terug naar Europa en zette aan dat instituut zijn onderzoek verder. Het was daar dat hij de W/Z-bosonen van de zwakke kernkracht ontdekte. In 1970 werd hij aangesteld als hoogleraar in Harvard, waar hij 18 jaar lang een semester per jaar doorbracht. In 1989 werd hij directeur-generaal van het CERN, tot 1993. Hij hield zich verder bezig met fundamentele vragen zoals de stabiliteit van het proton (waarvan de consensus is dat deze na een gemiddelde levensduur van 10^{32} jaar vervallen tot energie) en toegepaste vraagstukken (zoals nieuwe energietechnologieën (thoriumreactoren en methoden om zonne-energie te concentreren).

En wat dan met die vierde kracht – de zwaartekracht? Men zou toch verwachten dat we die het best begrijpen, vermits we die al hanteren in berekeningen sinds de zeventiende eeuw van Isaac Newton. Niets is echter minder waar, toch niet op de schaal van atomen en elementaire deeltjes. Om te beginnen weten we nog steeds niet waarom deeltjes zwaartekracht ondergaan. Fysici vermoeden dat er nog een onbekend boson bestaat, dat dient om zwaartekracht over te dragen van partikel naar partikel. De zwaartekracht is op subatomair niveau echter zoveel zwakker dan de andere drie krachten (10^{38} maal zwakker dan de sterke kernkrachten, 10^{36} maal zwakker dan de elektromagnetische krachten en 10^{29} maal zwakker dan de zwakke kernkrachten). Dat maakt het bijzonder moeilijk om dit boson (het graviton?) waar te nemen.

Over het algemeen neemt men aan dat deze vier krachten verschillende verschijningsvormen zijn van één centrale unificerende kracht, die tot op heden nog niet is ontdekt. Voor de elektromagnetische krachten en de zwakke kernkrachten is inderdaad al aangetoond dat we die twee samen kunnen veralgemenen tot de elektrozwakke krachten. Consolidatie van deze laatste met de sterke kernkrachten heeft geleid tot het Standaardmodel van de Natuurkunde. Enkel de zwaartekracht ontsnapt nog aan deze zienswijze. Maar daar hebben we het in het volgende hoofdstuk nog over.

Voor we de sprong maken naar de eenentwintigste eeuw, moeten we nog even ons licht laten schijnen over een laatste element van het Standaardmodel: het Englert-Brout-Higgs-boson (afgekort: EBH-boson). Dit deeltje komt overal in het universum voor, en is gekoppeld aan het gelijknamige veld (te vergelijken met een elektrostatisch veld of een magneetveld). Het is ervoor verantwoordelijk dat de deeltjes die in het veld bewegen effectief een massa hebben, en dat deze massa afhangt van de mate waarin de deeltjes met dit veld interageren. Fotonen doen dit bijvoorbeeld in het geheel niet (en hebben dus ook geen massa); Z-bosonen, neutronen, elektronen, enz... interageren wel met het EBH-veld en hebben dus wel een massa.

Die interactie kan je je nog het best voorstellen als volgt: neem aan dat het EBH-veld zich gedraagt als een laag stroop die over het universum ligt. Elementaire deeltjes die zich doorheen het universum bewegen blijven meer of minder kleven aan die strooplaag. En deze interactie tussen materie en EBH-veld vertraagt daardoor de materie: de materie krijgt als het ware een zekere inertie... en laat inertie nu net de belangrijkste eigenschap zijn die al sinds Newton wordt gekoppeld aan het hebben van massa!

Figuur 170. Peter Higgs en François Englert

Peter Higgs (links, 29 mei 1929, Bristol, Groot-Brittannië) en François Englert (rechts, geboren op 6 november 1932, Etterbeek (Brussel), België), de Nobelprijswinnaars voor Natuurkunde in 2013. Die prijs kregen ze voor het uitwerken van een theoretisch kader dat kan verklaren waarom elementaire deeltjes een massa hebben (zoals beschreven in de tekst). In feite deden ze dat niet alleen: in 1964 verschenen immers kort na elkaar drie publicaties in Physical Review Letters die alle drie aan dit kader bijgedragen hebben. De eerste paper (in augustus 1964) was van de hand van François Englert en Robert Brout. De tweede (in oktober 1964) was geschreven door Peter Higgs. De derde kwam van Gerald Guralnik, Carl Hagen, en Tom Kibble, in november 1964.

Het was wel wachten tot experimenten in 2012 (op de Large Hadron Collider van het CERN) vooraleer het bestaan van het EBH-boson ook effectief werd aangetoond. Alleszins vormt dit Brout–Englert–Higgs–Guralnik–Hagen–Kibble deeltje (en het mechanisme waarop het werkt) een noodzakelijke basis van het Standaardmodel, en zet het de deur open naar een theorie waarbij alle basiskrachten tot één basiskracht worden verenigd. Goed voor een Nobelprijs dus.

Figuur 171. Robert Brout

Robert Brout (14 juni 1928, New York, Verenigde Staten – 3 mei 2011, Linkebeek, België), de man die samen met Englert een van de drie cruciale papers schreef die het bestaan van het EBH-boson voorspelden. Doordat hij overleden was op het moment waarop de Nobelprijs werd toegekend, kon hij de prijs niet meer toegekend krijgen (ook niet postuum), omdat nu eenmaal in de reglementen staat dat enkel levende wetenschappers de prijs in ontvangst mogen nemen.

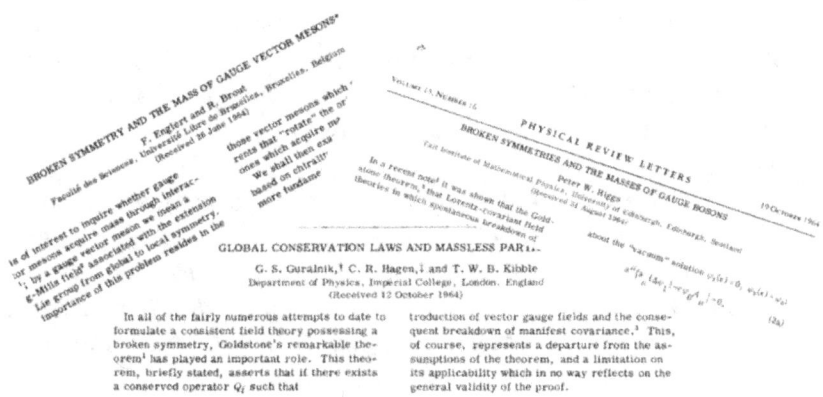

Figuur 172. De drie cruciale papers over het EBH-boson uit 1964.

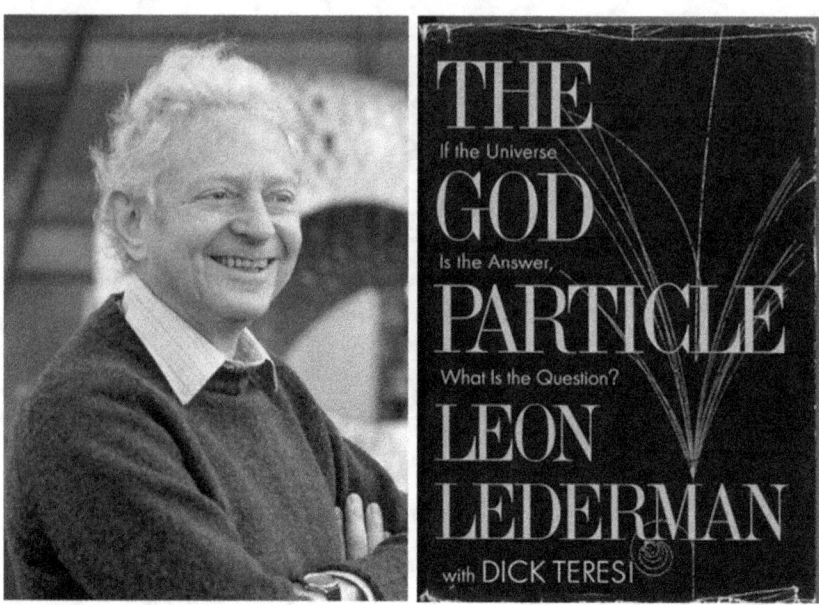

Figuur 173. Leon Lederman en het godsdeeltje

Terzijde – in populaire teksten wordt het EBH-boson meestal aangeduid als het godsdeeltje (een bijnaam die de meeste natuurkundigen onmiskenbaar verachten). Maar waar komt dan die benaming dan vandaan? Die hebben we blijkbaar te danken aan Leon Lederman (Nobelprijs voor Natuurkunde 1988). In een populairwetenschappelijk boek uit 1993 vertelt hij zijn versie van de geschiedenis van de zoektocht naar de structuur van de materie, van Democritus tot aan de kwantumfysica. Hij legt ook daarin uit waar hij de naam voor het EBH-boson vandaan haalde:

> *This boson is so central to the state of physics today, so crucial to our final understanding of the structure of matter, yet so elusive, that I have given it a nickname: the God Particle. Why God Particle? Two reasons. One, the publisher wouldn't let us call it the Goddamn Particle, though that might be a more appropriate title, given its villainous nature and the expense it is causing. And two, there is a connection, of sorts, to another book, a much older one...*

Met dat laatste boek bedoelde hij Genesis, het Boek van de Schepping. Maar daarvoor moet u het boek van Lederman maar lezen.

Eenheid en verscheidenheid in het Standaardmodel

Vandaag de dag zijn er een tweehonderdtal subatomaire deeltjes bekend. Binnen deze groep onderscheiden we om te beginnen de fermionen en bosonen (Figuur 174). Fermionen zijn de deeltjes die de materie uitmaken (en hun antideeltjes, die de bouwstenen zijn voor antimaterie), bosonen zijn de deeltjes die de interacties tussen de fermionen uitvoeren. Fermionen hebben overigens een spin die enkel een halftallig kwantumgetal kan hebben (1/2, 3/2, 5/2, ...). Het spingetal van bosonen is heeltallig.

Tevens maken we een onderscheid tussen enerzijds de elementaire deeltjes en anderzijds de hadronen (de deeltjes die uit elementaire deeltjes worden opgebouwd). De hadronen vallen uiteen in baryonen (deeltjes die zijn opgebouwd uit drie quarks en ook behoren tot de fermionen) en mesonen (opgebouwd uit een quark en een antiquark, en behorende tot de bosonen).

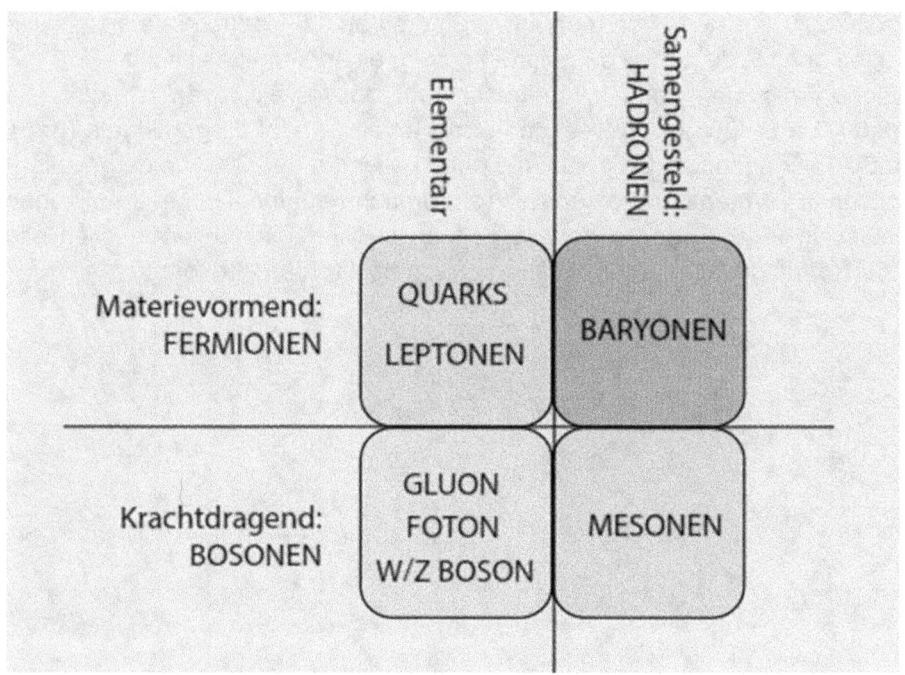

Figuur 174. Overzicht van de groepen elementaire en samengestelde deeltjes.

Bij wijze van voorbeeld: de opbouw van pionen

Het pion of π-meson is een subatomair deeltje, meer bepaald een hadron. Het bestaat uit twee quarks en is dus een meson. Het komt in drie varianten voor: positief (+), negatief (–) en ongeladen (0). De drie pionen worden onderscheiden door hun elektrische lading. Ook is er een klein verschil in massa; in alle andere eigenschappen zijn ze gelijk. Het neutrale pion π^0 heeft de laagste massa, 134,9766 ± 0,0006 MeV/c², terwijl het positief geladen pion π^+ en het negatieve π^- zwaarder zijn: 139,57018 ± 0,00035 MeV/c². De massa ligt dus tussen die van een lepton (bijvoorbeeld het elektron met 0,5 MeV/c²) en die van een baryon (zoals het neutron van 940 MeV/c²); dit is de reden waarom men de naam meson (Grieks voor midden) voor deze deeltjes heeft ingevoerd. De pionen zijn de lichtste mesonen.

Het pion wordt gezien als een samengesteld deeltje, bestaand uit een quark en een antiquark. Alleen de lichtste twee typen quark, het up-quark u en het down-quark d, komen in het pion voor: π^+ is te beschrijven als een gebonden toestand van u en anti-d, π^- is anti-u met d, en π^0 is een gemengde toestand van u en anti-u en d en anti-d. Het neutrale pion is zijn eigen antideeltje, terwijl de geladen pionen elkaars antideeltje zijn.
Pionen zijn geen lang leven beschoren: de vervaltijd van π^+ en π^- is (2,6033 ± 0,0005) × 10^{-8} seconde; π^0 vervalt zelfs al na gemiddeld (8,4 ± 0,6)×10^{-17} seconde. De geladen pionen vallen (in 99,99% van de gevallen) uiteen in een (anti-) muon en een (anti-)muon-neutrino. De neutrale pionen vallen in 98,8% van de gevallen uiteen in twee fotonen en in bijna alle resterende gevallen als een elektron, een positron en een foton.

Episode 19: CERN

Altius, citius, fortius!

Elementaire deeltjes vinden is op zich geen complexe zaak. Ze moeten alleen voldoende energie bevatten om ze te kunnen detecteren. Neem nu kosmische stralen, een bron van muonen en pionen die op onze aardse atmosfeer afstormen met een energie van 10^{20} eV. Energie bevatten die genoeg. Alleen geven ze die geleidelijk aan af zodra ze onze atmosfeer bereiken, zodat ze eigenlijk enkel nuttig zijn wanneer we onze metingen kunnen doen op hoge bergtoppen (denk aan het verhaal van Occhialini en Lattes in episode 17) of met behulp van weerballonnen. Daarenboven kunnen we hun sterkte niet controleren.

Wetenschappers hebben daarom van in de jaren 1920 geprobeerd om deeltjes ook in een laboratorium hogere energieën te geven, op een precies afgestelde manier. Hogere energieën kunnen bereikt worden door de deeltjes een hogere snelheid te geven (vermits de snelheid van een deeltje bepaald wordt door zijn kinetische energie), en zodus bouwden onderzoekers apparaten die deze deeltjes konden versnellen. We hadden het eerder al over de lineaire versneller van Rolf Widerøe uit 1928, over de deeltjesversneller van Cockcroft en Walton uit 1932 en over het cyclotron van Lawrence uit datzelfde jaar (zie episode 15).

Cyclotrons zijn niet in staat om deeltjes een energie van meer dan 20 MeV mee te geven omdat ze geen relativistische effecten in rekening brengen.

Die effecten zorgen ervoor dat deeltjes moeilijker worden om te versnellen naarmate ze de snelheid van het licht naderen. Hoe lager de rustmassa van het deeltje, hoe sneller de deeltjes boven die grens uitstijgen.

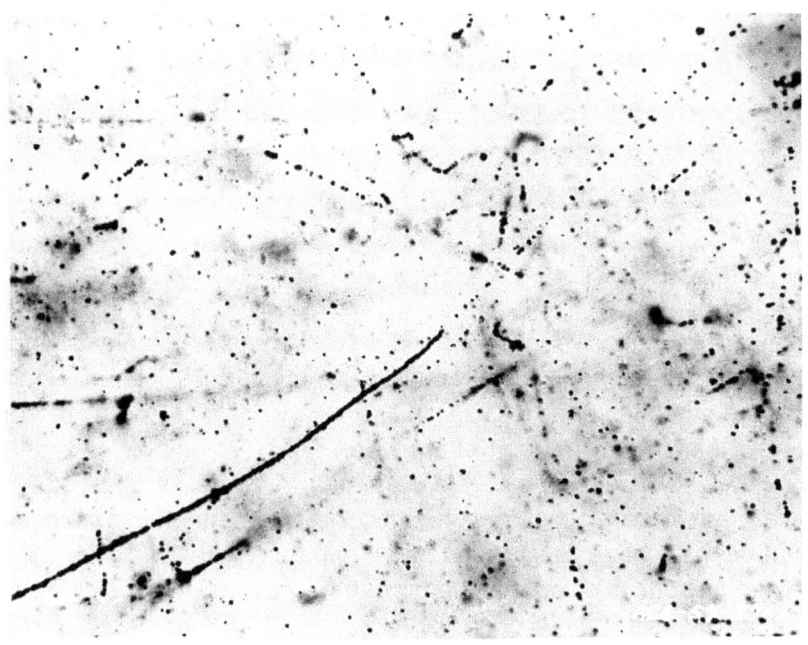

Figuur 175. Kaonvorming

Een foto uit 1957 van de vorming van een kaon door het Cosmotron in Brookhaven National Laboratory te New York. Het deeltje wordt afgeremd in de fotografische emulsie en vervalt tot een snel, positief geladen licht meson.

Figuur 176. Het bètatron van de University of Illinois

Het eerste bètatron, gebouwd door Donald Kerst (rechts in beeld) in 1940 aan de University of Illinois. De naam "bètatron" werd gekozen in een wedstrijd en verwijst naar het feit dat een straal versnelde elektronen niets anders is dan een bètastraal. Andere voorstellen voor de naam waren rheotron, inductron, en zelfs Ausserordentlichhochgeschwindigkeitelektronenentwickelnden-schwerarbeitsbeigollitron.

Elektronen hebben een bijzonder kleine rustmassa en kunnen dus niet door een cyclotron worden versneld.

Deze problemen werden opgelost met de uitvinding van het bètatron, door de Amerikaanse fysicus Donald Kerst in 1940 (Figuur 176). Dit bètatron is opgebouwd zoals een cyclotron, maar versnelt elektronen met een magnetisch veld dat sterker wordt naarmate de elektronen zich verwijderen van het centrum, Dat heeft meteen tot gevolg dat ze ook sterker versneld worden en dat hun snelheid dus sneller dichter bij de lichtsnelheid komt. Net als bij het cyclotron kunnen hogere snelheden worden bereikt met sterkere magnetische velden en grotere afmetingen.

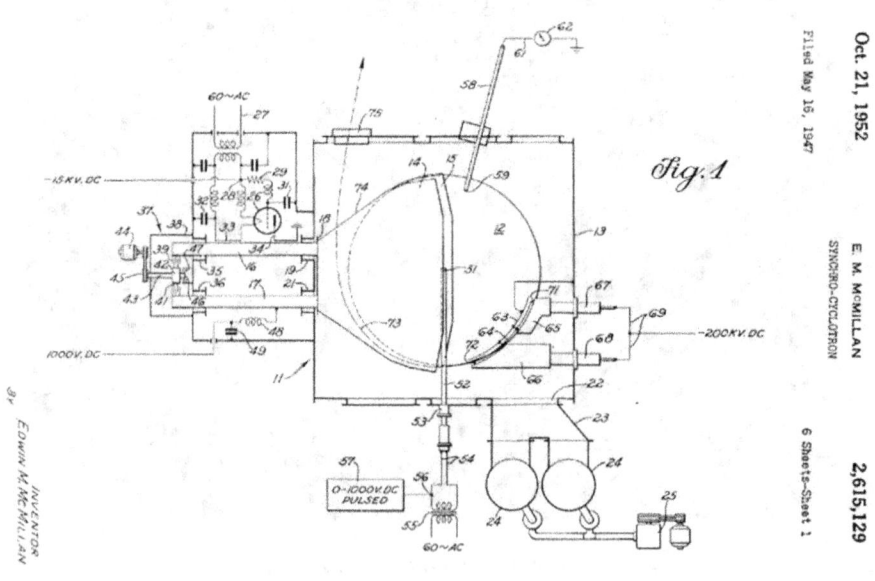

Figuur 177. Tekening uit het patent op de synchrocyclotron van McMillan.

In 1945 volgde een verdere verbetering van het toestel, met het synchrocyclotron van de Amerikaanse fysicus Edwin McMillan. Dit is hetzelfde als een cyclotron, maar bestaat uit slechts één D, en compenseert voor relativistische effecten door de frequentie van het elektrische veld te veranderen, in plaats van constant te houden.

Dit synchrocyclotron werd snel vervangen door het synchrotron, uitgevonden door de Rus Vladimir Veksler in 1944. Het eerste synchrotron werd echter onafhankelijk van Veksler gebouwd door McMillan, die de publicatie van Veskler in een fysicatijdschrift uit de Sovjetunie nooit gelezen had. In een synchrotron beweegt een bundel continu versnellende deeltjes in een vaste gesloten baan. Een magnetisch veld zorgt weer voor de afbuiging van de straal. Dit veld neemt tijdens het versnellingsproces toe, synchroon met de toenemende kinetische energie van de deeltjes.

De krachtigste deeltjesversnellers vandaag de dag gebruiken het synchrotronontwerp. Het grootste synchrotron-type versneller is de Large Hadron Collider (LHC) in de buurt van Genève, Zwitserland, gebouwd in 2008 door het CERN.

Figuur 178. Synchrotron Soleil

Het instituut voor het synchrotron "Soleil", een synchrotron ten zuidwesten van Parijs. Dit synchrotron heeft een omtrek van 354 m en kan elektronen versnellen tot een energie van 2,75 GeV. Na slechts 1,2 microseconden heeft een elektron al bijna de snelheid van het licht bereikt. Deze bundel elektronen wordt op verschillende plaatsen afgeleid naar de eigenlijke experimenten.

Europa slaat de handen in elkaar

Na de Tweede Wereldoorlog lag de onderzoeksinfrastructuur in Europa aan diggelen. Zeker wat grote apparatuur betrof, was de leidende rol van het oude continent overgenomen door de Verenigde Staten. Enkele topfysici, waaronder de Franse ingenieur Raoul Dautry, de Franse natuurkundigen Pierre Auger en Lew Kowarski, de Italiaanse fysicus Edoardo Amaldi en de ons reeds bekende Niels Bohr, stelden daarom in 1949 een plan voor om een internationaal laboratorium voor kernfysica te ontwikkelen, met apparatuur (zoals deeltjesversnellers) die te duur waren voor individuele universiteiten en zelfs landen. Een eerste concrete uitwerking volgde in december van dat jaar, van de hand van Louis de Broglie.

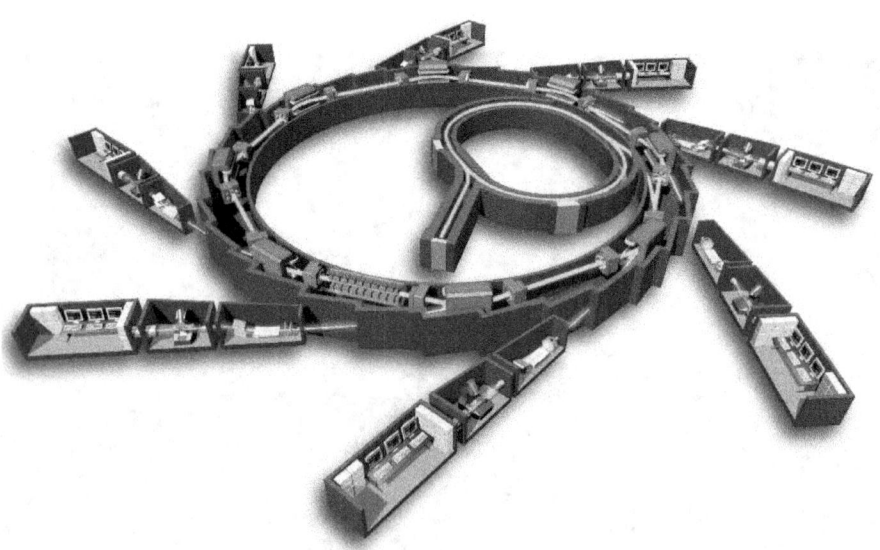

Figuur 179. Overzicht van Synchrotron Soleil.

De buitenste cirkelvormige ring is de synchrotron. De elektronenbundel wordt versneld door elektrische velden in de rechte secties, tussen twee magneten die de straal buigen. Op dat moment geven de elektronen synchrotronstraling af. Die bestaat voornamelijk uit X-stralen. Ze worden afgeleid naar de verschillende straallijnen, waar wetenschappelijke instrumenten, experimenten enz... opgesteld staan.

Deze vraag viel niet in dovemansoren. Reeds een jaar later richtte de UNESCO een Europese Raad voor Nucleair Onderzoek op (Conseil Européen pour la Recherche Nucleaire in het Frans, afgekort CERN). Elf landen namen deel: België, Denemarken, Frankrijk, de Bondsrepubliek Duitsland, Griekenland, Italië, Nederland, Noorwegen, Zweden, Zwitserland en Joegoslavië. Deze raad ging van start in februari 1952, en Groot-Brittannië sloot zich een jaar later aan. Als hoofdkwartier werd gekozen voor de Zwitserse stad Genève, en in mei 1954 begon daar de bouw van het onderzoekslaboratorium.

CERN's eerste deeltjesversneller (in gebruik tussen 1957 en 1990) was het Synchrocyclotron. In 1959 kwam het Proton Synchrotron in actie (en dit toestel is nog steeds functioneel). Hiermee bereikte het CERN energieniveaus tot 28 GeV, op dat moment het hoogste resultaat wereldwijd. Ook qua detectie-apparatuur zat men niet stil. Bubbelkamers waren handig, maar te traag, én bovendien vereisten ze steeds een menselijke experimentator om de data uit te lezen. Daarop ontwierp de Fransman Georges Charpak in 1968 de *multi-wire proportional chamber*, bekend als de draadkamer, een variant op de vonkenkamer die we eerder al besproken hebben. Charpak kreeg de Nobelprijs voor natuurkunde in 1992 voor zijn uitvinding.

In de loop van de jaren 1950 groeide het besef dat deeltjes met nog meer snelheid zouden kunnen botsen, als ook het doeldeeltje zou worden versneld. Dat houdt dan wel in dat beide stralen zeer goed moeten worden uitgelijnd om mekaar exact goed te raken. Een eerste model was de ADA (Anello Di Accumulazione), ontwikkeld door een team van Italiaanse natuurkundigen onder leiding van de Oostenrijkse fysicus Bruno Touschek. Deze *collider* was het eerste toestel dat in staat was om elektronen en positronen op mekaar te laten botsen (in het Engels, *to collide*). Vermits deze beide deeltjes basisdeeltjes zijn en dus niet meer bestaan uit onderdelen (zoals het proton is opgebouwd uit quarks en gluons), was het makkelijker om bundels elektronen en positronen goed uit te lijnen.

Protonenbundels werden pas in 1971 versneld, in een nieuwe constructie, de Intersecting Storage Rings. Hiermee konden voor de eerste keer protonenbundels in verschillende richtingen afgevuurd worden. Een maand later begon het werk om het Super Proton Synchrotron (SPS) te bouwen, een hadronencollider van 7 km omtrek, 40 m onder de grond, met de

Zwitsers-Franse grens er dwars doorheen. Dit synchrotron ging van start in 1976 en produceerde deeltjes met energieën van honderden GeV. Vanaf 1986 probeerden de onderzoekers met het SPS een quark-gluonplasma te creëren. Dit is een toestand van materie die vermoedelijk in het vroege universum heeft bestaan, wanneer quarks en gluonen als alleenstaande deeltjes bestonden in plaats van als onderdeel van een kerndeeltje binnenin atomen, zoals vandaag. Deze staat kan worden gereproduceerd door de temperatuur of de dichtheid van hadrons te verhogen. De CERN-onderzoekers probeerden in 1986 een dergelijk plasma te creëren door zware atoomkernen te laten botsen in de SPS. Ze hoopten dat dit de quarks en gluons in de kerndeeltjes zou vrijmaken en van mekaar scheiden. Het ultieme bewijs werd geleverd tegen het jaar 2000.

Figuur 180. Detector UA1 van de Super Proton Synchrotron op het CERN, waarmee de W- en Z-bosons werden ontdekt.

De Large Hadron Collider en het EBH-boson

De (voorlopige) kroon op het werk van het CERN is de beroemde Large Hadron Collider (LHC). De eerste plannen en ideeën dateren al van 1984, maar het heeft tot 1994 geduurd voor de bouw van het enorme toestel goedgekeurd werd, en de versneller is uiteindelijk pas in 2009 afgewerkt.

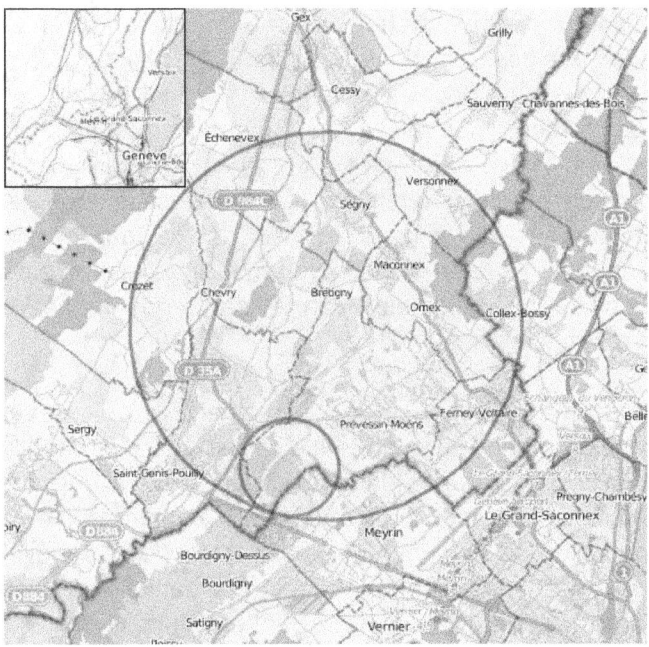

Figuur 181. De plaats van de Large Hadron Collider (grote cirkel) en de Super Proton Synchrotron (kleine cirkel) overheen de Frans-Zwitserse grens.

Eigenlijk is de LHC de laatste stap in een keten van versnellers en colliders, waarbij elke voorgaande stap een deeltjesstraal versnelt en dan doorgeeft aan de volgende versneller. De protonenbron die daarbij gebruikt wordt, is waterstofgas. De eerste stap is de Linac 2, die de protonen versnelt tot 50 MeV en injecteert in de volgende versneller, de Proton Synchrotron Booster. Van daaruit vertrekken de protonen naar het Proton Synchrotron (PS) (25 GeV), het Super Proton Synchrotron (450 GeV) en dan finaal naar de LHC. Bij die laatste overgang wordt de straal protonen in twee gesplitst en in tegengestelde richtingen afgevuurd. Langsheen het traject van de protonen. Er zijn vier detectoren (de ALICE, ATLAS, CMS en de LHCb) te vinden langs waar beide stralen, versneld tot 13 TeV, tot botsing kunnen worden gebracht. Deze detectoren zijn wel een pak complexer dan de gemiddelde vonkenkamer of dradenkamer. De ATLAS, bijvoorbeeld, (wat staat voor A Toroidal LHC Apparatus), is zo groot als een gebouw van zeven verdiepingen hoog.

Om een maximale versnelling te garanderen (en vroegtijdige botsingen te vermijden) wordt het hele traject van de protonen maximaal vacuüm gehouden. De deeltjes zelf worden op koers gehouden door een reeks supergeleidende elektromagneten, die daarvoor met behulp van vloeibaar helium op een temperatuur van -271,3°C gehouden worden (omgerekend is dat 1,85K, een temperatuur die kouder is dan de ruimte). Vlak voor de botsing wordt de bundel stralen nog extra gefocust door een speciale magneet: de deeltjes zijn immers zo klein dat de taak om twee stralen protonen met elkaar te laten botsen even moeilijk is als het afschieten van twee naalden op tien kilometer van elkaar, zodanig dat ze mekaar halverwege raken (zegt het CERN zelf).

De LHC werd officieel geopend op 21 oktober 2008. Door verschillende technische problemen werd de eerste echte botsing uitgesteld tot 20 november 2009. Tien dagen later brak de LHC alle energierecords. Langzamerhand begon het CERN met de LHC significante signalen op te vangen van het bestaan van het EBH-boson. Het doorslaggevende bewijs kwam er op 4 juli 2012, toen twee volledig onafhankelijk werkende teams, met twee detectoren (CMS en ATLAS), het bestaan meldden van een voordien onbekend boson, met een massa van 125,3 GeV/c^2. Deze vondst leidde meteen tot de Nobelprijs voor natuurkunde voor Englert en Higgs (zoals eerder besproken).

Na opnieuw een periode van herstel en upgrading werd de LHC herstart op 3 juni 2015. De collider kan nu een energie bereiken van 13 TeV. Het duurde daarmee niet lang voor het CERN aankondigde dat het instituut met de LHC een nieuwe klasse deeltjes had ontdekt, de zogeheten pentaquarks.

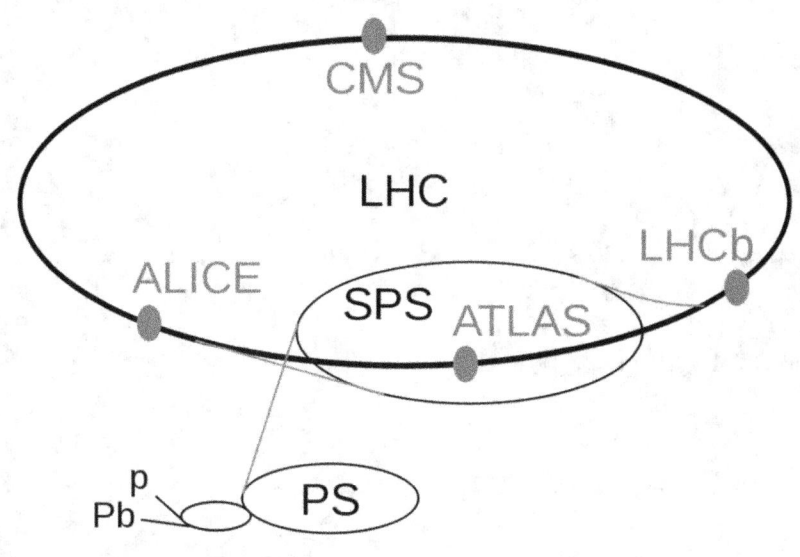

Figuur 182. Structuur van de LHC

(voor details, zie tekst)

De kracht van deeltjesversnellers en colliders heeft daarbij allerminst een plafond bereikt. En dat is maar goed ook, want er liggen heel wat theoretische vragen en hypothesen klaar om te worden beantwoord en bevestigd. De plannen liggen gereed voor een Very Large Hadron Collider, met top-energieën van 100 TeV (en een diameter van 100 km), te bouwen aan het Fermilab (Illinois, USA). CERN denkt aan een nieuwe lineaire versneller, en aan een eigen 100 TeV hadroncollider, de Future Circular Collider. Tijd om de blik naar de toekomst te werpen: wat schuilt er nog achter het standaardmodel, welke hypothesen leven er bij de theoretici van vandaag en hoe ver zijn we nog van een volledig begrip van de structuur van de materie rondom ons?

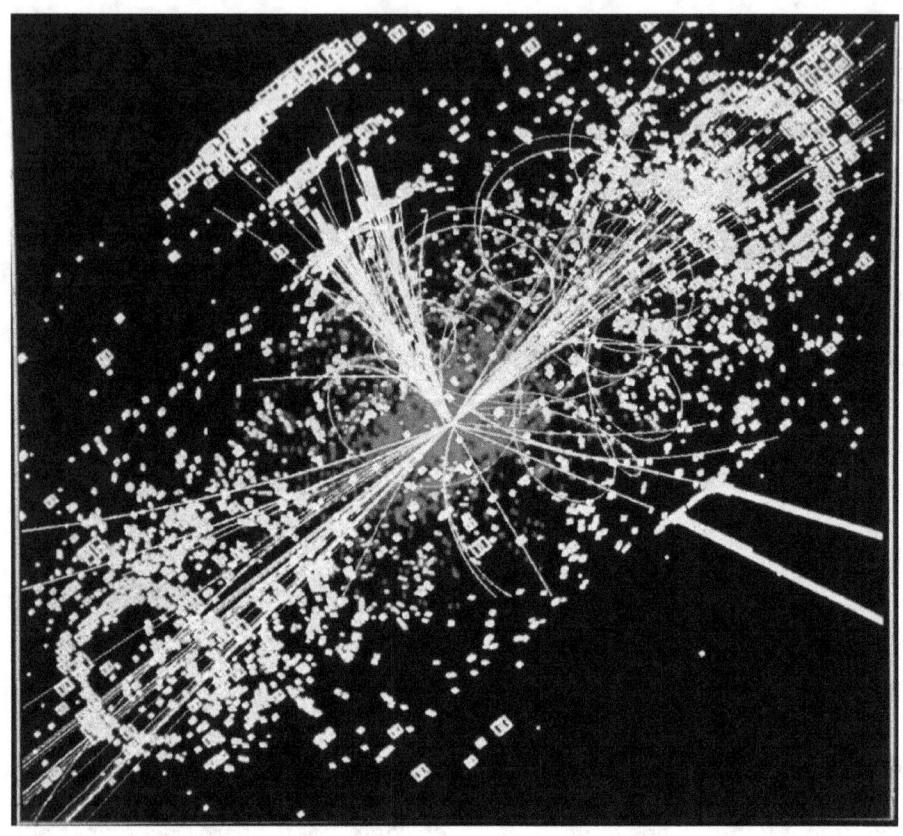

Figuur 183. Simulatie van de vorming van een EBH-boson na botsing van twee protonen.

Het EBH-boson vervalt vervolgens in een reeks hadronen en elektronen.

Episode 20: Kernfusie: reacties tegen de sterren op

Een eerste blik op de toekomst leidt ons naar onze toekomstige energievoorziening. Kernfysica biedt ons vandaag de dag al een ongeëvenaard potentieel voor energieproductie, door middel van kernsplijting of kernfissie.

Op het eerste gezicht heeft het gebruik van kernenergie via kernsplijting een aantal duidelijke voordelen. Zo komt er geen CO_2 of een andere luchtvervuiler vrij (wat een extra bonus is bij het beperken van onze CO_2-uitstoot). Sommige bijproducten van de reactie zijn van groot belang in de geneeskunde. Er is ook geen tekort aan splijtbaar uranium (zeker niet op korte termijn). Op langere termijn wordt de mogelijkheid onderzocht om uranium uit zeewater te winnen, wat ons volgens bepaalde bronnen nog duizenden jaren energie kan opleveren. Geopolitiek gezien is het een groot voordeel dat de grondstof uranium voor een belangrijk deel uit landen als Canada en Australië komt, stabielere landen dan Rusland of het Midden-Oosten, waar olie en gas vandaan komen. Maar vooral - een kernreactor genereert weinig afval: slechts een paar kubieke meter afval per gigawattjaar.

Nochtans is net dat afval de achilleshiel van de kernreactor. Dat weinige afval is namelijk radioactief, en zowel het uranium zelf als de producten die bij het splijten van uraniumkernen gevormd worden, zijn giftige zware metalen. Het geproduceerde reactorafval zal na 600 jaar niet radioactiever zijn dan sommige natuurlijke ertsen.

Kernsplijting

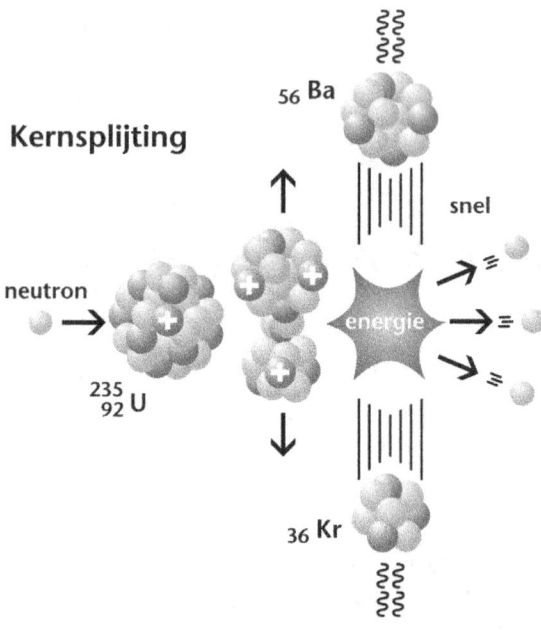

Figuur 184. Kernsplijting.

Door een bombardement met minder energierijke (en dus 'tragere') neutronen verandert de isotoop uranium-235 in het zeer kortlevende uranium-236, dat onmiddellijk uiteenvalt in twee kleinere atoomkernen, waarbij energie vrijkomt en bovendien nog meer neutronen. Ook deze neutronen kunnen een kettingreactie in gang zetten, en zo de splitsing veroorzaken van andere uraniumkernen. Deze eigenschappen maken uranium-235 cruciaal als splijtstof in kernreactoren: deze splijting is gemakkelijk op te wekken, produceert veel energie én houdt zichzelf in stand, en er is op aarde een substantiële hoeveelheid uranium-235 te vinden.

Wat er uit het afval ontstaat, produceert weliswaar een lage radioactieve straling, maar bij een langdurige blootstelling kunnen ernstige gezondheidsrisico's de kop opsteken. En over langdurig gesproken – het afval moet nog duizenden jaren lang worden bijgehouden. Eerst laat men de verbruikte brandstofstaven gedurende enkele jaren in opslagbekkens afkoelen. Dan verhuist het afval voor een tijd naar een opslagruimte bovengronds, om dan definitief in een ondergrondse galerij te worden gestockeerd.

Een van de belangrijke componenten van dit afval is overigens plutonium, dat ontstaat uit uranium via volgende nevenreactie:

$$^{238}U + neutron \longrightarrow {}^{239}U \longrightarrow {}^{239}Np \longrightarrow {}^{239}Pu$$

Plutonium is een hoogradioactief element dat eigenlijk niet meer voorkomt op aarde. Dit plutonium zorgt er echter voor dat het afval hergebruikt kan worden, door het op te werken tot zogenaamde MOX-brandstof. MOX staat voor Mixed Oxide, en is een mengsel van verarmd uraniumoxide en plutoniumoxide. De vervanging van een standaard uraniumbrandstofelement door een MOX-element verbruikt 9 kg plutonium in plaats van 5 kg te produceren. Op het eerste gezicht lijkt dit een goede zaak: we laten het plutonium weer vervallen (zodat we dus het afval van de centrale hergebruiken), halen daar dan nog energie uit, en we kunnen weer wat zuiniger omgaan met onze voorraden uranium. Langs de andere kant vereist de aanmaak van MOX het behandelen (en vaak transporteren) van belangrijke hoeveelheden plutonium, en dat is een bijzonder giftig element én een sterke bron van radioactiviteit. Het vrijkomen van plutonium zou mogelijk nog grotere schade toebrengen aan het milieu dan in het geval van louter uranium.

Niet alleen het afval van de reactie zelf moet trouwens met de nodige omzichtigheid worden behandeld. Ook de restanten van de kerncentrale, wanneer de productie definitief gestopt is, dienen met de nodige voorzichtigheid te worden ontmanteld en opgeslagen. Nu, volgens een aantal deskundigen kan het afval perfect worden opgeslagen in zeer diepe, geologisch stabiele lagen: zoutlagen (zoals wordt onderzocht in Duitsland), graniet (zoals in Scandinavië) en klei (Zwitserland, Frankrijk, en België). Alleen wil niemand het afval in zijn achtertuin, en protesteren de inwoners van een gemeente waar de overheid opslagvoorzieningen wil bouwen, hier zeer heftig tegen. Ook een werkende kerncentrale kan een bron zijn van risico's. Een ongeluk kan ervoor zorgen dat er radioactief materiaal in het milieu terechtkomt. Denk maar aan wat er gebeurd is in Tsjernobyl en Fukushima. Voorstanders wijzen er dan weer op dat de nodige veiligheidsmaatregelen genomen worden bij het ontwerpen van de moderne centrales. Inderdaad, wereldwijd zijn enkele honderden kerncentrales operationeel en tot op heden hadden we 'slechts' een beperkt aantal ongelukken. De tienduizend doden ieder jaar in kolenmijnen steken daar schril bij af. Overigens, Tsjernobyl was een achterhaalde centrale uit de jaren '50 in een samenleving waar veiligheid bijzaak was.

Ook los van het eigenlijke productieproces is de laatste jaren pijnlijk duidelijk geworden dat er nog een groot gevaar verbonden is aan kerncentrales: de producten kunnen dienen als grondstof voor kernwapens, en terroristische organisaties zouden maar wat blij zijn met een lading uranium of plutonium, om daarmee een zogenaamde 'vuile bom' te maken (een bom die bij ontploffing een hele buurt, stad, regio... radioactief besmet).

Echt volledig voordelig is kernsplijting dus niet voor de mensheid. Wil dat zeggen dat kernenergie helemaal geen toekomst heeft? Niet helemaal. De nieuwe generatie kerncentrales zal werken volgens een volledig opnieuw uitgewerkt productiesysteem. De nieuwe kerncentrales worden geacht met een hoog rendement elektriciteit en warmte te produceren, het plutonium en andere afvalproducten te recycleren en natuurlijk uranium volledig te benutten. Verder zouden deze reactoren ook moeten kunnen instaan voor andere processen: de productie van waterstof (zie verderop), of het ontzilten van zeewater. Klein probleem... deze reactoren zouden slechts op een commerciële manier in bedrijf gesteld worden in de loop van de periode 2025-2040.

En bovendien, er is niet alleen kernsplijting. Ingenieurs en wetenschappers onderzoeken nog een ander proces waarbij de energie uit atoomkernen wordt gebruikt voor onze energiebevoorrading: kernfusie. Dit is het samensmelten van meerdere lichte atoomkernen tot een nieuwe kern.

Bijna alle energie op Aarde komt van de zon.

Eerst het goede nieuws. Kernfusie is geen onbekend begrip. De zon is op zich eigenlijk een kernfusiereactor met een diameter van 1,3 miljoen kilometer en een massa van $1,989 \times 10^{30}$ kg, die per seconde 600 miljoen ton waterstof omzet in 596 miljoen ton helium. Het verschil in massa wordt uitgestraald... als energie. Veel energie: volgens Einsteins beroemde vergelijking $E = mc^2$ wordt in dergelijke reacties massa omgezet in energie, en komt 1 kilogram massa overeen met 9×10^{16} joule. Daarvan komt slechts een fractie terecht op het aardoppervlak: we ontvangen op onze blauwe bol (met overigens een diameter van 12 756 km) gemiddeld 342 joule per m² en per seconde. Staat de zon loodrecht boven je, dan ontvang je zelfs 1366 J/m² s.

Om even de juiste grootteorden van verschil aan te geven: de figuur hieronder geeft weer hoeveel energie er per seconde wordt uitgestraald per eenheid van oppervlakte van de zon, en hoeveel wij hier slechts van opvangen, per eenheid van oppervlakte van de aarde. Vermits het telkens over twee delen van een boloppervlakte gaat, neemt de intensiteit van de energie af met het kwadraat van de afstand tussen beide oppervlakten.

Om de getallen rond de energie van de zon die op de aarde aankomt, in een perspectief te zetten, kunnen we best even een vergelijking maken met de energieconsumptie van de volledige wereldbevolking. Reken gerust even mee.

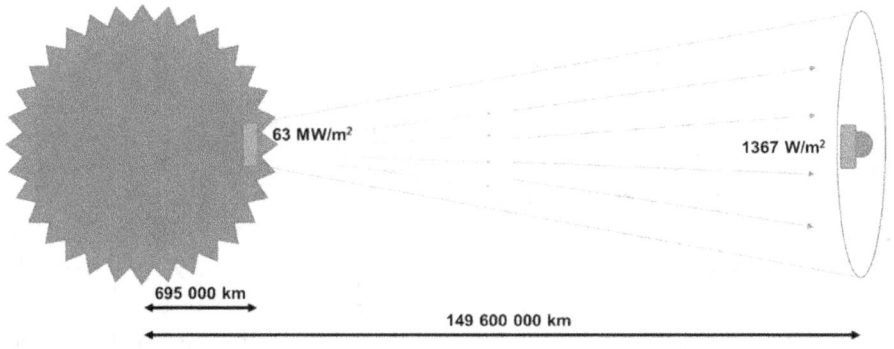

Figuur 185. Slechts een fractie van de energie die de zon uitstraalt, bereikt de aarde.

Eerst het verbruik. Volgens het Internationaal Energie-agentschap verbruikte de mensheid in 2014 ruwweg 150 000 terawatt-uur. Dat is, omgerekend, 150 000 miljard kilowatt-uur. Eén kilowatt-uur komt overeen met 3,6 miljoen joule, de hoeveelheid energie die een toestel van 1000 watt verbruikt tijdens een uur activiteit (en tevens de eenheid waarin elektriciteitsleveranciers hun facturen opstellen). In joule uitgedrukt verbruikte de mensheid

$$5{,}4 \times 10^{20} \text{ joule per jaar}$$

Nu de inkomende kant. De aarde ontvangt 342 joule per vierkante meter en per seconde. Onze planeet heeft een totale oppervlakte van

$$4 \times \pi \times 6378 \text{ km} = 80 \text{ miljoen km}^2$$

en dat is dan $1{,}75 \times 10^{17}$ joule per seconde of

$$5{,}5 \times 10^{24} \text{ joule per jaar}$$

in totaal. De mensheid verbruikt dus 1/10 000ste van wat de zon naar de aarde stuurt, en bovendien is dat meestal niet eens onder de vorm van zonne-energie, maar fossiele brandstof. We hebben dus nog wel wat speling.

En als we nu niet splitsen maar fusioneren?

Dat is gemakkelijker gezegd dan gedaan: atoomkernen zijn positief geladen, en het laten versmelten van twee positieve deeltjes om een fusiereactie van start te laten gaan, vergt bijzonder veel energie. In de zon, waar alle energie via fusie van atoomkernen wordt opgewekt, gebeurt dit bij een enorme druk en bij 15 miljoen graden. Op aarde kunnen we die hoge druk niet bereiken, waardoor de temperatuur nog 10 maal hoger zal moeten zijn: 100 tot 200 miljoen graden. En toch zou die investering garant moeten staan voor een enorme energieopbrengst. Dat hebben we om te beginnen te danken aan de sterke kernkrachten.

De fusiereactie die op aarde voorlopig het gemakkelijkst te realiseren is, verbruikt twee isotopen van waterstof: deuterium (^{2}H) en tritium (^{3}H). De reactie die daarbij doorgaat in een kernfusiereactor is de volgende:

$$^2\text{H} + {^3\text{H}} \rightarrow {^4\text{He}} + 1 \text{ neutron} + \text{ENERGIE}$$

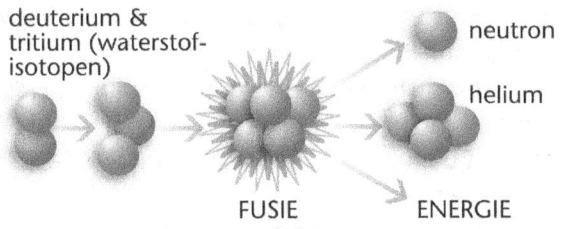

Figuur 186. Kernfusiereactie

Hierbij worden er een heliumkern en een neutron geproduceerd. Deuterium komt in grote hoeveelheden in water voor. Uit een liter zeewater kan volgens sommige bronnen evenveel energie gehaald worden als uit een 300-tal liter benzine. Het internationale consortium ITER ("International Thermonuclear Experimental Reactor") claimt dat uit het meer van Genève genoeg deuterium gehaald kan worden om de mensheid voor duizenden jaren te voorzien van energie. Volgens onderstaande kernreactie kan tritium worden bereid uit twee isotopen van lithium, dat als bijproduct uit de ontzilting van zeewater wordt gewonnen, en dit gebeurt tijdens de reactie:

$$1 \text{ neutron} + {}^6Li \rightarrow {}^4He + {}^3H$$
$$1 \text{ neutron} + {}^7Li \rightarrow {}^4He + {}^3H + 1 \text{ neutron}$$

Nemen we bij wijze van aanschouwelijk voorbeeld het lithium uit de batterij van één laptop, en het deuterium van 45 liter water, dan kunnen we 200 000 kWh aan elektriciteit produceren. Evenveel als met 40 ton steenkool. Hebben we hiermee een haast onuitputtelijke bron van energie gevonden? Het lijkt van wel. Het grootste probleem hebben we echter al aangehaald: de reactie kan pas doorgaan als we een temperatuur van tenminste 100 miljoen graden bereiken. Bij een dergelijke temperatuur bestaat de materie overigens niet meer in een van de bekende aggregatietoestanden (vast, vloeibaar, gasvorming), maar neemt ze een vierde vorm aan: plasma. Hierbij zijn sommige atomen, bijvoorbeeld als gevolg van temperatuursverhoging, een of meer elektronen kwijtgeraakt. De losgekomen elektronen bewegen zich vrij door de ruimte en de achtergebleven kern (met de eventueel overgebleven elektronen) is een positief ion geworden.

Om dit mengsel van elektrisch geladen deeltjes in bedwang te houden, wordt er gebruik gemaakt van sterke magnetische velden met een speciale vorm: de torus. Zo'n reactor noemen we een tokamak. Het vasthouden van het plasma met een magneetveld heeft twee grote voordelen: het plasma wordt niet afgekoeld door de veel koudere wand, en de wand zelf komt niet in contact met het hete plasma en blijft dus intact. Tijdens de reactie moet natuurlijk wel voldoende energie worden geïnvesteerd om het magneetveld intact te houden. Die energie moet worden afgetrokken van de opbrengst van de reactor.

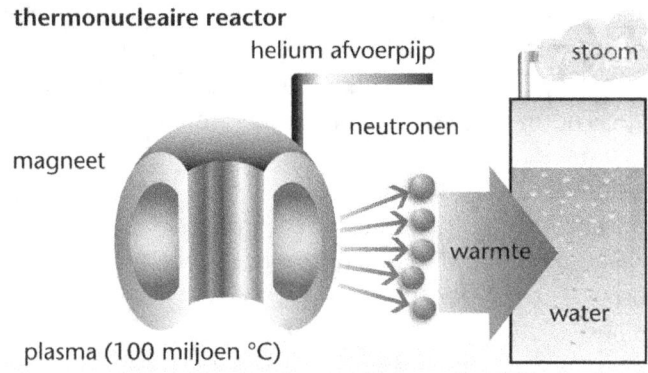

Figuur 187. Werking van een fusiereactor

Het concept van een tokamak werd in 1952 ontwikkeld door Andrei Sacharov en Igor Tamm aan het Kurtschatovinstituut in Moskou. De eerste tokamak was dan ook van Russische makelij en dateert van 1962. Het woord zelf is een acroniem gebaseerd op de Russische woorden toroidalnaja (torusvormig), kamera (ruimte), magnitnaja (magnetisch) en katoesjkan (spoel). Voor details, zie de tekst.

Die hoge temperatuur is verder vooral een kwestie van de reactie op gang krijgen. Eenmaal het fusieproces bezig is, komen er uit de reactie neutronen en heliumkernen vrij. Doordat de heliumkernen geladen zijn, kunnen ze niet uit het magneetveld ontsnappen. Deze deeltjes botsen tegen de deuterium- en tritiumkernen in het plasmamengsel en zorgen er zo vooral voor dat de warmte in de reactor behouden blijft. Als het plasma zichzelf op die manier in stand houdt, is de reactor 'aangestoken'.

Omdat neutronen ongeladen zijn, worden ze ook niet tegengehouden door het magneetveld van de tokamak. Ze ontsnappen en botsen tegen de wanden van de reactor, die bestaan uit lithium. Zo wordt er onmiddellijk meer tritium gevormd, die als brandstof bij het reactiemengsel kan worden gevoegd; bovendien wordt er bij die botsing warmte gevormd. Die kan dan worden afgegeven aan een koelmantel gevuld met water. Hierbij ontstaat stoom, die dan een turbine kan aandrijven. Zo krijgen we elektriciteit.

De belangrijkste voordelen van kernfusie zijn dat er weinig radioactief afval ontstaat en dat er steeds maar een kleine hoeveelheid nucleair reagens in de reactor aanwezig is. Bovendien zijn de grondstoffen, zoals eerder aangehaald, schier onuitputtelijk. Een nadeel is wel dat zelfs de kleinste installatie waarin een rendabele exploitatie mogelijk zou zijn vrij groot is, maar daar kunnen we ons wellicht wel overheen zetten. Niets dan goed nieuws. Dus tegen wanneer valt die massa goedkope stroom te verwachten? Wereldwijd zijn er al verschillende tokamaks beschikbaar – voor onderzoek, nog niet om echt energie te produceren. Zo staat in het Japanse Naka Fusion Research Establishment in Nakamachi de Tokamak-60, die in 1996 een temperatuur van 520 miljoen kelvin heeft kunnen bereiken. Dat is de hoogste temperatuur die ooit door mensen is gegenereerd. In Groot-Brittannië staat de Joint European Torus, een tokamak die beheerd wordt door een Europees onderzoeksteam. Tot hiertoe hebben deze installaties alvast kernfusie op gang gekregen (tot zover het goede nieuws), maar ze hebben nog niet eens voldoende energie geproduceerd om de reactor zelf op gang te brengen.

De Joint European Torus slaagde in 1997 in een test waarbij via fusie 16 megawatt aan vermogen werd opgewekt (gedurende een seconde weliswaar), maar daarmee leverde de reactor slechts 70 procent van de energie die was verbruikt om de reactor op gang te brengen. Echt economisch haalbaar is de productie van elektriciteit met behulp van fusiereactoren dus nog niet. Eerst moeten nog heel wat technische problemen worden opgelost, en belangrijke vragen rond onder andere het design van de reactor worden beantwoord.

ITER is ondertussen bezig om een grote tokamak te bouwen in Cadarache, in Frankrijk. De reactor zal naar verwachting tegen 2021 afgewerkt zijn. Tegen 2025 moeten de eerste plasma-experimenten starten en tegen 2035 uitmonden in experimenten met volledige deuterium-tritiumfusie. Zodra ITER operationeel wordt, wordt dit het grootste project in kernfusie ter wereld, met een plasmavolume van 840 kubieke meter. De eerste demonstratie van een commerciële fusiecentrale, DEMO genaamd, moet hier dan uit voortvloeien.

Alleen... wanneer zal die fusiestroom dan uit onze stopcontacten komen gerold? Wellicht ten vroegste over dertig, veertig jaar... En dat is dan weer het slechte nieuws...

Figuur 188. De Joint European Torus, een experimentele kernfusiereactor.

Het hart van deze machine is een tokamak van 6 meter en 2,4 meter hoog, omhuld door talrijke verwarmings-, koel- en meetsystemen. De grote oranje structuren bestaan uit ijzer en focussen het magnetische veld dat de hete gassen in het vat beheert, bij temperaturen tot 200 miljoen graden. De hoge witte toren op de voorgrond rechts herbergt de acht neutrale straalverwarmers, die 100.000 volt gebruiken om gas in het vat te schieten. Op de kleinere witte cilinder rechts zijn een aantal spiegels die dienen om lasers op het hete gas te richten, en dan de temperatuur en de dichtheid ervan te meten met behulp van Thompsonscattering. De witte kast links is een apparaat om de energie van neutronen te meten - het essentiële product van fusie. De gesegmenteerde witte toren uiterst links is de Pellet Injection Box, die het experiment aan de gang houdt met kleine, diepgevroren (-260°C) brandstofblokjes. Ernaast zit een wit kader met een reeks zwarte buizen erop die via microgolven warmte op het plasma afsturen. Bovenop de structuur zitten grote waterkoelleidingen en vier gele kranen voor het verplaatsen van onderdelen tijdens onderhoud.

Episode 21: Het Standaardmodel speelt op

We staan op de schouders van reuzen

Grote omwentelingen in het wetenschappelijk denken komen zelden voor. Wetenschappelijke kennis schuift eerder op met ministapjes, kleine bijdragen van onbekend gebleven onderzoekers die daarvoor dag en nacht gewroet hebben in hun laboratoria, aan hun bureau en in discussie met hun al even onbekende collega's. Velen willen Einstein zijn, of Darwin, of Rutherford, maar weinigen bereiken ooit die status. Dat maakt hun bijdrage aan de wetenschappen niet minder interessant, nuttig of noodzakelijk: het is wellicht dankzij al die kleine bijdragen dat we staan waar we nu staan.

Geen enkele theorie komt zo maar uit de lucht gevallen. Evolutionair denken begon niet met Charles Darwin (zelfs diens grootvader had het in zijn geschriften al over evolutie van het leven), en aan de ontdekking van Einstein dat de lichtsnelheid een constante waarde is, gingen talloze experimenten en speculaties vooraf. Priestley, Lavoisier en Scheele struikelden niet zomaar over een hoopje zuurstofgas, maar pasten in een historisch verhaal waarin decennia onderzoek naar het gedrag van gassen en de misvatting van de phlogistontheorie hen gidsten. Wel was het hun genie dat zag wat anderen ontgaan was! Meer nog – zelfs de grote revoluties in het wetenschappelijk denken zijn zelden van dien aard, dat al wat ervoor aan kennis was opgebouwd, naar de sprookjesboeken werd verwezen. De relativistische ruimtetijdmechanica van Einstein zei niet dat de mechanica van Newton fout zat – integendeel. Newtons variant was een bijzonder geval, bij lage snelheden, van de uitgebreidere theorie van Einstein.

In de loop van het verhaal over materie zijn gelijkaardige verhalen naar boven gekomen. Het atoommodel van Dalton is langzaam weggegleden van de notie dat atomen minuscule ondeelbare balletjes zijn: Thomson vond elektronen, Rutherford trof een kern aan met daarin positieve kleinere deeltjes, de protonen. Chadwick voegde er de neutronen aan toe. Yukawa zette de deur open naar pionen, muonen en kaonen, en zelfs die waren niet allemaal elementair – fundamenteel – genoeg: de meeste onder hen bestonden zelf uit quarks. Maar dat houdt ons nog steeds niet tegen om naar believen gebruik te maken van de gasmodellen van Gay-Lussac, Boyle en Avogadro, de methode van Lewis om moleculen te tekenen en het onovertroffen Periodiek Systeem der Elementen van Mendelejev: allemaal negentiende-eeuwse kennis die het nog steeds goed doet in de laboratoria en wetenschapsklassen van de eenentwintigste eeuw, ondanks de ontdekking van heel wat lagen in de structuur van de materie. Bovendien hangen al die elementen van de wetenschappen overheen die verschillende eeuwen samen in een groot kader, elk element steunend op alle andere om samen een consistent beeld te geven van de materie en haar gedrag.

Maar waar eindigt een dergelijke ontwikkeling van ontdekking na ontdekking? Eindigt ze sowieso ergens? Zijn de quark en het lepton de finale ondeelbare deeltjes waar Democritus al naar hengelde? Of bestaan ook zij uit kleinere onderdelen? En hoe "groot" moeten we die dan inschatten? Is het Standaardmodel van de materie het finale antwoord op de vraag "Hoe is de materie rondom ons opgebouwd?" en zo nee, wat is er dan nog te ontdekken?

Unificatie van krachten

Het Standaardmodel is alvast niet het einde van onze zoektocht. Daarvoor zijn er nog te veel open vragen waar het huidige model geen antwoord op kan geven. Een van die vragen gaat over de basiskrachten in de natuur en hoe deze met mekaar interageren. Zoals reeds vermeld in episode 17, bestaan er in de natuur vier fundamentele krachten: de zwaartekracht, de elektromagnetische krachten, de zwakke kernkracht en de sterke kernkracht. De vraag is, hoe zij zich onderling verhouden, en of ze op een bepaalde schaal eigenlijk geen manifestaties zijn van een onderliggende basiskracht.

Het langst zijn we al bekend met de zwaartekracht. Dit is de zwakste van de vier, maar heeft een zeer groot bereik. Over grote afstanden is de zwaartekracht het effectiefst. De tweede is de elektromagnetische kracht, verantwoordelijk voor elektrische en magnetische effecten, zoals de afstoting tussen gelijke elektrische ladingen of de wisselwerking van staafmagneten. Elektromagnetisme werkt over grote afstanden, kan aantrekken en afstoten, maar is enkel actief tussen stukken van materie die een elektrische lading dragen. De zwaartekracht is de belangrijkste krachtbepalende structuur over grote afstanden. De sterke kernkracht is de sterkste van de vier, maar alleen op afstanden van 10^{-13} centimeter, net genoeg om de kerndeeltjes in een atoomkern bij mekaar te houden. Op nog kortere afstanden beginnen die deeltjes mekaar zelfs af te stoten. Het is verantwoordelijk om de kernen van atomen samen te houden. De zwakke kernkracht bepaalt het verloop van radioactief verval en van interacties tussen neutrino's. Ook deze kracht heeft een zeer kort bereik en is bovendien, zoals de naam al aangeeft, minder sterk dan de sterke kernkracht.

Stilaan is onder natuurkundigen het idee gegroeid dat deze verschillende krachten echter varianten op hetzelfde thema zijn, en dat er een oervorm bestaat waarvan de vier vermelde krachten een variant zijn, een ontwikkeling die begonnen is bij de Big Bang. Na de oerknal is ons heelal beginnen uitdijen. Na fracties van seconden ontstonden de eerste materiedeeltjes (quarks en leptonen), na 3 minuten zaten deze reeds aan mekaar gebonden in waterstof- en heliumkernen. Na 300.000 jaar ontstonden de eerste waterstof- en heliumatomen. Een miljard jaar later vormden zich hieruit proto-melkwegstelsels en de eerste sterren (die de geboorteplaats werden van zwaardere elementen dan waterstof en helium). Naarmate het universum afkoelde en uitdijde, splitsten zich ook de krachten een voor een van deze oervorm af (Figuur 189).

Naarmate de kennis over de krachten zich ontwikkelde, ontstonden er echter verschillende theorieën over hoe deze krachten toch nog een onderlinge samenhang vertoonden. De eerste stap daarin werd gezet door

James Clerk Maxwell, die al in de jaren 1860 begreep dat magnetische en elektrische krachten twee zijden van dezelfde medaille zijn. De volgende stap werd gezet door Sheldon Glashow, Abdus Salam en Steven Weinberg die begrepen dat er bij een temperatuur van 10^{15} K geen onderscheid meer zou bestaan tussen elektromagnetische interacties en de interacties ten gevolge van de zwakke kernkracht. Het leverde hen in 1979 de Nobelprijs voor Natuurkunde op. De combinatie van beide wordt de elektrozwakke kracht genoemd. Zoals David Griffiths het uitdrukte in zijn boek *Introduction to Elementary Particles*:

"Leptons have no color, so they do not participate in the strong interactions; neutrinos have no charge, so they experience no electromagnetic forces; but all of them join in the weak interactions."

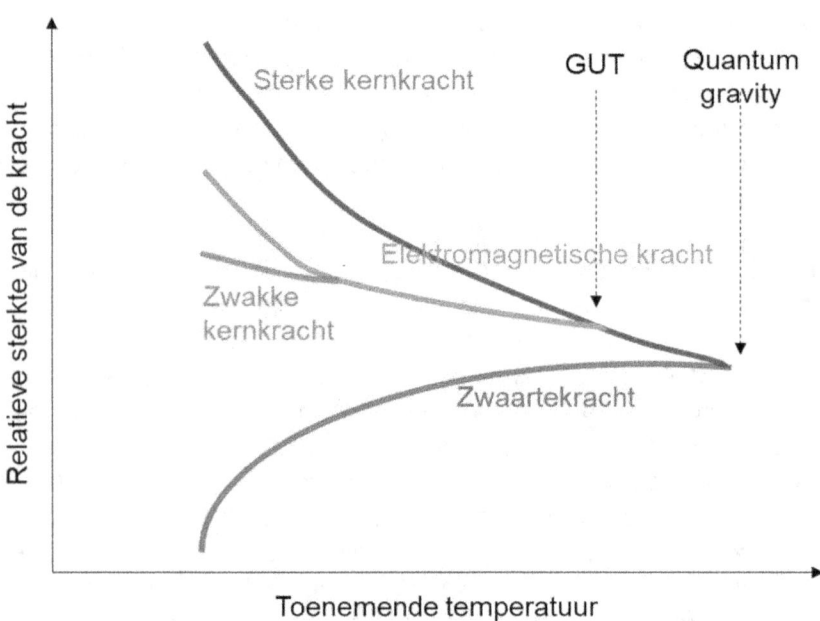

Figuur 189. *Vereniging van de vier fundamentele krachten*

Samen met Howard Georgi ging Sheldon Glashow nog een stap verder. Beide wetenschappers werkten samen de vereniging uit van sterke, zwakke en elektromagnetische krachten, wat zou moeten gebeuren bij energieën boven 10^{14} GeV (temperaturen boven de 10^{27}K). De huidige experimenten gebeuren bij veel lagere energieën, maar laten wel af en toe zien dat deze denkrichting juist zou kunnen zijn.

Gebeurtenis	Tijd sinds begin universum	Temperatuur (in GeV) *
Alle krachten verenigd	~ 0	~ oneindig
Zwaartekracht splitst af van de algemene geünificeerde kracht (GUT)	10^{-43} s	10^{19}
Sterke kernkracht splitst af van de elektrozwakke kracht	10^{-35} s	10^{14}
Zwakke kernkracht en elektromagnetische kracht splitsen af	10^{-11} s	100
Huidig universum	10^{10} jaren	10^{-12}

Een eenheidskracht waar ook de zwaartekracht bij gerekend kan worden, de zogenoemde kwantumzwaartekracht (*quantum gravity*) is nog niet voor meteen. De vereniging van elektromagnetisme, zwakke en sterke kernkrachten past nog binnen het standaardmodel van quarks en leptonen.

De theoretische uitwerking, en vooral het experimenteel bewijs voor het bestaan van een kwantumzwaartekracht van een geheel ander niveau. Experimenten rond de verdere vereniging van alle krachten samen vereisen zelfs zulke extreme condities, dat experimenten op onze planeet gewoonweg onmogelijk zijn. Bevestiging van dergelijke theorieën zal dan ook moeten komen van indirecte waarnemingen, of van analyse van kosmische verschijnselen. En zo is de fysica van de allerkleinste deeltjes plots gekoppeld aan de fysica van het hele universum. Maar ook de theoretische kant vergt een verdere uitbreiding van onze inzichten in de structuur van de materie, buiten de grenzen van het Standaardmodel.

Donkere materie

Een tweede element dat aangeeft dat we het standaardmodel verder moeten uitbreiden, is het mogelijke bestaan van donkere materie. Kosmologen hebben de stelling naar voren geschoven dat ons heelal voor 95% moet bestaan uit donkere materie (*dark matter*, 26,8%) en donkere energie (*dark energy*, 68,3%) – materie en energie die geen licht afgeven, en waarvan we het bestaan enkel kunnen afleiden uit kosmologische verschijnselen zoals gravitatielenzen (figuren hieronder) of de verdeling van massa in de armen van spiraalvormige melkwegstelsels (figuur verderop).

Volgens de algemene relativiteitstheorie volgt het licht de kromming van de ruimtetijd. Massa buigt die ruimtetijd, dus zal licht dat langs een massief object gaat, mee gebogen worden, net als door een gewone lens. In tegenstelling tot een optische lens produceert een zwaartekrachtlens echter een maximale afbuiging van het licht dat het dichtst bij die massa komt, en een minimale buiging van het licht dat het verst ervan verwijderd is. Maar waar komt plots die donkere materie vandaan, en waarom is daar zo veel van?

De massa van een boson

Ten slotte is er wat natuurkundigen het hiërarchieprobleem noemen. Dat komt neer op de vraag waarom de zwakke kernkracht 10^{24} maal sterker is dan de zwaartekracht, en waarom is de massa van het EBH-boson zo klein (en toch niet nul)? Volgens het Standaardmodel zou de massa van dit boson zelfs oneindig groot moeten zijn (maar volgens de experimenten met de Large Hadron Collider is deze slechts 0,125 TeV). Opnieuw ligt de verklaring buiten de grenzen van het Standaardmodel, en moeten we dieper in de theorie duiken.

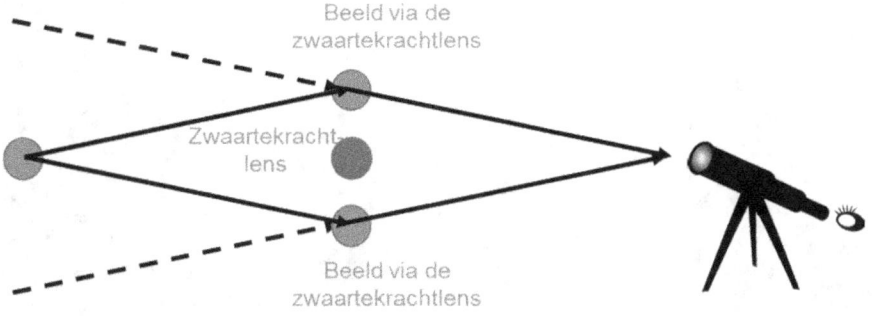

Figuur 190. Werking van een gravitatielens

Figuur 191. Effect van een zwaartekrachtlens

Deze foto toont hoe de zwaartekracht van een heldere rode melkweg het licht van een achterliggende blauwe melkweg zodanig ombuigt, dat het blauwe licht bijna een volle cirkel (een hoefijzer) rondom de zwaartekrachtlens vormt. Vermits Einstein dergelijke beelden meer dan 70 jaar geleden al voorspeld heeft, noemt men zo een hoefijzer ook wel een Einsteinring.

Figuur 192, Vera Rubin

Vera Cooper Rubin (23 juli 1928, Philadelphia, Pennsylvania, USA – 25 december 2016, Princeton, New Jersey, USA) was een Amerikaanse astronome die in de jaren 1970 vaststelde dat er een discrepantie bestond tussen de snelheid waarmee spiraalvormige melkwegen ronddraaiden en de veronderstelde massa aan gassen en sterrenstelsels. Enkel door de aanwezigheid van donkere materie kan die snelheid correct worden voorspeld. Op de foto zien we Anne Kinney (NASA Goddard Space Flight Center, Greenbelt, Md) Vera Rubin (Dept. of Terrestrial Magnetism, Carnegie Institute of Washington), Nancy Grace Roman (Retired, NASA Goddard) Kerri Cahoy, (NASA Ames Research Center, Moffett Field, Califomië) en Randi Ludwig. (University of Texas, Austin, Texas). Deze foto werd genomen op de NASA Sponsors Women in Astronomy and Space Science 2009 Conference, gehouden aan de University of Maryland tussen 21 en 23 oktober 2009.

Figuur 193. Messier 101

Melkwegstelsel Messier 101 (M101, ook bekend als NGC 5457, of met zijn bijnaam "Pinwheel Galaxy") is een voorbeeld van een spiraalvormige melkweg.

Episode 22. Supersymmetrie: oplossing of straat zonder einde?

Om de verdere theoretische ontwikkelingen beter te begrijpen, moeten we het even over symmetrie hebben, en de verschillende vormen die symmetrie kan aannemen.

Symmetrie is een term die we kennen uit het dagelijkse leven. Iets is symmetrisch als zijn vormen in balans zijn, evenwichtig, harmonieus. In de wiskunde heeft symmetrie echter een veel striktere definitie: iets is symmetrisch als een meetkundige transformatie (rotatie, translatie, herschaling of spiegeling) leidt tot een gelijkvormige structuur. Neem bv. enkele letters: A, H, I en X zijn minstens op een manier zo te spiegelen dat we de letter leesbaar terugvinden. N, S en Z kunnen via een rotatie worden omgezet in een identieke vorm. Maar Q, F en G zijn op geen enkele manier symmetrisch.

Nu is symmetrie (of invariantie, zoals fysici eerder zouden zeggen) geen onbekend gegeven in de natuurkunde. Heel wat wetten zijn van nature symmetrisch opgebouwd. Zo zijn er verplaatsingen in tijd en ruimte. De resultaten van een experiment en de uitkomst van een fysische berekening veranderen niet wanneer we ze verplaatsen. De wetten van de beweging veranderen niet omdat we ons verplaatsen. Een elektrisch veld rond een stroomgeleidende koperdraad is cilindrisch symmetrisch: het verandert enkel van sterkte met de afstand tot de draad (in overeenstemming met de bijbehorende vergelijking).

Figuur 194. Meetkundige symmetrie in het hart van de zonnebloem

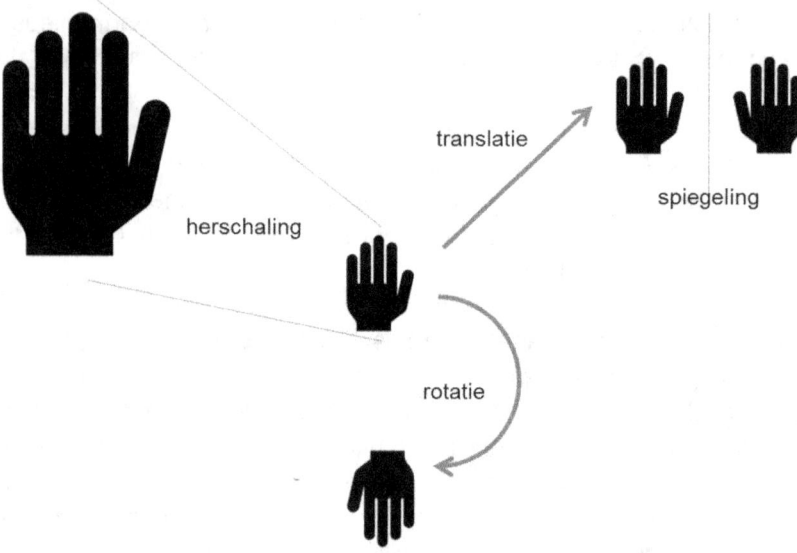

Figuur 195. Verschillende vormen van symmetrie.

Hoe zit het dan met een spiegeling in de ruimte? Op het eerste gezicht gedragen spiegelingen zich anders dan het gespiegelde voorwerp. De wijzers van een klok draaien in de tegenovergestelde richting, en de cijfers zijn onleesbaar. Maar mochten we die gespiegelde klok nabouwen naar een bestaand model, maar dan een gespiegelde versie nemen van elke veer en elk tandwiel en die op de gespiegelde posities inbouwen, dan zouden beide klokken zich in se identiek gedragen. Ze zullen gelijkmatig tikken en, zij het gespiegeld, netjes de tijd aangeven.

Naast deze symmetrierelaties die we kennen uit de wiskunde, zijn er nog verschillende typisch fysische symmetrievormen. Zo veranderen eigenschappen van deeltjes niet als ze van plaats wisselen (of zich op gespiegelde posities bevinden). Dit heet pariteitssymmetrie (*parity* of *P symmetry*).

Figuur 196. Duidelijk een geval van gebroken pariteitssymmetrie.

De wetten van de fysica veranderen ook niet als de deeltjes van lading wisselen. Zo weten we uit de elektrostatica dat deeltjes met gelijke lading mekaar afstoten – of ze nu beide positief dan wel negatief geladen zijn. Dit heet ladingssymmetrie (*charge* of *C symmetry*). Op kwantumschaal voerde Paul Dirac een ladingssymmetrie in door de kwantummechanica en de relativiteitstheorie te combineren en zo het positron te voorspellen, als equivalent van het elektron (maar met tegengestelde lading). Ook het quarkmodel van Gell-Mann uit 1964, en het finale ontstaan van het Standaardmodel in de jaren 1970, zijn gebaseerd op, onder andere, overwegingen rond symmetrie.

Ten slotte is de richting van de tijd onbelangrijk, wat wordt aangeduid met tijdssymmetrie (*time reversal* of *T symmetry*). Of we nu vooruit rekenen of terugrekenen, de wetten van de fysica blijven dezelfde en het verloop van de tijd speelt geen rol. In individuele berekeningen klopt dat inderdaad (zeker op onze mensenschaal): als je een momentopname ziet van biljartballen die bewegen op hun groene laken, kan je netjes uitrekenen wat er zal gebeuren, en wat er aan dat moment voorafging. Je kan (tot zekere hoogte) zelfs niet uitmaken of je opname vooruit spoelt of terugspoelt.

Nu, voor connoisseurs van natuurkunde en meer bepaald van thermodynamica: inderdaad, verleden en toekomst zijn niet volledig omwisselbaar wanneer we ons bezighouden met levensechte situaties. Er is een ordenend principe aanwezig in de natuur dat de richting van de tijd duidelijk markeert: entropie. In principe verbreekt dit elke vorm van tijdsgebonden symmetrie. Anders gezegd: als we naar het volledige plaatje kijken, is het altijd duidelijk wat verleden is en wat toekomst. Hier nu dieper op ingaan zou ons hier echter te ver leiden.

Zodra blijkt dat een symmetrie niet volledig kan worden doorgetrokken, of dat onder bepaalde voorwaarden de symmetrie hapert, spreken we over gebroken symmetrie. Een voorbeeld vinden we hiervan in de atoomkern. Voor de sterke kernkrachten zijn proton en neutron gelijk van aard. Ze zijn, op dat vlak, uitwisselbaar. Maar voor elektromagnetische krachten zijn beide deeltjes zeer verschillend van aard: het proton is geladen en het neutron niet. Ook verschillen beide deeltjes licht in massa. Er komt zo een einde aan de symmetrie tussen beide deeltjes. En zoals we in de vorige alinea al moesten vaststellen, is tijdssymmetrie in vele gevallen gebroken.

Sinds de ontwikkeling van het Standaardmodel hebben theoretische natuurkundigen het symmetrieconcept verder doorgetrokken om op basis van deze inzichten structuur aan te brengen in de wildgroei aan deeltjes die zich begon te manifesteren. Het uiteindelijke resultaat was de supersymmetrietheorie van Savas Dimopoulos en Howard Georgi uit 1981.

Figuur 197. Een Newtonpendel.

Zeg het maar zelf – hoe beweegt die bal aan de linkerkant, naar links of naar rechts?

Nochtans kan het antwoord enigszins bevreemdend overkomen: om te verklaren waarom er zo veel verschillende deeltjes bestaan... veronderstellen ze dat er nog meer bestaan. Ze gaan ervan uit dat elk elementair deeltje een nog onbekende partner heeft – een zogenoemde supersymmetrische partner. Ze noemen deze superpartikels of, afgekort, sparticles. Elk boson heeft daarbij een fermion als superpartner en elk fermion dan weer een boson.

Zo ontstaat er een symmetrie tussen bosonen en fermionen.

Bosonen en hun superpartners

Naam	Spin	Superpartner	Spin
Graviton	2	Gravitino	3/2
Foton	1	Fotino	1/2
Gluon	1	Gluino	1/2
$W^{+/-}$	1	$Wino^{+/-}$	1/2
Z^0	1	Zino	1/2
Higgs	0	Higgsino	1/2

Fermionen en hun superpartners

Naam	Spin	Superpartner	Spin
Elektron	1/2	Selectron	0
Muon	1/2	Smuon	0
Tau	1/2	Stau	0
Neutrino	1/2	Sneutrino	0
Quark	1/2	Squark	0

Supersymmetrie biedt de natuurkunde alvast een oplossing voor een aantal van de vragen die de dag van vandaag op tafel liggen. Via het supersymmetrische model kunnen we de unificatie van de vier fundamentele krachten theoretisch onderbouwen. Supersymmetrie biedt ons namelijk een inkijk in de diepste structuren en de kleinste afmetingen van de materie. Volgen we namelijk enkel het Standaardmodel, dan is de kleinste relevante afstand, die waarop quarks en leptonen met mekaar interageren, 10^{-17} m. Nochtans bestaat er een kleinere "kleinste afstand": de Plancklengte ℓ_P, te weten $1,616\ 228\ 37 \times 10^{-35}$ m. Het is de de kleinste betekenisvolle eenheid van lengte binnen verschillende theorieën rond de structuur van de materie (zoals de snarentheorie, die we in het volgende stukje behandelen). Supersymmetrie dicht daarmee de grote kloof tussen het Standaardmodel en dit ultiem relevante niveau.

$$\ell_P = \sqrt{\frac{\hbar \cdot G}{c^3}}$$

De waarde van de Plancklengte ℓ_P is berekend op basis van de drie universele constanten van de algemene relativiteitstheorie en de kwantumfysica: de lichtsnelheid c, de gravitatieconstante G en de constante van Dirac, h-bar ($\hbar$). Hierbij zijn

$\hbar$ = 1,054×10^{-34} J s
G = 6,674×10^{-11} m^3 s^{-2} kg^{-1}
c = 299 792 458 m s^{-1}

Hiernaast bestaan er ook uitdrukkingen voor, onder andere, de Planckmassa m_P (de grootst mogelijke massa die een deeltje ter grootte van de Plancklengte kan hebben) en de Plancktijd t_P (de kortste tijdsduur die een betekenisvolle rol speelt in onze natuurkunde):

$$m_P = \sqrt{\frac{\hbar \cdot c}{G}} = 2{,}716 \cdot 10^{-8} \; kg$$

$$t_P = \sqrt{\frac{\hbar \cdot G}{c^5}} = 5{,}391 \cdot 10^{-44} \; s$$

Deze eenheden zijn gedefinieerd op basis van fundamentele natuurkundige constanten, in tegenstelling tot de gewone kilogram, meter, enz... die eigenlijk eerder arbitrair gekozen zijn en vaak een hele historische bagage meeslepen.

Doordat het supersymmetriemodel uitspraken kan doen over die kleine afstanden, kan het ook inzichten verschaffen in de grote verschillen tussen krachten en de schaal waarop ze werkzaam en voelbaar zijn. In het vorige stukje noemden we dit het hiërarchisch probleem. De theorie laat zelfs toe om uitspraken te doen over de unificatie van de vier krachten. Voeren we de juiste berekeningen uit via de Supersymmetrie, dan vinden we dat die krachten zich inderdaad verenigen op afstanden van enkele honderden Plancklengtes. Daarmee draagt het model bij aan het oplossen van een van de problemen van het Standaardmodel.

Figuur 198. Een replica van de eenheid van massa, de kilogram, bewaard in Parijs, Frankrijk.

Een ander probleem was de onberekenbare massa van het EBH-boson (toch onder de voorwaarden van het Standaardmodel). Supersymmetrie houdt echter rekening met het bestaan van heel wat virtuele deeltjes (die mekaar uitschakelen in de uiteindelijke berekening), waardoor de massa van het EBH-boson een pak lager komt te liggen. Supersymmetrie blijkt overigens de massa van dit deeltje juist te hebben voorspeld, in overeenstemming met de experimentele resultaten van de Large Hadron Collider. De supersymmetrie biedt ons dus ook een oplossing voor dit probleem.

Ten slotte zouden de superpartners van het supersymmetriemodel een verklaring kunnen bieden voor de overmaat aan donkere materie in ons heelal. Hiervoor worden de neutralino's naar voren geschoven: een reeks van vier fermionen, alle elektrisch neutraal en bestaande uit combinaties van de fotino, de neutrale zino en de neutrale higgsino.

Jammer genoeg blijven er ook na het doornemen van het supersymmetrieverhaal heel wat vragen en opmerkingen over. De belangrijkste is echter deze: waar zijn al die spartikels? Als de symmetrie in het nieuwe model volmaakt was, zouden de superpartners, op hun spin na, volledig gelijke kwantumeigenschappen bezitten. Maar een selektron (bosonisch elektron) met een massa die even groot is als die van een elektron, dàt zouden we al lang hebben zien opduiken in onze deeltjesversnellers. En dat is niet het geval. Tot op heden is er namelijk nog geen enkele superpartner waargenomen, zelfs niet met de Large Hadron Collider (en die bereikt minstens al voldoende hoge energieniveaus om de lichtste superpartners te kunnen voortbrengen). De nieuwe spartikels zijn dus wellicht veel zwaarder dan hun gekende tegenhangers.

Theoretisch gezien wil dat zeggen dat supersymmetrie tot op zekere hoogte gebroken is (er is een duidelijk verschil in massa tussen beide superpartners) en we hebben dus weer een nieuwe theorie met een nieuwe verklaring nodig waarom dat zo is. Veel erger is echter, dat zonder experimenteel bewijs voor het bestaan van de superpartikels alle andere verwezenlijkingen van het model in het gedrang komen, zoals de verklaring voor de massa van het EBH-boson. Kortom, het is dit gebrek aan experimenteel bewijs dat de supersymmetrie stilaan op losse schroeven zet.

Episode 23: Snaren en branen

Naast de supersymmetrie is er een tweede theorie die op zoek gaat naar een unificatie van de vier fundamentele natuurkrachten in de natuurkunde in één allesomvattende theorie. Bovendien slaagt deze theorie er ook in om de wereld te beschrijven tot op de Plancklengte (zie vorig stukje). Dat is de snarentheorie (in het Engels *string theory*). Ze slaagt er inderdaad in om de grote theorieën uit de moderne fysica, de kwantummechanica en de relativiteitstheorie, te verenigen in een geconsolideerd verhaal.

Snaren zijn inderdaad wat we ons intuïtief voorstellen bij het woord: draadvormige elementen die kunnen trillen, net zoals de snaren van een piano, een banjo of een ukelele. Daarmee neemt de theorie afstand van de traditionele voorstelling van een elementair deeltje als puntmassa's zonder interne structuur: deeltjes zijn nu trillende snaren van 10^{-33} cm lang, en de manier waarop de snaar trilt bepaalt de identiteit van het deeltje en zijn eigenschappen (massa, spin, lading, kleur, smaak...). Niet alleen de krachten worden dus door de snarentheorie verenigd in één enkele basiskracht, maar ook worden de verschillende deeltjes uit het Standaardmodel teruggebracht op één enkele structuur.

De eerste onderzoekers die in 1969–70 onafhankelijk van mekaar met dit idee voor de dag kwamen, zijn Yoichiro Nambu, Holger Bech Nielsen en Leonard Susskind. Ze bouwden hiermee voort op de inzichten van Gabriele Veneziano en verklaarden de interactie van de kerndeeltjes via de sterke kernkrachten aan de hand van het bestaan van snaren van 1 femtometer (10^{-15} m) lang.

Daarnaast bleek uit hun berekeningen dat er een deeltje zou bestaan zonder massa maar met een spin van 2 (iets wat tot dan toe ongehoord was en vooral onverwacht). Daarmee waren ze hun tijd ver vooruit. Hun ideeën werden daarom in 1973 tijdelijk langs de kant geschoven toen de kwantumchromodynamica (de theorie rond de kleuren van de quarks) in zwang kwam met een alternatieve verklaring voor de werking van de sterke kernkrachten.

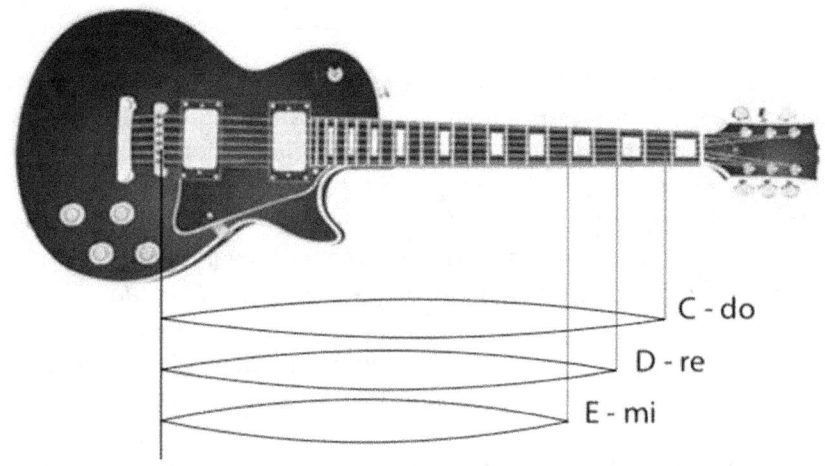

Figuur 199. De snarenanalogie.

Net zoals een snaar op een instrument verschillende noten kan voortbrengen, brengt een string meerdere deeltjes voor, afhankelijk van de manier waarop hij trilt.

Het deeltje met spin 2 bleek echter sindsdien een goede kandidaat te zijn voor het (nog nooit waargenomen) graviton, het krachtvoerende deeltje dat bij de zwaartekracht hoort. Dit bleek in 1974 dankzij het werk van John H. Schwarz en Joel Scherk, en tegelijkertijd van Tamiake Yoneya.

Die eerste snarentheorieën hielden zich wel enkel bezig met bosonen, niet met de fermionen (zoals quarks) en de leptonen (zoals elektronen). Bovendien zaten er nog enkele scherpe problematische kanten aan deze "bosonische snarentheorie": de theorie vereiste bijvoorbeeld het bestaan van tachyonen (deeltjes die zich sneller voortbewegen dan het licht), en vergde het bestaan van maar liefst 25 dimensies. Door ook de fermionen mee in de theorie op te nemen (een strategie die ook aan de basis lag van de ontwikkeling van Supersymmetrie), ontstond het begrip supersnaar.

Figuur 200. De grondleggers van de snarentheorie.

Bovenaan links: Gabriele Veneziano (7 september 1942, Firenze, Italië) lag aan de basis van het ontstaan van de snarentheorie. In 1991 werkte hij een theorie uit die de link legde tussen snarentheorie en het bestaan van een uitdijend heelal, vertrokken vanuit een Big Bang. Hieruit kon hij scenario's afleiden voor wat er zich voor die Big Bang zou kunnen hebben afgespeeld.

Bovenaan rechts: Holger Bech Nielsen (25 augustus 1941, Kopenhagen, Denemarken). De man heeft niet enkel een indrukwekkende carrière als onderzoeker, maar staat in Denemarken ook bekend voor zijn enthousiaste publieke lezingen over snarentheorie. In 2009 werkte hij samen met zijn collega Masao Ninomiya een radicale theorie voor om de schijnbare onwaarschijnlijke reeks problemen te verklaren waarmee de Large Hadron Collider mee bleef kampen bij de zoektocht naar het Englert-Brout-Higgsboson. Nielsen en Ninomaya suggereerden in hun publicaties dat dit deeltje voor de natuur dermate weerzinwekkend zou zijn dat de schepping ervan achterwaartse golven in de tijd zou opwekken, die het ontstaan van het deeltje zelf zouden tegenhouden en de collider zou stoppen voordat het toestel er een kon creëren.

Onderaan links: Leonard Susskind (1940, Bronx, New York City, USA) tijdens een college aan Stanford University.

Naast zijn eminente wetenschappelijke carrière investeert Susskind nog behoorlijk wat tijd in het toegankelijker maken van de natuurkunde voor het brede publiek. Zijn boek Classical Mechanics: The Theoretical Minimum, was een bestseller in de Verenigde Staten. Daarnaast heeft hij een lessenreeks rond natuurkunde op Youtube. Hij houdt zicht wel aan een gezond principe: "Don't let our light-hearted humour fool you into thinking that we're writing for airheads. We're not. Our goal is to make a difficult subject 'as simple as possible, but no simpler'."

Onderaan rechts: Yoichiro Nambu (18 januari 1921, Tokyo, Japan – 5 juli 2015, Osaka, Japan) is van deze vier de enige die reeds een Nobelprijs mocht ontvangen (in 2002), maar niet voor zijn bijdrage aan snarentheorie, maar voor zijn wiskundig werk dat verklaart hoe de symmetrie van natuurkundige wetten kan geschonden worden.

De verdere ontwikkeling, onder andere door Ferdinando Gliozzi, Joel Scherk, and David I. Olive, leidde vanaf het eind van de jaren 1970 tot het ontstaan van maar liefst vijf supersnaartheorieën. Deze moderne vormen van snarentheorie vereisen niet langer meer het bestaan van tachyonen, maar gaan wel nog uit van het bestaan van tien dimensies (en vertellen ons ook waar we die moeten zoeken), maar daar hebben we het verderop nog over. Het was desondanks wachten tot 1984 vooraleer de snarentheorie in brede natuurkundige kringen aanvaard werd als een waardige basis voor een grote, allesomvattende theorie over materie en krachten.

Snaren en branen in 10 dimensies

Voor we verder uitwerken hoe de snarentheorie eruitziet en wat ze betekent voor onze inzichten in de structuur van de materie, is het nodig om even bij een belangrijk gegeven stil te staan. Kwantummodellen van de materie zijn bij uitstek gebaseerd op wiskundige vergelijkingen en moderne wiskundige methoden. Net als in de rest van de tekst onthouden we ons echter van een wiskundige aanpak, die ons te ver zou leiden (en bovendien enkele jaren studie zou vergen). De beschrijvingen die we hier geven, zijn intuïtieve voorstellingen die wetenschappers zich maken op basis van de uitkomsten van vaak lange en moeilijke berekeningen – ook het hele idee van de snaren zelf! We moeten ons realiseren dat het zelfs de oorspronkelijke onderzoekers in de jaren 1970 twee jaar gekost heeft voor ze begrepen dat de vergelijkingen die ze afleidden uit hun theorieën en modellen, effectief een eendimensionaal uitgerekt object beschreven, dat zich gedroeg als een snaar. Toch blijken die exotische berekeningen wel te werken!

Snaren kunnen zowel open als gesloten zijn. Open snaren (links in onderstaande schets) hebben twee duidelijke eindpunten, terwijl gesloten snaren (rechts) gesloten krommen beschrijven.

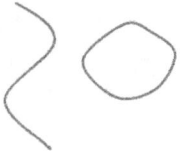

Een snaar beweegt zich voort op het oppervlak van een wereldvlak

Snaren interageren met mekaar door zich met mekaar te verbinden of door weer uit mekaar te gaan.

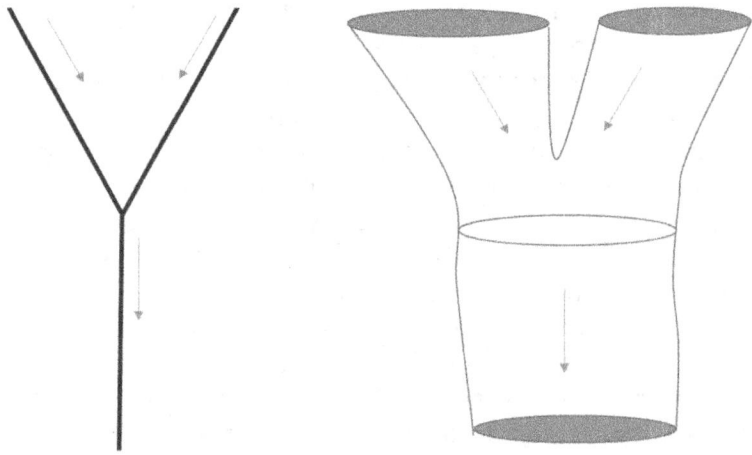

De tekening links geeft weer hoe klassieke deeltjesfysici kijken naar de interactie van deeltjes: twee punten die zich langs een wereldlijn bewegen en, in dit geval, fusioneren op een bepaald moment. Rechts zien we twee gesloten snaren die versmelten, in een meerdimensionale wereld.

Hoe vreemd het hele snarenverhaal echter ook overkomt, bedenk even het volgende: deeltjes hebben geen dimensies, en zouden dus moeten interageren op een afstand nul, een afstand waarop de zwaartekracht geen betekenis heeft. Interacties tussen snaren gebeuren in een volume groter dan enkel een puntmassa – in een kubusje met een ribbe dx. En wat zei Heisenberg weer? Op elke plaatsbepaling zit een onzekerheid, een afwijking, en die kan niet nul zijn. Door het invoeren van strings voldoet het hele verhaal over elementaire deeltjes weer wat beter aan de wetten van de kwantummechanica.

M-theorie

In 1995 bracht Edward Witten ten slotte deze vijf theorieën in verband met elkaar en leidde daaruit een nieuwe vorm af, M-theorie, die het bestaan van nog een extra, elfde dimensie invoert.

M-theorie beschrijft niet alleen de snaren zelf. Volgens de theorie bestaan er meer algemeen entiteiten met een verschillende dimensionaliteit, gaande van nul tot negen dimensies. Dit zijn p-branen. Deze term is afgeleid van het begrip membraan, en dat is een goede voorstelling voor een braan met twee dimensies (een vlak). Een snaar is een één-braan met slechts één dimensie, een punt (zonder dimensies) is een nulbraan.

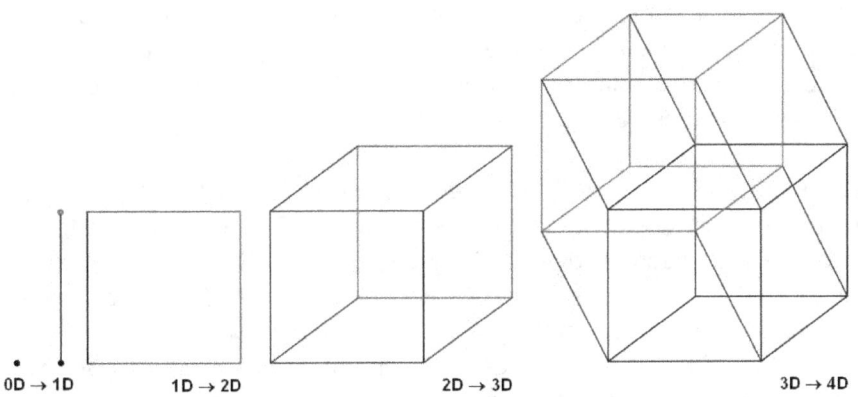

Figuur 201. Van nul naar vier dimensies.

Hogere dimensies zijn nogal moeilijk over te brengen op een plat vlak... zoals een bladzijde in een boek of een computerscherm. Desalniettemin kunnen we die vier dimensies best begrijpen: het gaat dan over de drie ruimtelijke dimensies en één die het verloop van de tijd voorstelt.

Een speciale klasse van p-branen is die van de D-branen. In het algemeen is een D-braan een p-braan waarop de uiteinden van open snaren zitten. Deze D-branen hebben maximaal één dimensie minder dan het universum (dus 9 in plaats van 10 volgens de supersnarentheorieën). Deze D-branen kunnen interageren met de zwaartekracht.

Dit is overigens niet meer dan logisch, vermits de zwaartekracht volgens de snarentheorie wordt voorgesteld door een gesloten snaar (het reeds vermelde graviton). Snaren worden daarbij ééndimensionale objecten die vastzitten aan een meerdimensionaal D-braan en alleen binnen dat braan kunnen trillen.

Dit concept van branen komt eigenlijk uit een tak van de fysica die de zwaartekracht via de principes van de Supersymmetrie beschrijft (de supergravitatie). Een 2-braan op macroscopische schaal kan je je voorstellen als een groot vlak, een soort van muur, die ons universum in twee delen splitst. Ook een zwart gat kan je in dit licht beschouwen. Zwarte gaten zijn gebieden in ons universum waar zodanig veel massa in geconcentreerd zit, dat de door die massa opgewekte zwaartekracht niets, zelfs geen licht, laat vertrekken. Alles wordt door het zwarte gat aangetrokken, en zodra een voorwerp (al is het een lichtdeeltje) een bepaalde grens voorbij is, kunnen we het niet meer waarnemen. Die grens noemt men de waarnemingshorizon, en die kan als braan beschouwd worden. Die splitst namelijk ons universum op in twee delen: alles binnen de horizon en alles daarbuiten.

Niet dat die superzwaartekrachtbranen beperkt blijven tot drie dimensies: ook deze theorie werkt al met hogere dimensies. Deze superzwaartekracht wordt ook wel beschouwd als de lage-energievariant van de snarentheorie. Experimenten en waarnemingen die passen binnen de superzwaartekracht zijn typisch gekoppeld aan gebeurtenissen die bij lage energieën al plaatsvinden. Maar herinner u de hoge energieën die nodig zijn om bv. de effecten van zwaartekracht op de schaal van quarks en snaren te bestuderen... deze zijn wellicht onmogelijk te bereiken op aarde.

Van vier naar elf dimensies: compactificatie

Rest er nog de vraag hoe we een universum met zovele dimensies moeten laten passen in het onze, met vier dimensies. Daartoe moeten we de overtollige afmetingen beschouwen als "compact".

Dit vergt even een (alweer intuïtieve) definitie die we lenen van de topologie, een tak van de wiskunde die zich bezighoudt met veranderingen van vormen. Die zegt, dat een compacte vorm eindig en afgesloten is, zoals een bol of een torus (een donut, voor de niet-wiskundigen). Die zijn eindig, want ze nemen een duidelijk afgebakend volume in de ruimte in. Maar tegelijk zijn ze wel onbegrensd, vanuit het standpunt van een wezen dat zich op het oppervlak van die vorm bevindt.

Wellicht hebt u dit zelf al ervaren, zij het in onze normale dimensies. Als aardbewoners leven wij allemaal op een dergelijke compacte vorm (een bol, met name onze planeet).

Figuur 202. Een torus. Of een donut, dus.

Los van een handvol gelukkigen, bewegen wij ons allen voort in een zeer dunne laag rondom het oppervlak (de atmosfeer). We zijn zelfs zo gewend aan die manier van ons voortbewegen, dat we spontaan denken in twee dimensies. We hebben er zelfs allerlei hulpmiddelen voor ontworpen, zoals kaarten en atlassen: tweedimensionale voorstellingen van het aardoppervlak. Als we ons verplaatsen over het aardoppervlak, kunnen we eindeloos blijven doorgaan: er is geen grens, geen plaats waar we van de planeet afvallen. Het oppervlak is onbegrensd voor wie in twee dimensies denkt. Tegelijk is de aardbol wel degelijk eindig – hij heeft een meetbaar volume en dito oppervlak!

Nu vereisen de vergelijkingen van de snarentheorie meer dan de vier dimensies van onze intuïtieve dagelijkse ervaring. De dimensies daarbuiten worden dan de extra afmetingen genoemd. Om deze mismatch in dimensies op te lossen wordt er meestal van uitgegaan dat de extra afmetingen zo klein zijn dat we ze niet kunnen detecteren in huidige experimenten. In het bijzonder wordt aangenomen dat de extra afmetingen worden beschreven door een compacte zesdimensionale manifold (zie Figuur 204).

Figuur 203. De onbereikbare einder bewijst dat de aarde onbegrensd is (in twee dimensies).

Figuur 204. 2D-projectie van een Calabi-Yau-manifold

Een projectie van zes dimensies op een tweedimensionaal vlak (deze pagina) is uiteraard slechts in staat om een fractie van de complexiteit weer te geven. en voor een extra visualisatie is er deze video:

https://www.youtube.com/watch?v=b0wpV50Num4

Hoe ziet een dergelijke zesdimensionale compacte, eindige en onbegrensde vorm er dan uit? Daar hebben we alleszins een idee van: het is een zesdimensionale Calabi-Yau-manifold (voorgesteld op Figuur 204). De overtollige dimensies kunnen via zo een structuur worden ingekrompen tot een ruimte ter grootte van een snaar (10^{-33} cm). Daarbij blijft er een kleine "bal" van zes overtollige dimensies over, inderdaad te klein voor ons vermogen tot waarnemen We plooien als het ware zes dimensies van de tiendimensionale ruimte op. Daarbij blijft er onze "normale" vierdimensionale ruimte over.

Figuur 205. Eugenio Calabi en Shing-Tung Yau

Links: Eugenio Calabi (11 mei 1923, Milaan, Italië), professor emeritus aan de Universiteit van Pennsylvania.

Rechts: Shing-Tung Yau (4 april, 1949, Shantou, Provincie Guangdong, China), de man die de Stelling van Calabi bewees en daarmee de wiskundige basis onder de snarentheorie sterker maakte. Hij bekleedt op dit moment de positie van William Caspar Graustein Professor of Mathematics aan Harvard.

Ook snarentheorie heeft zo zijn zwakke punten. Om te beginnen steunt de theorie sterk op de concepten van de Supersymmetrie. Blijkt Supersymmetrie niet te kloppen, dan is het ook met de huidige vorm van snarentheorie gedaan. Zoals we in dat deeltje al aanhaalden, is deze theorie echter nog steeds erg wankel: de door supersymmetrie vereiste spartikels zijn immers nog niet gevonden, ook niet met de meest recente experimenten met de krachtigste deeltjesversneller op de planeet, de Large Hadron Collider. Wil dat dan zeggen dat supersymmetrie en snarentheorie niet de juiste manier zijn om naar de fundamentele structuren van de materie te kijken? Ook dat weer niet. Bij ontstentenis van experimentele gegevens kunnen we, zoals Peter Woit het stelde in de titel van zijn boek uit 2006, niet eens zeggen dat de theorie fout is.

Andere onderzoekers stellen dan weer, dat je met snarentheorie zo ongeveer altijd wegkomt: het aantal fysische oplossingen van de vergelijkingen in de theorie is astronomisch groot, en elke oplossing is geldig in een eigen universum met eigen fysische wetten en constanten. Is het dan wel mogelijk om de ene juiste theorie te herkennen, vragen ze zich af.

Zelfs Richard Feynman had sterke bedenkingen bij de waarde van snarentheorie in de zoektocht naar de structuur van de materie:

> "I don't like that they're not calculating anything. I don't like that they don't check their ideas. I don't like that for anything that disagrees with an experiment, they cook up an explanation — a fix-up to say, 'Well, it still might be true'."

Los daarvan is het op dit moment wel de meest populaire theorie onder natuurkundigen in het veld van de elementaire deeltjes. De toekomst brengt ongetwijfeld raad.

Figuur 206. Het boek van Peter Woit over de snarentheorie

Luskwantumzwaartekracht

Bovendien is met snarentheorie alleen het verhaal nog niet ten einde. Er bestaat immers een alternatieve theorie over de basisstructuur van de materie, afgeleid uit de relativiteitstheorie, die eveneens hoge ogen gooit onder fysici. Nu, eigenlijk gaat deze theorie, de luskwantumzwaartekracht, niet echt over materie, maar over de structuur van de ruimtetijd zelf. Luskwantumzwaartekracht kwantiseert deze structuur en niet de materie die zich erin bevindt: de ruimtetijd wordt een netwerk met knooppunten en verbindingen, die haar verdelen in afgescheiden elementen.

Dit maakt de ruimte korrelig. Net als de energieniveaus in de orbitalen van atomen, of de pakketjes energie in een lichtstraal, bestaat er ook een "pakketje afstand" tussen twee punten – een minimale afstand die steeds in een stap moet overbrugd worden. Deze afstand komt daarbij overeen met... de Plancklengte! Meer precies moet de ruimte op het allerkleinste niveau gezien worden als uiterst fijn weefsel, of nog, als een spinnetwerk, een netwerk 'geweven' van eindige lussen Het hele netwerk van lussen heet daarbij een spinnetwerk. Doordat dit netwerk in de loop van de tijd verandert, spreken onderzoekers daarbij van een spinschuim (en omgekeerd is een spinnetwerk een momentopname van de toestand van het spinschuim). In zekere zin geldt een dergelijke korreligheid ook voor de snarentheorie, waar ook objecten ter grootte van de Plancklengte als fundamentele eenheden van de natuur worden beschouwd.

Die korreligheid geldt overigens wel degelijk ook voor de tijdscomponent van de ruimtetijd. Net als de melodie van een muziekstuk uiteenvalt in maten, aangegeven door het getik van een metronoom, schuimt het lussennetwerk in discrete sprongen van slag naar slag. En zoals muzikanten hun metronoom voor elk muziekstuk anders instellen, kennen verschillende delen van het universum elk een ander ritme, onder andere onder invloed van de daar heersende zwaartekracht. Voor de rest is luskwantumzwaartekracht echter moeilijk te vergelijken met de snarentheorie. Om te beginnen vertrekt de theorie van de algemene relativiteitstheorie. Die stelt (onder andere) dat de ruimtetijd een dynamisch netwerk is, geen vastgelegd grid. Fysici noemen dit een achtergrond-onafhankelijke theorie: het kader (de ruimtetijd) ligt niet vast en elke verandering behoort toe aan het studieobject zelf. Niet moeilijk, als dat studieobject de ruimtetijd zelf is. Voorwerpen hebben dus geen plaats meer IN de ruimtetijd, ze hebben enkel nog een plaats in relatie tot elkaar. Dat is niet zozeer een nieuwe gedachte: zelfs Einstein erkende dat dat het gevolg was van zijn algemene relativiteitstheorie (en zei dat dat resultaat "zijn stoutste dromen overtrof"). Snaren en branen bevinden zich daarentegen in een vastliggend kader en zijn dus achtergrond-afhankelijk. Om bij ons muziekvoorbeeld te blijven – heel het heelal volgt een en dezelfde partituur (en die blijkt te worden gespeeld door een strijkorkestje en een piano).

Verder vereist luskwantumzwaartekracht niet meer dan de vier dimensies van de ruimtetijd, in tegenstelling tot de elf dimensies van M-theorie. Ook supersymmetrie hoeft niet waar te zijn opdat luskwantumzwaartekracht zou kloppen (en dat is wel het geval voor de snarentheorie). Tegelijkertijd kan je stellen dat volgens de luskwantumzwaartekrachtonderzoekers de ruimtetijd bestaat uit ondeelbare stukjes... $\alpha\tau o\mu o\iota$, in het Grieks. Deze theorie atomiseert dus de ruimte.

"Met als kleinste afstand de Plancklengte," zo redeneert luskwantumzwaartekrachttheoreticus Lee Smolin, "komen we tot een kleinst mogelijke oppervlakte van 10^{-70} m^2 en een kleinst mogelijke volume van 10^{-105} m^3. Dat betekent dat er 10^{105} van dergelijke eenheden in een kubieke meter zitten. Maar het bekende universum is maar 10^{79} m^3 groot. Als we een gedetailleerd beeld konden schetsen van de kwantumtoestand van ons universum [...] zou dat leiden tot een gargantuesk spinnetwerk met een onvoorstelbare complexiteit, met ongeveer 10^{184} knooppunten."

Is het mogelijk om beide concurrerende theorieën met mekaar te verbinden? Carlo Rovelli, een van de pioniers van luskwantumzwaartekracht, twijfelt eraan, en gelooft alvast rotsvast in zijn geesteskind:

> *"It is possible that the two theories could be parts of a common solution ... but I myself think it is unlikely. String theory seems to me to have failed to deliver what it had promised in the '80s, and is one of the many 'nice-idea-but-nature-is-not-like-that' that dot the history of science. I do not really understand how can people still have hope in it."*

Andere onderzoekers hopen alvast van wel, en de laatste jaren duiken er signalen op dat het natuurkundige onderzoek zich in die richting verderzet.

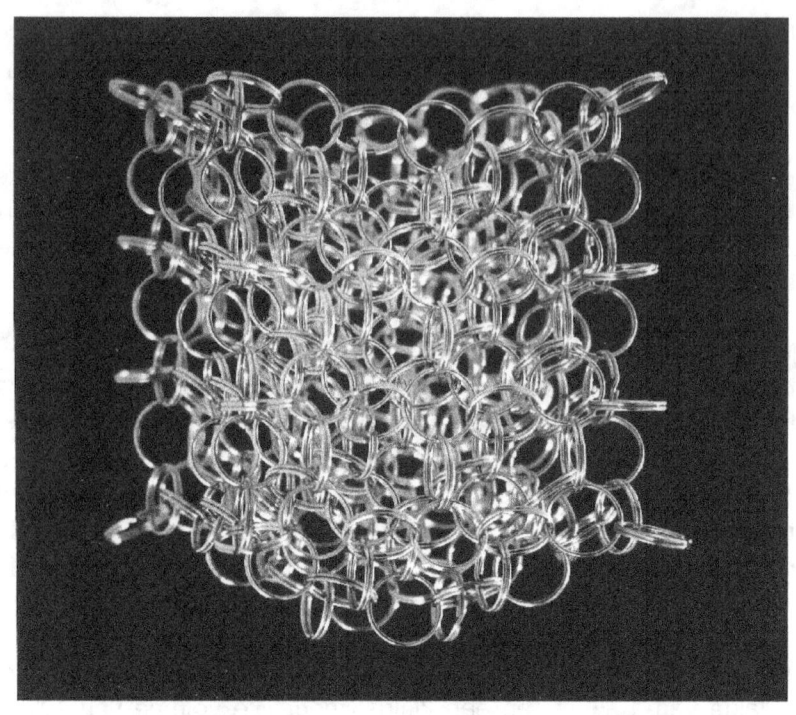

Figuur 207. Artistieke impressie van een spinnetwerk

Figuur 208. Carlo Rovelli en Lee Smolin

Twee grondleggers van de luskwantumzwaartekrachttheorie, Carlo Rovelli (links, 3 mei 1956, Verona, Italië) en Lee Smolin (rechts, 6 juni 1955, New York, VS).

Figuur 209. Achilles

Even filosofisch – luskwantumzwaartekracht lost zo de paradox van de Griekse wijsgeer Zeno over Achilles en de schildpad op. Hierin gaat de snelle Achilles een loopwedstrijd aan met een schildpad, en geeft de held het arme reptiel zelfs een voorsprong: de schildpad mag al halverwege het parcours starten. Maar bij Zeus – zodra Achilles die plaats bereikt heeft, is de schildpad alweer een heel eind verder, op een tweede punt. En wanneer Achilles dat tweede punt heeft bereikt, is de schildpad alweer een stuk vooruit. Uiteindelijk kan Achilles volgens Zeno de schildpad nooit volledig inhalen. Toch wel, zegt de moderne fysica, want uiteindelijk moeten ze samen dezelfde stap zetten – die van het ene pakketje ruimtetijd dat ze willen overbruggen.

Onderzoeker Ed Witten drukte het als volgt uit in een publicatie (*Background independent open-string field theory*) uit 1992:

> *"Finding the right framework for an intrinsic, background independent formulation of string theory is one of the main problems in string theory, and so far has remained out of reach."* ... *"This problem is fundamental because it is here that one really has to address the question of what kind of geometrical object the string represents."*

Zoals het Engelse spreekwoord zegt: *the proof of the pudding is in the eating*. Zoals we al eerder aanhaalden, wordt een theorie aanvaardbaar als ze met data uit observaties of experimenten ondersteund wordt. En daar wringt het schoentje nog voor beide grote verhalen. Als de spartikels van de supersymmetrie en de snaren van de M-theorie al haast onmogelijk via experimentele weg kunnen worden aangetoond, dan geldt dat ook voor de lussen van de tegenpartij. Bovendien ligt de waarheid misschien eens niet in het midden, maar komt ze van een van de verschillende alternatieve theorieën, zoals de horizonfysica uit 2012, die gestoeld is op overwegingen en observaties over het ontsnappen van energie van achter de waarnemingshorizon van zwarte gaten. Tot dan toe verdedigen beide zijden hun eigen grote gelijk met vuur en enthousiasme, met papers heen en weer. Wat er ook van zij, voor wie houdt van intellectuele avonturen, is dit razend interessante stof. Tot nadenken, tot discussiëren, tot doceren aan jonge mensen die wellicht de code in de komende twintig tot honderd jaar zullen kraken. Zeg nu nog eens dat wetenschap koud en steriel is...

Nawoord

In deze bladzijden hebben we u meegenomen voor een reis van 2600 jaar, van bij de Oude Grieken tot in de laboratoria van de 21ste eeuw. We beschreven een zoektocht die ons leidde van het idee dat alles bestaat uit water, tot het idee dat alles bestaat uit kleine snaartjes. Gekker dan dat kan het wellicht niet worden, denkt u. Misschien zitten we helemaal op het foute spoor – hebben we langsheen de route ergens een foute afslag genomen en draaien we nu rondjes in gesloten snaren en lusjes in het midden van een dierentuin van deeltjes waarbij zelfs onderzoekers zich afvragen wie die spullen toch allemaal heeft besteld.

Nochtans toont het verhaal vooral de kracht van de wetenschappelijke methode: hoezeer een theorie ook gek is, vreemd overkomt, onverwacht opduikt, of tegen alle "gezond verstand" indruist, toch kunnen we de juiste gekkigheid van de foute bedenkingen scheiden, als kaf van korenaren, door de wetenschappelijke methode. Het is die methode die ertoe geleid heeft dat we weten dat materie uit kleine deeltjes bestaat (atomen), die aan mekaar gaan hangen in verschillende verhoudingen (moleculen), en waar we weer kleinere deeltjes in terugvinden. Zo gek als vandaag hebben de Grieken het nooit bedacht, en toch vermoeden we dat we op het juiste spoor zitten met het Standaardmodel van de materie.

Wetenschappers krijgen vaak het verwijt dat ze droogstoppels zijn, die gebonden zijn aan cijfers en grafieken, behept met een levensgroot gebrek aan inlevingsvermogen, fantasie en creativiteit. Nu u een aantal van de helden van die wetenschap aan het werk hebt kunnen zien in dit boek, hebt u daar wellicht uw eigen idee over. Toch past het, bij wijze van afsluiting, nog éénmaal Richard Feynman aan het woord te laten. De man weet immers op de juiste manier te antwoorden op deze kritiek:

> *"Poets say science takes away from the beauty of the stars—mere globs of gas atoms. Nothing is 'mere'. I too can see the stars on a desert night, and feel them. But do I see less or more? The vastness of the heavens stretches my imagination—stuck on this carousel my little eye can catch one-million-year-old light. A vast pattern—of which I am a part... What is the pattern or the meaning or the why? It does not do harm to the mystery to know a little more about it. For far more marvelous is the truth than any artists of the past imagined it. Why do the poets of the present not speak of it? What men are poets who can speak of Jupiter if he were a man, but if he is an immense spinning sphere of methane and ammonia must be silent?"*

Laat wetenschappers dan maar bezig zijn met materie. We hebben er wel het hart voor.

Bijlage 1 – Machten van tien

In het verhaal over elementaire deeltjes krijgt iedereen uiteindelijk te maken met bijzonder grote en nog veel kleinere getallen. Om daar een beter gevoel voor te krijgen, moet u maar eens de video Powers of Ten bekijken van Ray en Charles Eames.
Zie bv. https://www.youtube.com/watch?v=0fKBhvDjuy0.

Om die op een overzichtelijke manier voor te stellen, maken wetenschappers gebruik van de machten van tien. Het principe is eenvoudig: de exponent geeft aan hoeveel nullen er achter de één moeten komen, bijvoorbeeld:

$$10^2 = 100$$
$$10^3 = 1000$$
$$10^4 = 10\ 000$$
$$...$$
$$10^{17} = 100\ 000\ 000\ 000\ 000\ 000$$

Staat er een negatief getal in de exponent, dan komen de nullen voor de één te staan, en staat er een decimale komma achter de eerste nul.

$$10^{-1} = 0,1$$
$$10^{-2} = 0,01$$
$$10^{-3} = 0,001$$
$$...$$
$$10^{-10} = 0,000\ 000\ 000\ 1$$

Eventueel vermenigvuldigt men die macht met een getal dat ervoor geschreven wordt:

$5 \times 10^{-5} = 0{,}000\ 05$
$3{,}2 \times 10^4 = 32000$

Bijlage 2 – Overzicht van de ontdekkingen

600 v.Chr.	Thales van Milete	Water als oerelement
420 v.Chr.	Democritus, Leucippus	Eerste atoomtheorie
400 v.Chr.	Empedocles	Vier oerelementen
99-55 v.Chr.	Lucretius	De Rerum Natura
1661	Robert Boyle	*The Skeptical Chymist*: geboorte van de moderne scheikunde
1789	Antoine de Lavoisier	*Traité Élémentaire de Chimie*; nieuwe definitie van element/atoomsoort
1802	Thomas Young	Tweespletenexperiment met licht
1808	John Dalton	*A New System of Chemical philosophy*: geboorte van de moderne atoomtheorie
1887	Joseph John Thomson	Ontdekking van het elektron
1895	Pierre en Marie Curie	Huwelijk
1896	Henri Becquerel	Radioactiviteit
1900	Wilhelm Ostwald	Begrip "mol"
1900	Max Planck	Begrip "kwantum"
1900	Joseph John Thomson	Atoommodel van Thomson

1901	Ernest Rutherford Frederick Soddy	Radioactief verval
1902	Gilbert Lewis	Atoommodel van Lewis
1903	Pierre en Marie Curie	Radium en polonium
1905	Albert Einstein	Speciale relativiteitstheorie Fotoelektrisch effect $E=mc^2$
1908	Ernest Rutherford	Alfadeeltjes zijn heliumkernen
1909	Jean Baptiste Perrin	Getal van Avogadro
1909-1910	Robert Millikan	Lading van het elektron
1911	Ernest Solvay	Eerste Solvayconferentie in Brussel
1911	Ernest Rutherford Hans Geiger Ernest Marsden	De atoomkern Atoommodel van Rutherford
1913	Niels Bohr Ernest Rutherford	Atoommodel van Bohr (en Rutherford)
1919	Niels Bohr Arnold Sommerfeld	Atoommodel van Bohr en Sommerfeld
1920	Ernest Rutherford	Ontdekking van het proton
1925	Erwin Schrödinger	Golfvergelijking
1925	Werner Heisenberg	Onzekerheidsprincipe
1925	Wolfgang Pauli	Exclusieprincipe
1927	Ernest Solvay	Solvay Conference on Quantum Mechanics
1928	Rolf Widerøe	Eerste deeltjesversneller
1931	Wolfgang Pauli	Ontdekking van het neutrino
1932	John Cockcroft Ernest Walton	Deeltjesversneller
1932	James Chadwick	Ontdekking van het neutron
1932	Carl Anderson Patrick Blackett Guiseppe Occhialini	Antimaterie: ontdekking van het positron

1933	Kenneth Bainbridge	Experimenteel bewijs (met massaspectrometer) voor $E = mc^2$
1935	Erwin Schrödinger	Gedachtenexperiment met een kat
1935	Hideki Yukawa	Ontdekking van het pion
1937	Ernest Rutherford Patrick Blackett	Transmutatie van elementen
1938	Ernest Lawrence	Cyclotron
1959	Richard Feynman	There's Plenty of Room at the Bottom (boek)
1964	Murray Gell-Mann Georg Zweig	Quarkmodel
1964	François Englert Robert Brout Peter Higgs Gerald Guralnik Carl Hagen Tom Kibble	Theoretische voorspelling van het EBH-boson
1968		Ontdekking van up/down quarks. Bewijs voor strange-quark
1969-1970	Yoichiro Nambu Holger Bech Nielsen Leonard Susskind	Ontwikkeling van de snarentheorie
1970	Richard Feynman	Ontwikkeling van de kwantumchromodynamica
1974		Ontdekking van de charm-quark
1977		Ontdekking van de bottom-quark
1983	Simon van der Meer Carlo Rubbia	Ontdekking van W/Z-bosonen
1989	Akira Tonomura	Tweespletenexperiment met

			(individuele) elektronen
1995			Ontdekking van de top-quark
2008		CERN	Bouw van de Large Hadron Collider
2012		CERN	Ontdekking van het EHB-boson op de Large Hadron Collider
2013		Sandra Eibenberger	Tweespletenexperiment met grote moleculen

Bijlage 3 – Wat iedereen zou mogen onthouden over atomen

1. Een **element** is een immaterieel gegeven. Het is een typologie, een soort. We stellen een element voor door een symbool uit één of twee letters (zoals H, waterstof, of He, helium). Een **atoom** is wel een tastbaar object. Het bestaat uit een kern en een elektronenmantel rond die kern.

De kern bestaat uit twee soorten **nucleonen** of kerndeeltjes: **protonen** (met een positieve lading) en **neutronen** (met een negatieve lading).

Deze nucleonen bestaan zelf elk uit drie **quarks**.

Deeltje	Lading	Massa (afgerond)	Ontdekt door
elektron (e^-)	$-e = -1{,}602 \times 10^{-19}$ C	$m_e = 9{,}1094 \times 10^{-31}$ kg	Thomson (1897) Millikan (1911)
proton (p^+)	$+e = +1{,}602 \times 10^{-19}$ C	$m_p = 1{,}6762 \times 10^{-27}$ kg	Rutherford (1910)
neutron (n^0)	0	$m_n = 1{,}6749 \times 10^{-27}$ kg	Chadwick (1932)

2. Het aantal protonen bepaalt tot welk element een atoom behoort, en dit aantal is gelijk aan het **atoomnummer Z**. De totale lading van de kern is dus:

$Z \times 1{,}602 \times 10^{-19}$ Coulomb (de lading van één proton)

Het aantal nucleonen levert meteen het **massagetal A** voor het atoom. Het aantal neutronen wordt weergegeven met N, en inderdaad, A = Z + N.

3. Met de twee waarden A en Z kan elk type van kern ondubbelzinnig worden aangeduid, op deze manier:

$$^{A}_{Z}X$$

Willen we dit korter schrijven, dan gebruiken we het symbool voor het betrokken element en zetten we links bovenaan het totale aantal protonen en neutronen samen (dat heet dan het massagetal van dat isotoop). Willen we expliciet het atoomnummer vermelden (omdat we reacties beschrijven waarbij elementen in mekaar overgaan), dan zetten we dat links onderaan van het symbool.

4. Isotopen zijn atomen die behoren tot hetzelfde element (dus met gelijke aantallen atomen) maar onderling verschillend qua aantal neutronen en dus ook qua massagetal A = N + Z. We spreken dus bijvoorbeeld van de uraniumisotopen ^{235}U en ^{238}U, en van de waterstofisotopen ^{1}H, ^{2}H (deuterium, ook wel aangeduid met D) en ^{3}H (tritium, ook aangeduid met T). Deuterium is een natuurlijk voorkomend isotoop; tritium is een product van kunstmatige transmutatie (het omzetten van atomen van één element in die van een ander).

Hoe groot is een atoom?

Eerst het ruwe antwoord. Een atoom is ongeveer 10^{-10} m groot. Dat is een tiende van een miljoenste van een millimeter. Dan het gedetailleerde antwoord. Als we naar een atoom zouden kijken, dan zouden we namelijk vooral lege ruimte zien, met helemaal in het centrum een brokje materie. Dat is de kern van het atoom. Die kern zelf heeft een diameter van ongeveer 10^{-14} m. Dat is net alsof er een knikker zou liggen in het midden van een verder absoluut leeg voetbalveld (op een paar nog kleinere elektronen na). De kern bestaat overigens zelf nog uit kleinere deeltjes: protonen en neutronen. De neutronen hebben geen lading, de protonen zijn positief geladen. In de ruimte rond de kern bewegen zich de negatief geladen elektronen, evenveel als er protonen in de kern zitten, zo blijft de lading van het hele atoom neutraal. Het aantal protonen bepaalt de atoomsoort (en al wat daaruit volgt). Waterstofatomen hebben één proton, koolstof heeft er zes, en uranium (het zwaarste natuurlijk voorkomende element op aarde) heeft er maar liefst tweeënnegentig.

De massa van het atoom wordt vooral bepaald door de (relatief) zware protonen en neutronen (elk $1,6726231 \times 10^{-19}$ kg). Elektronen hebben namelijk een massa die 1800 keer kleiner is. Het massagetal van een atoom is dus simpelweg de som van het aantal protonen en neutronen in de kern.

De geschatte diameter van een vrij atoom (dus niet in een covalente binding of opgenomen in een kristalrooster) ligt tussen 62 picometer ($6,2 \times 10^{-11}$ m) voor helium en 596 picometer ($5,96 \times 10^{-10}$ m) voor cesium. De grootte van een atoomkern ligt tussen 2,4 femtometer ($2,4 \times 10^{-15}$ m) voor ^1H en 14,8 femtometer ($1,48 \times 10^{-14}$ m) voor ^{238}U. De kern van een waterstofatoom is dus ongeveer 40 000 keer kleiner dan het atoom zelf. Vermits echter (bijna) de hele massa van het atoom in die kern gelegen is, maakt dat dat de rest van het atoom in essentie een grote leegte is.

Waarom zien of voelen we die grote leegte dan niet?

Atomen zijn zelf verbonden met mekaar in grotere verbanden, in moleculen of in kristallen. Zonder in detail te treden, wil dat zeggen dat atomen op een of andere manier via elektrische krachten aan mekaar hangen. Het zijn deze onderlinge aantrekkingskrachten die stoffen een zekere eenheid geven. Daar komt nog bij, dat we nooit met slechts één enkel atoom te maken hebben, maar steeds met miljarden van miljarden atomen samen. Op onze schaal zorgen al die kleine aantrekkingskrachten tussen individuele atomen voor het ontstaan van typische materiaaleigenschappen zoals elasticiteit, vervormbaarheid, geleiding van warmte en stroom, stroperigheid, enz.

De benaming voor dit soort gebeurtenissen is emergentie: wanneer kleine elementen zich organiseren in een groter geheel en ze daarbij met mekaar beginnen interageren, kunnen er nieuwe eigenschappen, wetmatigheden, patronen en entiteiten ontstaan. Zo heeft een atoom bijvoorbeeld geen kleur. Materie krijgt pas kleur wanneer de juiste atomen op de juiste manier aan mekaar geschakeld worden in een molecule, en wanneer er voldoende moleculen aanwezig zijn om het passerende licht te beïnvloeden.

Ook temperatuur en druk (van bijvoorbeeld een gasmengsel) zijn emergente eigenschappen. Losse atomen hebben geen druk of temperatuur – meer nog, op de schaal van een individueel atoom betekenen die termen niets. Het is pas op grotere schaal dat beide grootheden meetbaar zijn (en dus bestaan). Druk is immers het gevolg van de botsing van vele atomen tegelijkertijd tegen een wand, en temperatuur een gevolg van de snelheid waarmee die atomen dat doen.

Individuele moleculen, ten slotte, leven ook niet. Leven ontstaat juist als emergente eigenschap wanneer een plejade aan diverse moleculen in een bepaalde organisatievorm interageren met mekaar en zo komen tot zelfreplicerende, metaboliserende structuren.

Ik besef dat ik met het gelijkstellen van bestaan en meetbaarheid een discussie opstart *und kein Ende*. Bij een natuurwetenschappelijke benadering mogen we echter volgens mij nog steeds uitgaan van de wijze woorden van Sir William Thomson, Lord Kelvin:

> *When you can measure what you are speaking about, and express it in numbers, you know something about it, when you cannot express it in numbers, your knowledge is of a meager and unsatisfactory kind; it may be the beginning of knowledge, but you have scarcely, in your thoughts advanced to the stage of science.*

Waarom zijn atoommassa's eigenlijk geen gehele getallen?

De massa van een atoom is praktisch gelijk aan die van de kern, en dit om twee redenen: elektronen zijn ongeveer 1800 keer lichter dan kerndeeltjes, en er zijn ook minder elektronen dan kerndeeltjes (het aantal elektronen is slechts gelijk aan het aantal protonen, maar er zitten ook nog neutronen in die kern).

Tegelijkertijd hebben een proton en een neutron quasi dezelfde massa.

$$m_p \approx m_n \approx 1 \text{ u (op 1\% nauwkeurig)}$$

Zodoende verkrijgen we een goede schatting voor de relatieve atoommassa door het aantal nucleonen te tellen en dit te vermenigvuldigen met de gemiddelde massa van een nucleon. Makkelijker kan toch niet?

En toch zijn die relatieve atoommassa's zijn zelden gehele getallen, om verschillende redenen:
- de opgegeven massa's zijn steeds die van het element in zijn natuurlijke staat, en dat is praktisch altijd een mengel van twee, drie of meer isotopen. Zo is de opgegeven massa voor chloor (35,45 u) het gewogen gemiddelde van de relatieve atoommassa's van zijn beide isotopen ^{35}Cl (A_r 34,96 u) en ^{37}Cl (A_r 36,96 u). Natuurlijk chloor bevat 75,4% ^{35}Cl en 24,6% ^{37}Cl. De A_r voor chloor is dus:

$$34{,}96 \text{ u} \cdot 0{,}754 + 36{,}96 \text{ u} \cdot 0{,}246 = 35{,}45 \text{ u}$$

Om dezelfde reden heeft ook koolstof geen exacte relatieve atoommassa van 12 u, omdat men rekening moet houden met het bestaan van koolstofisotopen zoals ^{13}C en ^{14}C. Ook waterstof heeft drie isotopenvarianten (^1H, het gewone waterstof, ^2H oftewel deuterium en ^3H oftewel tritium).
- Zelfs de relatieve isotopenmassa's zijn niet gelijk aan gehele getallen, vermits ook de relatieve massa's van protonen en neutronen niet gelijk zijn aan 1.
- De massa van een atoomkern is bovendien altijd lager dan de som van de massa's van de samenstellende deeltjes. Bij de vorming van een kern uit de verschillende kerndeeltjes komt er een hoeveelheid energie vrij, de zogenoemde bindingsenergie. Omwille van de vergelijking van Einstein ($E = mc^2$) wil dat zeggen dat er ook wat massa verdwijnt.

Om te komen tot een relatieve molecuulmassa (M_r), moet men simpelweg de relatieve atoommassa's A_r van de samenstellende atomen optellen.

Dankwoord

Of het nu gaat over experimenteel wetenschappelijk onderzoek of om het schrijven van een populair-wetenschappelijk werk zoals dit, het blijft zeer hovaardig om te denken dat dat kan in totale isolatie, geheel op eigen kracht, zonder hulp van anderen. Een goede wetenschappelijke gewoonte is net het actief vragen naar kritiek en commentaar, constructieve opmerkingen over leesbaarheid, juistheid van de inhoud en correct taalgebruik. Ik wil daarom expliciet mijn dank en waardering uitdrukken aan allen die de tijd en de moeite hebben genomen om dit werk niet alleen te lezen, maar ook opmerkingen te maken, verbeteringen te suggereren en de kwaliteit van de tekst in te schatten.

Natuurkundigen Ivo Janssens en Raf Maes controleerden of de tekst geen grove fouten bevat tegen de scheikunde en de natuurkunde die erin wordt uitgelegd. Hoewel de tekst niet de bedoeling heeft om de huidige theorieën in alle details en volgens een wiskundige benadering aan te brengen, mag men ook niet in het andere uiterste vervallen, en de feiten en theorieën op een zodanig simpele wijze weergeven dat elke band met de wetenschappelijke kennis verwatert. Net om die reden wordt af en toe toch gebruik gemaakt van een wiskundige vergelijking of een berekening. Dat niet doen is een belediging van de lezer, als zou die enkel schattige verhaaltjes kunnen appreciëren.

De leesbaarheid en de pedagogische meerwaarde werd in het oog gehouden door enkele redactieleden van de wetenschappelijke dossiers "MeNS" (www.biomens.eu): Marjolein Vanoppen, Chris Thoen, Ariane

Ooms en Sonja De Nollin, allen ook gepokt en gemazeld in het wetenschappelijk onderzoek en onderwijs. Dat de tekst begrijpelijk overkomt, is hun verdienste. Dat er nog vage en onbestemde stukken overblijven, is mijn eigen verantwoordelijkheid.

Erwin en Kirsten Godderé lazen het gehele boek door als testpubliek en konden me door hun enthousiasme overtuigen het geheel uiteindelijk uit te geven.

Aan al deze mensen -

> Let us be grateful to the people who make us happy;
> they are the charming gardeners who make our souls blossom."
>
> Marcel Proust

Voor wie meer wil lezen

Boeken en artikels

Becquerel, H. (1896) Emission des radiations nouvelles par l'uranium metallique. *Comptes rendus, 122*, 1086-1088.
Curie, E., & Giustiniani, M. (1938) *Madame Curie* (p. 225). Paris: Gallimard.
Curie, M. (1904) Radium and radioactivity. *The Century Magazine, 67*, 461-66.
Curie, M. (1911) Radium and the new concepts in chemistry. *Nobel lecture*.
Curie, M. (1935) Radioactivité.
Curie, P. (1898) Sur une nouvelle substance fortement radioactive, contenue dans la pechblende. *Comt. rend., 127*, 1215-1217
Curie, P. (1905) Radioactive substances, especially radium. *Nobel lecture*, 6.
Einstein, A. (1905) Ist die Trägheit eines Körpers von seinem Energieinhalt abhängig? *Annalen der Physik, 323*(13), 639-641.
Einstein, A. (1905). Über die von der molekularkinetischen Theorie der Wärme geforderte Bewegung von in ruhenden Flüssigkeiten suspendierten Teilchen. *Annalen der physik, 322*(8), 549-560.
Einstein, A. (1905) Zur elektrodynamik bewegter körper. *Annalen der physik, 322*(10), 891-921.
Fermi, E. (1934) An attempt of a theory of beta radiation. 1. *Z. Phys., 88*(UCRL-TRANS-726), 161-177.
Geiger, H., & Marsden, E. (1909) On a diffuse reflection of the α-particles. *Proceedings of the Royal Society of London. Series A, Containing Papers of a Mathematical and Physical Character, 82*(557), 495-500.
Geiger, H., & Marsden, E. (1913) LXI. The laws of deflexion of α-particles through large angles. *The London, Edinburgh, and Dublin Philosophical Magazine and Journal of Science, 25*(148), 604-623.
Gell-Mann, M. (2015). A schematic model of baryons and mesons. In *50 Years of Quarks*. Edited by FRITZSCH HARALD ET AL. Published by World Scientific Publishing Co. Pte. Ltd., 2015. ISBN# 9789814618113, pp. 1-4

Heisenberg, W. (1989) über den Bau der Atomkerne. II. In *Original Scientific Papers/Wissenschaftliche Originalarbeiten* (pp. 208-216). Springer Berlin Heidelberg.
Heisenberg, W. (1989) Ueber den Bau der Atomkerne. i. In *Original Scientific Papers/Wissenschaftliche Originalarbeiten* (pp. 197-207). Springer Berlin Heidelberg.
Lattes, C. M. G., Occhialini, G. P. S., & Powell, C. F. (1947). Observations on the tracks of slow mesons in photographic emulsions. *Nature, 160*(4066), 453-456.
Lavoisier, A. L. (1801) *Traité élémentaire de chimie*. Deterville.
Majorana, E. (1933) Über die Kerntheorie. *Zeitschrift für Physik A Hadrons and Nuclei, 82*(3), 137-145.
Bojowald, M. (2010) Once Before Time: A Whole Story of the Universe 2010.
Mould, R. F. (1998) The discovery of radium in 1898 by Maria Sklodowska-Curie (1867-1934) and Pierre Curie (1859-1906) with commentary on their life and times. *The British Journal of Radiology, 71*(852), 1229-1254.
Mould, R. F. (2007). Pierre Curie, 1859–1906. *Current Oncology, 14*(2), 74.
Neddermeyer, S. H., & Anderson, C. D. (1937) Note on the nature of cosmic-ray particles. *Physical Review, 51*(10), 884.
Pasachoff, N. (1996) *Marie Curie: And the Science of Radioactivity*. Oxford University Press.
Rovelli, C. (2006), What is Time? What is space?, Di Renzo Editore, Roma.
Rovelli, C. (2016) Reality is not what it seems, Penguin, 2016.
Rutherford, E. (1914). LVII. The structure of the atom. *The London, Edinburgh, and Dublin Philosophical Magazine and Journal of Science, 27*(159), 488-498.
Rutherford, E., & Geiger, H. (1911). LVIII. Transformation and nomenclature of the radioactive emanations. *The London, Edinburgh, and Dublin Philosophical Magazine and Journal of Science, 22*(130), 621-629.
Rutherford, E., & Nuttall, J. M. (1913). LVII. Scattering of α particles by gases. *The London, Edinburgh, and Dublin Philosophical Magazine and Journal of Science, 26*(154), 702-712.
Schrödinger, E. (1926). Quantisierung als eigenwertproblem. *Annalen der physik, 385*(13), 437-490.
Schrödinger, E. (1935). Die gegenwärtige Situation in der Quantenmechanik. *Naturwissenschaften, 23*(48), 807-812.
Schrödinger, E. (1951). *Was ist Leben?*. Piper.
Smolin, L, (2001) Three Roads to Quantum Gravity, Basic Books.
Thompson, J. J., Geiger, H., Marsden, E., Rutherford, E., Moseley, H., & Chadwick, J. (1904) On the Structure of the Atom. *Phylos Mag, 7*, 237-265.
Yukawa, H. (1935). On the interaction of elementary particles. I. *Proceedings of the Physico-Mathematical Society of Japan. 3rd Series, 17*, 48-57.
Lederman, L.M. & Teresi, D. (2006) The God Particle: If the Universe is the Answer, What is the Question? Boston: Houghton Mifflin Company.
Higgs, P. (1964) Broken Symmetries and the Masses of Gauge Bosons. Physical Review Letters. 13 (16): 508.
Guralnik, G., Hagen, C., Kibble, T. (1964) Global Conservation Laws and Massless Particles. Physical Review Letters. 13 (20): 585.
Englert, F., Brout, R. (1964) Broken Symmetry and the Mass of Gauge Vector Mesons. Physical Review Letters. 13 (9): 321
Woit, P. (2011) Not Even Wrong: The Failure of String Theory and the Continuing Challenge to Unify the Laws of Physics. Random House.
Smolin, L. (2006) The Trouble With Physics: The Rise of String Theory, the Fall of a Science, and What Comes Next. Houghton Mifflin.

Griffiths, D.J. (1987). Introduction to Elementary Particles. John Wiley & Sons.
Oerter, R. (2006). The Theory of Almost Everything: The Standard Model, the Unsung Triumph of Modern Physics (Kindle ed.). Penguin Group.
Kane, G.L. (2001)Supersymmetry: Unveiling the Ultimate Laws of Nature, Basic Books, New York.

Websites

ChemTeam: Discovery of Alpha & Beta as Particles, http://www.chemteam.info/Radioactivity/Disc-Alpha&Beta-Particles.html
ChemTeam: Discovery of Radioactivity, http://www.chemteam.info/Radioactivity/Disc-of-Radioactivity.html
ChemTeam: Radioactivity, http://www.chemteam.info/Radioactivity/Radioactivity.html
ChemTeam: Rutherford on the Discovery of Alpha and Beta Radiation, http://www.chemteam.info/Chem-History/Rutherford-Alpha&Beta.html
Elements and Atoms: Case Studies in the Development of Chemistry, https://web.lemoyne.edu/giunta/EA/
J.J. Thomson's experiment and the charge-to-mass ratio of the electron, https://www.nyu.edu/classes/tuckerman/adv.chem/lectures/lecture_3/node1.html
Joseph Louis Gay-Lussac, https://www.chemheritage.org/historical-profile/joseph-louis-gay-lussac
Les deux hypothèses d'Avogadro en 1811, https://www.bibnum.education.fr/chimie/theorie-chimique/les-deux-hypotheses-d-avogadro-en-1811
Physics, http://www.brainkart.com/subject/Physics_6/
Rutherford's Nuclear World: The Story of the Discovery of the Nucleus (American Institute of Physics), https://history.aip.org/exhibits/rutherford/sections/
Selected Classic Papers from the History of Chemistry, https://web.lemoyne.edu/giunta/papers.html
Sir James Chadwick's Discovery of Neutrons, http://ansnuclearcafe.org/2011/10/19/pioneers102011/#sthash.UZfv3dkZ.dpbs
Stanislao Cannizzaro, https://www.chemheritage.org/historical-profile/stanislao-cannizzaro
SUPERSTRINGS! Home Page, http://www.sukidog.com/jpierre/strings/index.html
The ABCs of Particle Physics: A-F - symmetry magazine, http://www.symmetrymagazine.org/particle-physics-abcs/index.html
The Feynman Lectures on Physics, http://www.feynmanlectures.caltech.edu/
Rue Savoir – Lavoisier, Antoine Laurent de, https://ruesavoir.com/fr-civ/science/fr-lavoisier/

Lijst met figuren

Figuur 1. De Large Hadron Collider in het CERN. 2
Figuur 2. Thales van Milete 6
Figuur 3. Empedocles.. 8
Figuur 4. Democritus van Abdera... 12
Figuur 5. De Rerum Natura van Lucretius............................. 13
Figuur 6. Robert Boyle.. 16
Figuur 7. Voorpagina van het boek Traité Élémentaire de Chimie. 20
Figuur 8. Indeling van de elementen volgens Lavoisier. 21
Figuur 9. Portret van Lavoisier en zijn echtgenote, scheikundige Marie-Anne Pierrette Paulze. 22
Figuur 10. Doodvonnis van Lavoisier. 23
Figuur 11. Joseph Proust.. 24
Figuur 12. Rozetten van diepblauw azuriet op een bed van malachiet, uit China. 25
Figuur 13. John Dalton. 27
Figuur 14. De gaswet van Dalton. 30
Figuur 15. De atoomsymbolen van Dalton. 31
Figuur 16. Voorbeelden van de wet van gecombineerde volumes 34
Figuur 17. Buret, ontwikkeld door Louis Gay-Lussac............... 35
Figuur 18. Gay-Lussac en zijn handboek Chemie 36
Figuur 19. Gay-Lussac en Biot analyseren de atmosfeer.......... 37

Figuur 20. Elektrolyse van water 38
Figuur 21. Avogadro 40
Figuur 22. Gaylussacia baccata 41
Figuur 23. Johan Joseph Loschmidt (links) en Karoly Than (rechts) 46
Figuur 24. Wilhem Ostwald (links) en Jean Perrin (rechts) 48
Figuur 25. Het getal van Avogadro 49
Figuur 26. William Gilbert (1544–1603, links), Otto von Guericke (midden) en Charles François de Cisternay du Fay (1698-1739, rechts)... 51
Figuur 27. Benjamin Franklin 52
Figuur 28. J.J. Thomson 55
Figuur 29. De kathodestraalbuis waarmee Thomson zijn experimenten uitvoerde. 55
Figuur 30. Van plumpudding tot atoommodel. 57
Figuur 31. Robert Millikan 58
Figuur 32. Werking van de oliedruppelkamer van Millikan. 59
Figuur 33. Fluorescentie en fosforescentie. 62
Figuur 34. Henri Becquerel 63
Figuur 35. Schaduwen van radioactief uranium op een fotografische plaat. 64
Figuur 36. De wetenschappelijke stamboom van de Becquerels. 64
Figuur 37. Magnetische eigenschappen. 67
Figuur 38. Pierre en Marie Curie in hun laboratorium, uit 1900. 68
Figuur 39. Apparatuur van Pierre en Marie Curie. 69
Figuur 40. Schematische weergave van de opstelling van de Curies 70
Figuur 41. Uraniniet, uit Tsjechië. 71
Figuur 42. Marie Curie achter de elektroscoop, Pierre Curie kijkt toe 71
Figuur 43. Zicht op de Rue Dauphine aan het begin van de twintigste eeuw. 73
Figuur 44. Marie Curie in 1908, met haar twee dochters Eve (links, 1904-2007) en Irène (1897–1956). 74
Figuur 45. Solvayconferentie te Brussel in 1911. 75
Figuur 46. Marie Curie op weg met een van haar mobiele X-straalapparaten. 76
Figuur 47. Titelpagina van het handboek dat Marie Curie schreef rond radioactiviteit. 77

Figuur 48. Opstelling van Rutherford voor het onderzoek naar alfadeeltjes 79
Figuur 49. Heliumspectrum. 80
Figuur 50. Schematische weergave van het experiment van Geiger en Marsden. 84
Figuur 51. Ernest Rutherford aan het werk. 84
Figuur 52. Schema van het toestel dat Geiger en Marsden gebruikten in hun beroemde experiment. 85
Figuur 53. Scattering volgens de hypothese van Rutherford 86
Figuur 54. Het Rutherfordatoommodel, schematisch voorgesteld. 88
Figuur 55. Rutherford (links), Geiger (midden) en Marsden (rechts). 89
Figuur 56. Antonius van den Broek (links) en Henry Mosely (rechts) 90
Figuur 57. Experimenten van Rutherford rond het proton (1). 92
Figuur 58. Experimenten van Rutherford rond het proton (2). 92
Figuur 59. Schema van de nevelkamer van Wilson. 95
Figuur 60. Charles Wilson. 96
Figuur 61. Mogelijke verklaringen van de waarnemingen van Rutherford en Blackett. 97
Figuur 62. Het resultaat van enkele nevelkamerexperimenten. 98
Figuur 63. James Chadwick 100
Figuur 64. Walther Bothe 102
Figuur 65. Frédéric Joliot en Iréne Joliot-Curie. 104
Figuur 66. De kathodestraalbuis van Thomson 107
Figuur 67. Anodestraalbuizen 108
Figuur 68. Schematische weergave van de opstelling van J.J. Thomson voor de studie van anodestralen. 109
Figuur 69. Laboratoriumopstelling van J.J. Thomson uit 1909 voor onderzoek naar anodestralen. 110
Figuur 70. Fotografische plaat waar de sporen van de twee isotopen van neon op te zien zijn. 111
Figuur 71. Francis William Aston. 112
Figuur 72. Een van de versies van de massaspectrometer, gebouwd door Francis Aston. 112
Figuur 73. Kenneth Bainbridge 114
Figuur 74. De elementen van de tweede periode volgens Lewis 116

Figuur 75. Bindingen tussen twee atomen volgens Lewis. 116
Figuur 76. Gilbert N. Lewis (links) -Zijn originele nota's uit 1902 (rechts)117
Figuur 77. Irving Langmuir. 118
Figuur 78. Het Saturniaanse model van Nagaoka 118
Figuur 79. De eenparig cirkelvormige beweging. 120
Figuur 80. Lord Kelvin 122
Figuur 81. Hete voorwerpen krijgen een kleur. 125
Figuur 82. Naarmate de temperatuur van een voorwerp stijgt, wordt de golflengte van de piek van het uitgestraalde licht korter. 125
Figuur 83. Max Planck 127
Figuur 84. De vergelijking tussen de wetten van Rayleigh-Jeans, Wien en Planck 128
Figuur 85. Niels Bohr en Albert Einstein 130
Figuur 86. De jonge Bohr en zijn eerste wetenschappelijke bijdrage 131
Figuur 87. Het zichtbare deel van het waterstofspectrum. 132
Figuur 88. Ter herinnering: het spectrum van de elektromagnetische golven. 134
Figuur 89. De berekening van de Rydbergconstante. 137
Figuur 90. Hafnium 137
Figuur 91. Groepsfoto op de Solvay Conference on Quantum Mechanics van 1927 (in Brussel). 138
Figuur 92. Johannes Stark. 140
Figuur 93. Pieter Zeeman en het Zeemaneffect. 141
Figuur 94. De ellipsbanen die Sommerfeld voorstelde, uitgewerkt voor niveau 5. 141
Figuur 95. Het magnetisch kwantumgetal. 142
Figuur 96. Verklaring van het Zeemaneffect door Sommerfeld 143
Figuur 97. Arnold Sommerfeld. 144
Figuur 98. Sommerfeld in café Hofgarten 145
Figuur 99. Het optellen van golven. 149
Figuur 100.Interferentie van twee lichtgolven volgens Young. 150
Figuur 101. Het twee-spletenexperiment van Young 152
Figuur 102. Interferentiefranjes. 153
Figuur 103. Opstelling voor het onderzoek naar het foto-elektrisch effect. 153

Figuur 104. De verklaring van Albert Einstein voor het foto-elektrisch effect. 155
Figuur 105. Bewijs voor Einsteins idee over het foto-elektrisch effect. ... 157
Figuur 106. Twee-spletenexperiment met elektronen. 158
Figuur 107. Een buckyball 159
Figuur 108. De Schrödingervergelijking 160
Figuur 109. Fourier-analyse van een blokgolf 161
Figuur 110. Erwin Schrödinger 162
Figuur 111 Schrödinger op de Oostenrijkse 1000-schillingbiljetten 163
Figuur 112. Voorpagina van Erwin Schrödingers boek What is Life? 165
Figuur 113. Schrödingerkrater op de maan. 165
Figuur 114. Conceptuele voorstelling van de "kat van Schrödinger". 169
Figuur 115. Werner Karl Heisenberg 172
Figuur 116. Heisenberg tijdens een college. 174
Figuur 117. Max Born 175
Figuur 118. Louis de Broglie 176
Figuur 119. Cartesiaanse en sferische coördinaten 178
Figuur 120. Vorm en oriëntatie van verschillende orbitalen. 180
Figuur 121. Het spinkwantumgetal 181
Figuur 122. De International Bunsentagung on Radioactivity in Münster (16-19 mei 1932) 183
Figuur 123. Rolf Widerøe 184
Figuur 124. De lineaire versneller – schematische opbouw. 186
Figuur 125. Stanford Linear Accelerator Center 186
Figuur 126. Kwantumtunneling 187
Figuur 127. De Cockcroft-Waltongenerator: elektrisch circuit 187
Figuur 128. Cockcroft-Waltongenerator. tentoongesteld in het National Museum of Scotland. 188
Figuur 129. Cockcroft en Walton 190
Figuur 130. Ernest Lawrence 191
Figuur 131. Cyclotron van Lawrence. 192
Figuur 132. Schematische weergave van de botsing van een elektron met een positron. 193
Figuur 133. Paul Dirac 194
Figuur 134. Drie kwantumgeleerden. 195

Figuur 135. Carl Anderson. 196
Figuur 136. Patrick Blackett. 197
Figuur 137. De HMS Carnarvon 198
Figuur 138. De HMS Barham (in de jaren 1930) 198
Figuur 139. Baron Ernest Rutherford of Nelson and Cambridge 201
Figuur 140. The Rape of Belgium: of wat de pers daarvan maakte. 204
Figuur 141. Britse oorlogspropaganda uit 1917 206
Figuur 142. De restanten van de beroemde bibliotheek van Leuven 207
Figuur 143. Philipp Lenard en zijn Deutsche Physik 210
Figuur 144. Heisenberg en Bohr in 1934 212
Figuur 145. De schoepen van een stoomturbine 214
Figuur 146. Energiespectra van alfastralers en een bètastraler 217
Figuur 147. Enrico Fermi 218
Figuur 148. Vergelijking van de Yukawapotentiaal 219
Figuur 149. Grafiek van de Yukawapotentiaal 220
Figuur 150. Feynmandiagram 220
Figuur 151. Hideki Yukawa 222
Figuur 152. Eerste observatie van een neutrino in een bellenvat, op 13 november 1970. 225
Figuur 153. De bellenkamer Gargamelle 226
Figuur 154. Botsing tussen een proton en een antiproton 227
Figuur 155. Chamberlain en Segrè vinden antiprotons 232
Figuur 156. Murray Gell-Mann 233
Figuur 157. George Zweig 234
Figuur 158. Kleurenreacties tussen quarks 236
Figuur 159. De start van Feynmans carrière 237
Figuur 160. Richard Feynman 238
Figuur 161. Hans Bethe en Emil Fuchs 239
Figuur 162. Julian Schwinger en Shin'ichirō Tomonaga 240
Figuur 163. Ontploffing van het ruimteveer Challenger op 28/01/1986. . 241
Figuur 164. Richard Feynman voor de klas op Caltech. 242
Figuur 165. Congres in Kopenhagen in 1937 244
Figuur 166. Standaardmodel van de Materie 245
Figuur 167. Een rood-antigroen gluon bindt een rode en een groene quark. 247

Figuur 168. Verval via W-bosonen 247
Figuur 169. Simon Van der Meer en Carlo Rubbia 248
Figuur 170. Peter Higgs en François Englert 250
Figuur 171. Robert Brout 251
Figuur 172. De drie cruciale papers over het EBH-boson uit 1964. 251
Figuur 173. Leon Lederman en het godsdeeltje............ 252
Figuur 174. Overzicht van de groepen elementaire en samengestelde deeltjes............ 253
Figuur 175. Kaonvorming 256
Figuur 176. Het bètatron van de University of Illinois............ 257
Figuur 177. Tekening uit het patent op de synchrocyclotron van McMillan. 258
Figuur 178. Synchrotron Soleil 259
Figuur 179. Overzicht van Synchrotron Soleil. 260
Figuur 180. Detector UA1 van de Super Proton Synchrotron op het CERN, waarmee de W- en Z-bosons werden ontdekt............ 262
Figuur 181. De plaats van de Large Hadron Collider (grote cirkel) en de Super Proton Synchrotron (kleine cirkel) overheen de Frans-Zwitserse grens............ 263
Figuur 182. Structuur van de LHC 265
Figuur 183. Simulatie van de vorming van een EBH-boson na botsing van twee protonen. 266
Figuur 184. Kernsplijting. 268
Figuur 185. Slechts een fractie van de energie die de zon uitstraalt bereikt de aarde. 271
Figuur 186. Kernfusiereactie 273
Figuur 187. Werking van een fusiereactor............ 274
Figuur 188. De Joint European Torus, een experimentele kernfusiereactor. 277
Figuur 189. Vereniging van de vier fundamentele krachten............ 282
Figuur 190. Werking van een gravitatielens 285
Figuur 191. Effect van een zwaartekrachtlens 285
Figuur 192, Vera Rubin............ 286
Figuur 193. Messier 101 287
Figuur 194. Meetkundige symmetrie in het hart van de zonnebloem 290

Figuur 195. Verschillende vormen van symmetrie. 290
Figuur 196. Duidelijk een geval van gebroken pariteitssymmetrie. 291
Figuur 197. Een Newtonpendel. 293
Figuur 198. Een replica van de eenheid van massa, de kilogram, bewaard in Parijs, Frankrijk. 296
Figuur 199. De snarenanalogie. 300
Figuur 200. De grondleggers van de snarentheorie. 301
Figuur 201. Van nul naar vier dimensies. 305
Figuur 202. Een torus. Of een donut, dus. 307
Figuur 203. De onbereikbare einder bewijst dat de aarde onbegrensd is (in twee dimensies). 308
Figuur 204. 2D-projectie van een Calabi-Yau-manifold 309
Figuur 205. Eugenio Calabi en Shing-Tung Yau 310
Figuur 206. Het boek van Peter Woit over de snarentheorie 311
Figuur 207. Artistieke impressie van een spinnetwerk 314
Figuur 208. Carlo Rovelli en Lee Smolin 314
Figuur 209. Achilles 315

Index

A New System of Chemical Philosophy	26
alfadeeltje	83, 97
alfadeeltjes	79, 91
Anaximander	9
Anaximenes	6
Anderson	196, 223
anodestraalbuis	108
anodestralen	109
antimaterie	193, 227, 232
antiquark	231, 254
Aristoteles	11, 16
atomaire massa-eenheid	43
atoommodel	57, 83, 88, 115, 118, 134, 136, 142, 171, 176, 177, 181
atoomtheorie	26
Avogadro	33, 38, 40, 47
Balmerreeks	133, 136
Becquerel	61, 63, 64
bellenkamer	226
bellenvat	224
Berzelius	44
bètastralen	80

bètatron	258
Big Bang	281
bindingsenergie	329
Biot	37
Blackett	97, 196, 197
Bohr	129, 131, 135, 136, 167, 171, 212
Born	171, 208
boson	246, 253
Bothe	100, 102
Boyle	15
braan	305
Brout	251
Calabi-Yau-manifold	309
Cannizarro	44
Cavendish Laboratory	93, 200
CERN	259, 261
Chadwick	100, 101
Challenger	241
Chamberlain	232
Cockcroft	189
Cockcroft-Walton-accelerator	189
Cockcroft–Waltongenerator	187
collider	261
compact	307
Curie-elektrometer	66
cyclotron	192, 255
Dalton	17, 26, 27, 34, 43
de Broglie	156, 159, 176, 177, 260
Debye	142
Democritus	9, 12
Deutsche Physik	208, 210
Die gegenwärtige Situation in der Quantenmechanik	170
Dirac	193, 194, 195, 292
donkere materie	284
Dumas	44

EBH-boson	251, 252, 296
Eerste Wereldoorlog	203
Eibenberger	159
Einstein	50, 127, 130, 154, 157, 167, 195
elektrolyse	39
elektromagnetisch	244
elektromagnetisme	281
elektron	54, 243
elektronVolt	50
elektrozwakke krachten	249
elementen	21
Empedocles	9
Englert	250
Englert-Brout-Higgs-boson	249
exclusieprincipe van Pauli	181
Fermi	215, 218, 230
fermion	253
Feynman	53, 148, 234, 235
Feynmandiagram	220
fluorescentie	62
fosforescentie	62
foto-elektrisch effect	151, 153, 155
Fourier	160
Franklin	52
Galilei	15
Gargamelle	226
gaswet	15, 30
Gay-Lussac	33, 36, 37
Gaylussacia baccata	41
Geiger	83, 85, 89
Gell-Mann	230, 233, 292
getal van Avogadro	46, 47, 49
Glashow	282
gluon	246, 261
hadron	253

Heisenberg	171, 194, 208, 211
Higgs	250
hoofdkwantumgetal	139, 178
invariantie	289
isotoop	99
isotopen	329
ITER	273, 275
Jeans	126, 128
Joint European Torus	275
Joliot-Curie	101, 104
Jordan	173
kaon	229, 256
kat van Schrödinger	167
kathodestraalbuis	55, 107
Kelvin	121, 123, 200
kern	99
kernfusie	270
kernkracht	249, 281, 282
kernsplijting	267
kleurlading (quark)	235
Kopenhageninterpretatie	166, 167
kwantumchromodynamica	235
kwantummechanica	148, 166, 182
kwantumtunneling	187
kwantumzwaartekracht	283
lading (quark)	235
ladingssymmetrie	292
Langmuir	118
Large Hadron Collider	263, 284, 310
Lattes	223
Lavoisier	18
Lawrence	190, 191
Lederman	230, 252
Lenard	151, 208, 210
lepton	243

Leuven	205
Lewis	115, 117
lineaire versneller	186
Loschmidt	45, 46
Lucretius	10, 13
luskwantumzwaartekracht	312
magnetisch	67
magnetisch kwantumgetal	142, 179
magnetische kwantumgetal	178
Maria Sklodowska	65
Marie Curie	69, 70, 71, 74, 75
Marsden	83, 85, 89
Maxwell	53, 119, 151, 282
meson	223, 253
Michelson-Morley	124
Millikan	57, 58
mol	45
Moseley	88, 139
M-theorie	305
muon	225, 243
muon-neutrino	229, 243
Nagaoka	119
Nambu	302
neutrino	216, 225, 243
neutron	101, 219, 235
nevelkamer	93, 95
nevenkwantumgetal	139, 178, 179
Newton	15, 26, 200, 250
Nielsen	302

Nobelprijs 55, 58, 72, 74, 81, 89, 90, 93, 101, 103, 105, 111, 117, 118, 130, 136, 140, 148, 161, 163, 171, 175, 189, 191, 194, 196, 199, 209, 210, 216, 218, 232, 233, 239, 240, 246, 248, 250, 251, 252, 264, 282, 302

Occhialini	223
oliedruppelkamer van Millikan	59
onzekerheidsprincipe van Heisenberg	173, 176, 221

orbitaal	179
orbitaalmodel	177
Ostwald	45, 46
pariteitssymmetrie	291
Pauli	181, 215, 230
Perrin	46
phlogiston	18
Pierre Curie	66, 71, 73
pion	221, 223, 254
Planck	121, 126, 127, 128, 148, 205
Plancklengte	294, 312
proton	54, 91, 97, 219, 225, 227, 235
Proust	24, 28
quark	230, 254, 261
radioactiviteit	61, 72
Rayleigh	126, 128, 129, 207
Rosenfeld	243
Rubbia	248
Rubin	286
Rutherford	79, 80, 84, 87, 89, 91, 98, 119, 129, 136, 184, 185, 200
Scherk	300
Schrödinger	160, 161, 164, 177, 194, 208
Schwarz	300
Segrè	232
smaak (quark)	230
snaren	299, 303
snarentheorie	299
Solvayconferentie	75, 138
Sommerfeld	139, 144, 209
sparticles	293
spectrum	81, 132, 134, 145, 217
spinkwantumgetal	180, 181
Stahl	18
Standaardmodel	230, 245, 253, 280, 284, 293
Stark	139, 140, 208

Stas	44
sterke kernkracht	244
Super Proton Synchrotron (SPS)	261
superpartikels	293
superpositie	161
supersnaar	301
supersymmetrie	294
Supersymmetrie	310
Susskind	302
symmetrie	289
synchrocyclotron	258, 261
synchrotron	259
tau	243
tau-neutrino	243
Thales van Milete	5
Than	46
The Feynman Lectures on Physics	240
The Sceptical Chymist	16
Thomson	54, 55, 83, 107, 109, 129, 207
tijdssymmetrie	292
tokamak	274
Traité Élémentaire de Chimie	19, 20
twee-spletenexperiment	148, 152, 156, 158, 166
Van den Broek	87
Van der Meer	248
Veneziano	302
vonkenkamer	224
Walton	189
wet van behoud van massa	18
wet van constante samenstelling	24
wet van de gecombineerde volumes	33
wet van de multiple proporties	26
What is Life?	164
Widerøe	184, 185
Wien	126, 128, 207

Wilson	93, 96
Yoneya	300
Young	148, 150
Yukawa	219, 222
Yukawapotentiaal	219
Zeeman	139, 141
zwaartekracht	244, 249, 281
zwaartekrachtlens	285
zwakke kernkracht	244
Zweig	230, 234

Lijst met bronnen van figuren

Kaft	X-ray, Optische & Infrarode Composietfoto van Kepler's Supernova Remnant; NASA/ESA/JHU/R.Sankrit & W.Blair. Publiek domein.
Figuur 1	CERN, http://scitechlab.wordpress.com/2007/ 12/05/the-large-hadron-collideratlas-at-cern/, CC BY 2.0
Figuur 2	*Illustrerad verldshistoria, volume I*, uitgegeven door E. Wallis (1875). Publiek domein.
Figuur 3	Thomas Stanley, *The history of philosophy*, 1655. Publiek domein.
Figuur 4	Schilderij door Antoine Coype (1661-1722), in het Louvre. Publiek domein.
Figuur 5	Lucretius, "De Rerum Natura", uitgegeven door Tanaquil Faber in 1675. Publiek domein.
Figuur 6	Portrait of The Honourable Robert Boyle (1627 - 1691), Irish natural philosopher, Wellcome Images, CC BY 4.0, http://wellcomeimages.org/indexplus/obf_images/69/9b/ce76a6c3ca53526d9c0ebe1c01ca.jpg
Figuur 7	Antoine Lavoisier, *Traité Élémentaire de Chimie*, uit 1789. Publiek domein
Figuur 8	Antoine Lavoisier, *Traité Élémentaire de Chimie*, uit 1789. Publiek domein.
Figuur 9	Schilderij door L. David, uit 1788, te vinden in het Metropolitan Museum of Art. Publiek domein.
Figuur 10	Publiek domein.
Figuur 11	Publiek domein.
Figuur 12	Marek Novotňák, Wikimedia, CC BY-SA 4.0, https://commons.wikimedia.org/wiki/File:Azurite,_malachite.jpg
Figuur 13	*John Dalton and the Rise of Modern Chemistry* door Henry Roscoe (auteur), William Henry Worthington (figuur), en Joseph Allen (schilder). Publiek domein
Figuur 14	Eigen werk.
Figuur 15	John Dalton, *A New System of Chemical Philosophy*, uit 1808. Publiek domein.

Figuur 16	Eigen werk.
Figuur 17	Friedrich Mohr, *Lehrbuch der chemisch-analytischen Titrirmethode*, uit 1877. Publiek domein.
Figuur 18	Publiek domein.
Figuur 19	Publiek domein.
Figuur 20	MeNS 65, http://www.biomens.eu/?p=mens&nr=65.
Figuur 21	Tekening door C. Sentier, uit 1856. Publiek domein.
Figuur 22	Steven G. Johnson, Wikipedia, CC BY-SA 3.0, zie ook https://commons.wikimedia.org/wiki/File:Black-huckleberry-Acadia.jpg.
Figuur 23	Links: Wdvorak, Wikipedia, CC BY-SA 3.0, zie ook https://commons.wikimedia.org/wiki/ File: Haus_Malfatti_Gedenktafel_Loschmidt.jpg. Rechts: Publiek domein.
Figuur 24	Links: Popular Science Monthly, Volume 67, 1905. Publiek domein. Rechts: Bibliothèque nationale de France, 1926. Publiek domein.
Figuur 25	Becker P. (2001) *History and progress in the accurate determination of the Avogadro constant,* Rep. Prog. Phys. 4, 1945-2008.
Figuur 26	Links: William Gilbert, Olieverf op hout, Wellcome library. Publiek domein. Midden: Otto von Guericke, Wellcome library CC BY-SA 4.0 http://catalogue.wellcomelibrary.org/record=b1167069) Rechts : Charles François de Cisternay du Fay Publiek domein.
Figuur 27	Links: Benjamin Franklin (1868), Library of Congress, Publiek domein. Rechts: Benjamin Franklin Drawing Electricity from the Sky. Schilderij door Benjamin West. rond 1816, in het Philadelphia Museum of Art,. Publiek domein.
Figuur 28	Popular Science Monthly Volume 73, Publiek domein.
Figuur 29	J.J. Thomson, Philosophical Magazine, 44, 293 (1897). Publiek domein.
Figuur 30	Links: Lachlan Hardy, Flickr, CC BY 2.0, https://www.flickr.com/photos/lachlanhardy/4231586321
Figuur 31	Beide foto's publiek domein.
Figuur 32	Eigen werk
Figuur 33	Links: Fluorescerende koralen (Underwater Observatory Marine Park, Eilat). Bron: Tiia Monto, CC BY-SA 3.0. https://commons.wikimedia.org/wiki/File:Fluorescent_coral.jpg Rechts: Fosforescente wijzerplaat. Bron: Naklig. CC BY-SA 3.0 Greece, https://commons.wikimedia.org/wiki/ File:Citizen-200m-Diver's.jpg
Figuur 34	Publiek domein.
Figuur 35	Publiek domein.
Figuur 36	Links: Paul Nadar, Collection: Scientific Identity: Portraits from the Dibner Library of the History of Science and Technology, Smithsonian Institution Libraries. http://photography.si.edu/SearchImage.aspx?t=5&id=3477&q=SIL14-B2-08. Publiek domein. midden: Paul Nadar - Bibliothèque nationale de France. http://gallica.bnf.fr/ark:/12148/btv1b53100803v.r=.langEN Publiek domein.

	rechts: http://www.photo.rmn.fr/C.aspx?VP3=SearchResult&IID=2C6NU0VQ8YLW, publiek domein
Figuur 37	Eigen werk.
Figuur 38	Vitold Muratov, scan uit Welt im Umbruch 1900-1914". Verlag Das Beste GmbH.Stuttgart.1999 ISBN 3870708379, CC BY-SA 3.0 https://commons.wikimedia.org/wiki/File:Marie_et_Pierre_Curie.jpg
Figuur 39	Bron: Quartz Piezo Electrometer, Mütter Museum of The College of Physicians of Philadelphia, CC BY-NC-SA 3.0 http://www.cppdigitallibrary.org/items/show/2593. RECHTS: Quadrant-elektrometer, gebouwd door Pierre Curie. Sciene Museum London. Mrjohncummings, CC BY-SA 2.0, https://commons.wikimedia.org/wiki/File:Quadrant_electrometer_built_by_Pierre_Curie,_1880-1890._(9660571325).jpg.
Figuur 40	tekening van de hand van Marie Curie voor een lezing aan de Sorbonne in 1904. Publiek domein.
Figuur 41	Jędrzej Pełka, publiek domein. https://commons.wikimedia.org/wiki/File:Blenda_smolista6.jpg?uselang=nl.
Figuur 42	Foto uit 1904, publiek domein.
Figuur 43	Foto gevonden op http://www.parisrues.com/rues06/paris-avant-06-rue-dauphine.html. Publiek domein (foto van 1900).
Figuur 44	Wellcome Library, CC BY 4.0. http://catalogue.wellcomelibrary.org/record=b1097763.
Figuur 45	Publiek domein.
Figuur 46	Publiek domein.
Figuur 47	Marie Curie, *Traité de Radioactivité*. Parijs, uit 1910. Publiek domein.
Figuur 48	Rutherford E, Royds T (1909) *XXI.The nature of the α particle from radioactive substances*, Philosophical Magazine 17, 281-286. Publiek domein.
Figuur 49	Publiek domein.
Figuur 50	Eigen werk.
Figuur 51	Foto uit 1905. Wellcome Images, http://wellcomeimages.org/indexplus/image/L0014629.html, CC BY 4.0
Figuur 52	Geiger H, Marsden E (1913) *The laws of deflexion of α particles through large angles*, Philosophical Magazine 25, 604-623, publiek domein
Figuur 53	Eigen werk.
Figuur 54	Foto's alle publiek domein.
Figuur 55	Eigen werk.
Figuur 56	Beide foto's publiek domein.
Figuur 57	Eigen werk.
Figuur 58	Eigen werk.
Figuur 59	Eigen werk.
Figuur 60	Publiek domein.
Figuur 61	Eigen werk.
Figuur 62	M0015316 Experiments by Blackett in a Wilson Cloud Chamber. Wellcome Library, London. Wellcome Images http://wellcomeimages.org. CC BY 4.0 /.
Figuur 63	Beide beelden publiek domein.
Figuur 64	Publiek domein.

Figuur 65	James Lebenthal, Flickr, publiek domein. http://www.flickr.com/photos/25053835@N03/4406405576/
Figuur 66	Thomson JJ, Philosophical Magazine, 44, 293 (1897). Publiek domein.
Figuur 67	Links: Thomson JJ (1921) *Rays of positive plectricity and their application to chemical analyses*, Longmans, Green and Co, London. 2de druk. Rechts: Kkmurray, Wikipedia, CC BY-SA 3.0'
Figuur 68	Eigen werk.
Figuur 69	Publiek domein.
Figuur 70	Publiek domein.
Figuur 71	Publiek domein. http://www.nobelprize.org/nobel_prizes/chemistry/laureates/1922/aston.html.
Figuur 72	Jeff Dahl, Wikipedia CC BY-SA 3.0, https://commons.wikimedia.org/wiki/File:Early_Mass_Spectrometer_(replica).jpg
Figuur 73	Los Alamos National Laboratory, United Stated Department of Energy. Publiek domein. http://www.lanl.gov/resources/web-policies/copyright-legal.php
Figuur 74	Lewis, G. N. *The Atom and the Molecule*. J. Am. Chem. Soc. 1916, 38, 762-785. Publiek domein.
Figuur 75	Lewis, G. N. *The Atom and the Molecule*. J. Am. Chem. Soc. 1916, 38, 762-785. Publiek domein.
Figuur 76	Publiek domein. Figuur 77 Nobelstichting, Publiek domein. http://nobelprize.org/nobel_prizes/chemistry/laureates/1932/langmuir-bio.html
Figuur 78	Eigen werk.
Figuur 79	Eigen werk.
Figuur 80	Schilderij door Sir Hubert van Herkomer, nu in het Glasgow Museum. Publiek domein. http://www.theglasgowstory.com/image.php?inum=TGSE00939
Figuur 81	Publiek domein. http://maxpixel.freegreatpicture.com/Fuel-Hot-Charcoal-Fire-Burn-Carbon-Heat-Embers-1618255
Figuur 82	MeNS 89, http://www.biomens.eu/index.php?p=mens&nr=89
Figuur 83	MeNS 89, http://www.biomens.eu/index.php?p=mens&nr=89
Figuur 84	Clendening History of Medicine Library, University of Kansas Medical Center.
Figuur 85	Publiek domein.
Figuur 86	Alle delen publiek domein.
Figuur 87	Jan Homann, CC BY-SA 3.0 https://nl.wikipedia.org/wiki/Waterstofspectrum#/media/File:Visible_spectrum_of_hydrogen.jpg
Figuur 88	MeNS 44 en 94, , http://www.biomens.eu/index.php?p=mens&nr=44 http://www.biomens.eu/index.php?p=mens&nr=94
Figuur 89	Publiek domein.
Figuur 90	Deglr6328, Wikipedia, CC BY-SA 3.0 https://commons.wikimedia.org/wiki/File:Hafnium_bits.jpg.
Figuur 91	Benjamin Couprie, Institut International de Physique Solvay, Brussels, Belgium. Publiek domein.

Figuur 92	A. B. Lagrelius & Westphal, Stockholm, 1919. Publiek domein.
Figuur 93	Links: Publiek domein
	Rechts: P. Zeeman; Nature, vol. 55, 11 February 1897, pg. 347)– publiek domein.
Figuur 94	Publiek domein.
Figuur 96	Eigen werk.
Figuur 95	Eigen werk.
Figuur 97	Publiek domein.
Figuur 98	Publiek domein.
Figuur 99	MeNS 89, http://www.biomens.eu/index.php?p=mens&nr=89
Figuur 100	Wikipedia, Publiek domein
	https://commons.wikimedia.org/wiki/File:Young_Diffraction.png
Figuur 101	MeNS 89, http://www.biomens.eu/index.php?p=mens&nr=89
Figuur 102	Bewerkt van Pieter Kuiper, Wikipedia, publiek domein.
	https://commons.wikimedia.org/wiki/File:SodiumD_two_double_slits.jpg
Figuur 103	MeNS 89, http://www.biomens.eu/index.php?p=mens&nr=89
Figuur 104	MeNS 89, http://www.biomens.eu/index.php?p=mens&nr=89
Figuur 105	MeNS 89, http://www.biomens.eu/index.php?p=mens&nr=89
Figuur 106	MeNS 89, http://www.biomens.eu/index.php?p=mens&nr=89
Figuur 107	Mstroeck en Bryn C, Wikipedia, CC BY-SA 3.0,
	https://commons.wikimedia.org/wiki/File:C60a.png
Figuur 108	MeNS 89, http://www.biomens.eu/index.php?p=mens&nr=89
Figuur 109	MeNS 89, http://www.biomens.eu/index.php?p=mens&nr=89
Figuur 110	Links: Robertson, Smithsonian Institute, Publiek domein.
	http://www.flickr.com/photos/25053835@N03/2551920224/
	Rechts: Publiek domein.
Figuur 111	Österreichische Nationalbank – Publiek domein.
Figuur 112	Erwin Schrödinger (1948) What is Life? The Physical Aspect of the Living Cell, Cambridge, University Press.
Figuur 113	NASA, Clementine-missie. Publiek domein.
Figuur 114	MeNS 89, naar Dhatfield, Wikipedia, CC BY-SA 3.0.
	https://en.wikipedia.org/wiki/File:Schrodingers_cat.svg
Figuur 115	MacTutor, Wikipedia, Publiek domein.
	https://commons.wikimedia.org/wiki/File:Heisenberg_10.jpg
Figuur 116	Publiek domein
Figuur 117	Links: Publiek domein.
	Rechts: Longbow4u, Wikimedia, CC BY-SA 3.0
	https://commons.wikimedia.org/wiki/File:G%C3%B6ttingen-Grave.of.Max.Born.jpg.
Figuur 118	Beide foto's publiek domein.
Figuur 119	Publiek domein.
Figuur 120	haade, Wikipedia, CC BY-SA 3.0
	https://commons.wikimedia.org/wiki/File:Single_electron_orbitals.jpg.
Figuur 121	Maschen, Wikipedia, Publiek domein
	https://en.wikipedia.org/wiki/Spin-%C2%BD#/media/File:Spin_half_angular_momentum.svg.
Figuur 122	United States Department of Energy, Flickr, publiek domein.
	http://flickr.com/photos/37916456@N02/10555706664.

Figuur 123	AIP Emilio Segrè Visual Archives, met toelating.
Figuur 124	Florian DO, Wikipedia, CC BY-SA 3.0. https://commons.wikimedia.org/wiki/File:Wideroe_linac_en.svg.
Figuur 125	SLAC National Accelerator Laboratory, Flickr, CC BY 2.0. https://www.flickr.com/photos/slaclab/8282691262.
Figuur 126	MeNS 89, http://www.biomens.eu/index.php?p=mens&nr=89
Figuur 127	Talifero; publiek domein
Figuur 128	Mike Peel (www.mikepeel.net). CC BY-SA-4.0.
Figuur 129	Nobel Foundation, publiek domein.
Figuur 130	Nobel Foundation, publiek domein.
Figuur 131	U.S. Patent 1,948,384 -- Ernest O. Lawrence -- Method and apparatus for the acceleration of ions (1934). Publiek domein.
Figuur 132	Eigen werk.
Figuur 133	Links: Nobel Foundation, Publiek domein. Rechts: Paul Dirac, *Principle of Quantum Mechanics*, Oxford, Clarendon Press, 4de herziene druk, uit 1958.
Figuur 134	Mrjohncummings, Science Museum London (http://www.flickr.com/people/98833223@N00), Science and Society Picture library (http://www.scienceandsociety.co.uk), CC BY-SA 2.0
Figuur 135	Links: Nobel Foundation, Publiek domein. Rechts: Anderson, Carl D. (1933). "The Positive Electron". Physical Review 43 (6): 491–494. DOI:10.1103/PhysRev.43.491
Figuur 136	Nobel Foundation; Publiek domein. http://nobelprize.org/nobel_prizes/physics/laureates/1948/blackett-bio.html
Figuur 137	Surgeon Oscar Parkes, Publiek domein.
Figuur 138	U.S. Naval Historical Center. Publiek domein. http://www.history.navy.mil/our-collections/photography/numerical-list-of-images/nhhc-series/nh-series/NH-63000/NH-63077.html
Figuur 139	Image M0011596, Wellcome Library, London (http://wellcomeimages.org), CC BY 4.0
Figuur 140	New York Tribune. Issue of Nov. 5, 1917, pg. 14.
Figuur 141	David Wilson - http://www.firstworldwar.com/posters/uk.htm, Publiek domein
Figuur 142	Foto door N.J. Boon, Nederland, februari 1915. Project Gutenberg eBook, The New York Times Current History: the European War, February, 1915. http://www.gutenberg.org/files/18880 - Publiek domein
Figuur 143	Links: Bundesarchiv, Bild 146-1978-069-26A / CC-BY-SA 3.0. Rechts: Lenard, Philipp (1944). Deutsche Physik in vier Bänden (in German). J.F. Lehmann
Figuur 144	Fermilab, U.S. Department of Energy, publiek domein.
Figuur 145	ajitkumar.bhopa, Wikipedia. CC BY-SA 3.0 https://commons.wikimedia.org/wiki/File:Turbine_Rotor.jpeg
Figuur 146	Boven: Cadmium, Wikimedia, Publiek domein. https://en.wikipedia.org/wiki/File:Alpha1spec.png. Onder: aangepast van Neary GJ (1940) The β-Ray Spectrum of Radium E, Roy. Phys. Soc. (London), A175, 71 (1940).
Figuur 147	Beide foto's publiek domein.
Figuur 148	Publiek domein.

Figuur 149	Aangepast naar Bdushaw, Wikipedia, CC BY-SA 4.0, https://commons.wikimedia.org/wiki/File:ReidPotential.jpg,
Figuur 150	Eigen werk.
Figuur 151	Nobel foundation – Pubiek domein http://nobelprize.org/nobel_prizes/physics/laureates/1949/yukawa-bio.html
Figuur 152	Bron: Argonne National Laboratory ; publiek domein. https://commons.wikimedia.org/wiki/File:First_neutrino_observation.jpg http://www.anl.gov/Science_and_Technology/History/Anniversary_Frontiers/86photo.html
Figuur 153	Wiso, CC BY-SA 3.0, https://commons.wikimedia.org/wiki/File:Gargamelle.jpg
Figuur 154	Publiek domein.
Figuur 155	Beide foto's: Nobelstichting, publiek domein. http://nobelprize.org/nobel_prizes/physics/laureates/1959/chamberlain-bio.html http://nobelprize.org/nobel_prizes/physics/laureates/1959/segre-bio.html Bron publicatie: Chamberlain, O., Segrè, E., Wiegand, C., & Ypsilantis, T. (1955). Observation of antiprotons. Physical Review, 100(3), 947.
Figuur 156	Joi, Wikipedia, CCBY-SA 3.0, https://commons.wikimedia.org/wiki/File:MurrayGellMannJI1.jpg.
Figuur 157	和平奮鬥救地球, Wikipedia, CC BY-SA 4.0, https://en.wikipedia.org/wiki/George_Zweig#/media/File:George_Zweig.jpg.
Figuur 158	Eigen werk.
Figuur 159	R. P. Feynman (1939) "Forces in molecules", Phys. Rev. 56, 340.
Figuur 160	Tamiko Thiel 1984, Wikipedia, publiek domein, https://en.wikipedia.org/wiki/File:RichardFeynman-PaineMansionWoods1984_copyrightTamikoThiel_bw.jpg.
Figuur 161	Links: US Department of Energy, publiek domein. Rechts: The National Archives UK Flickr, publiek domein. http://flickr.com/photos/31575009@N05/3008584302
Figuur 162	Nobel Foundation, publiek domein. http://nobelprize.org/nobel_prizes/physics/laureates/1965/schwinger-bio.html http://nobelprize.org/nobel_prizes/physics/laureates/1965/tomonaga-bio.html.
Figuur 163	NASA, publiek domein. http://grin.hq.nasa.gov/ABSTRACTS/GPN-2004-00012.html
Figuur 164	Gianca97, Wikipedia, CC BY 3.0, https://it.wikipedia.org/wiki/File:Richard-feynman.jpg
Figuur 165	Gerhard Hund, zoon van onderzoeker Friedrich Hund, Wikipedia, CC BY 3.0, https://commons.wikimedia.org/wiki/File:Bohr_Heisenberg_Pauli_Meitner_u.a._1937.jpg?uselang=nl.
Figuur 166	MeNS 89, http://www.biomens.eu/index.php?p=mens&nr=89.
Figuur 167	Eigen werk.
Figuur 168	Links: Joel Holdsworth, Wikipedia, publiek domein, https://commons.wikimedia.org/wiki/File:Beta_Negative_Decay.svg

Figuur 169	Rechts: Thymo, Wikipedia, publiek domein, https://commons.wikimedia.org/wiki/File:Muon_Decay.svg. Links: Nederlands Nationaal Archief, 2.24.01.07 253-8884, CC BY-SA 3.0 (bewerkt) http://proxy.handle.net/10648/ad8b9a92-d0b4-102d-bcf8-003048976d84 Rechts: Markus Pössel, Wikipedia, CC BY-SA 3.0, https://commons.wikimedia.org/wiki/File:Carlo_Rubbia_2012.jpg.
Figuur 170	Bengt Nyman - Flickr: IMG_7502, CC BY 2.0, http://flickr.com/photos/97469566@N00/11253392096.
Figuur 171	Pnicolet, Wikipedia, CC Y-SA 3.0, https://commons.wikimedia.org/wiki/File:Robert_Brout.jpg.
Figuur 172	Englert F. and Brout R. (1964) Broken Symmetry and the Mass of Gauge Vector Mesons Phys. Rev. Lett. 13, 321 Higgs P.W. (1964) Broken Symmetries and the Masses of Gauge Bosons, Phys. Rev. Lett. 13, 508 Guralnik G. S., Hagen C. R. and Kibble T. W. B. (1964) Global Conservation Laws and Massless Particles, Phys. Rev. Lett. 13, 585
Figuur 173	Links: FNAL, Wikipedia, public domein, http://home.fnal.gov/~dawson/themes/backgrounds/1024/leon.lederman.jpg, https://commons.wikimedia.org/wiki/File:Leon_M._Lederman.jpg?uselang=de, Rechts: Leon M. Lederman and Dick Teresi [1993]. *The God Particle: If the Universe is the Answer, What is the Question?* Boston: Houghton Mifflin Company. ISBN 0-61871-168-6.
Figuur 174	MeNS 89, http://www.biomens.eu/index.php?p=mens&nr=89.
Figuur 175	United States Department of Energy, Publiek domein. https://www.flickr.com/photos/departmentofenergy/12000977644/
Figuur 176	Electronics magazine, McGraw-Hill Publishing Co., New York, Vol. 15, No. 2, February 1942, p. 22 – Publiek domein. http://www.americanradiohistory.com/Archive-Electronics/40s/Electronics-1942-02.pdf.
Figuur 177	McMillan, US Patent US 2615129 A, 21 oktober 1952.
Figuur 178	copyright © Synchrotron Soleil, https://commons.wikimedia.org/wiki/File:SOLEIL_le_01_juin_2005.jpg.
Figuur 179	Copyright © EPSIM 3D/JF Santarelli, Synchrotron Soleil.
Figuur 180	SCZenz, Wikipedia, CC BY-SA 3.0, https://commons.wikimedia.org/wiki/File:UA1.jpg.
Figuur 181	Michiel1972, Zykure en RokerHRO, Wikipedia, CC BY-SA 2.0, https://commons.wikimedia.org/wiki/File:Location_Large_Hadron_Collider.PNG.
Figuur 182	Arpad Horvath, Wikipedia, CC BY-SA 2.5, https://commons.wikimedia.org/wiki/File:LHC.svg.
Figuur 183	CERN, CC BY-SA 3.0, http://cdsweb.cern.ch/record/628469.
Figuur 184	MeNS 65, http://www.biomens.eu/index.php?p=mens&nr=65
Figuur 185	Eigen werk.
Figuur 186	MeNS 65, http://www.biomens.eu/index.php?p=mens&nr=65
Figuur 187	MeNS 65, http://www.biomens.eu/index.php?p=mens&nr=65
Figuur 188	(foto en legende) EFDA JET, Wikipedia, CC BY-SA 3.0

Figuur 189	Eigen werk.
Figuur 190	Eigen werk.
Figuur 191	ESA/Hubble & NASA, publiek domein. Bewerkt door Bulwersator voor Wikipedia. http://apod.nasa.gov/apod/image/1112/lensshoe_hubble_3235.jpg, https://commons.wikimedia.org/wiki/File:Lensshoe_hubble.jpg.
Figuur 192	NASA, publiek domein.
Figuur 193	European Space Agency & NASA Acknowledgements: Project Investigators for the original Hubble data: K.D. Kuntz (GSFC), F. Bresolin (University of Hawaii), J. Trauger (JPL), J. Mould (NOAO), and Y.-H. Chu (University of Illinois, Urbana) Image processing: Davide De Martin (ESA/Hubble) CFHT image: Canada-France-Hawaii Telescope/J.-C. Cuillandre/Coelum NOAO image: George Jacoby, Bruce Bohannan, Mark Hanna/NOAO/AURA/NSF – CC BY 3.0, http://www.spacetelescope.org/news/html/heic0602.html, http://hubblesite.org/newscenter/newsdesk/archive/releases/2006/10/image/a.
Figuur 194	Publiek domein.
Figuur 196	Eigen werk.
Figuur 197	Mimooh, Wikipedia. CC BY-SA 3.0. https://commons.wikimedia.org/wiki/File:Mirror_woman_pretty_ugly_by_mimooh.svg.
Figuur 197	Chris Potter, Flickr, CC BY 2.0 https://www.flickr.com/photos/86530412@N02/7984171587.
Figuur 198	Japs 88, Wikipedia, CC BY-SA 3.0. https://commons.wikimedia.org/wiki/File:Prototype_kilogram_replica.JPG.
Figuur 199	MeNS 86
Figuur 200	Linksboven: Betsythedevine, Wikipedia, CC BY-SA 2.5 https://commons.wikimedia.org/wiki/File:GabrieleVeneziano.jpg Rechtsboven: Gitte Post, Wikipedia, CC BY 3.0, http://www.rustonline.dk/2012/11/06/holger-bech-nielsen-professor-pa-fuld-tid/ Linksonder: Acmedogs, Wikipedia, CC BY-SA 3.0, https://en.wikipedia.org/wiki/File:LeonardSusskindStanfordNov2013.jpg. Rechtsonder: Betsythedevine, Wikipedia, CC BY-SA 3.0, https://en.wikipedia.org/wiki/File:YoichiroNambu.jpg.
Figuur 201	Spiritia, Wikipedia, publiek domein; https://commons.wikimedia.org/wiki/File:Hypercube-construction-4d.png.
Figuur 202	Publiek domein.
Figuur 203	Josh Sorenson, pexels.com, publiek domein, https://www.pexels.com/photo/sunset-beach-ocean-panorama-96798/.
Figuur 204	Bron: Andrew J. Hanson, Indiana University, Wikipedia, CC BY-SA 3.0, https://en.wikipedia.org/wiki/File:CalabiYau5.jpg. Voor meer informatie kan u terecht in de oorspronkelijke publicatie: A.J. Hanson, "A Construction for Computer Visualization of Certain Complex Curves," in "Computers and Mathematics" column, ed. Keith Devlin, of Notices of the American Mathematical Society, 41, No. 9, pp. 1156--1163

Figuur 205	(American Math. Soc., Providence, november/december, 1994). https://www.cs.indiana.edu/~hansona/papers/CP2-94.pdf Links: Konrad Jacobs, Erlangen. Copyright: MFO, CC BY-SA 2.0 Germany. https://commons.wikimedia.org/wiki/File:Eugenio_Calabi.jpeg, http://owpdb.mfo.de/. Rechts: Lubos Motl, Lumidek, Wikipedia, Publiek domein, https://commons.wikimedia.org/wiki/File:Shing-Tung_Yau_at_Harvard.jpg.
Figuur 206	Peter Woit (2006) *Not Even Wrong - The Failure of String Theory and the Search for Unity in Physical Law*, Basic Books, ISNB 13: 9780465092758
Figuur 207	Linfoxman, Wikipedia, publiek domein, https://commons.wikimedia.org/wiki/File:Loop_quantum_gravity.jpg
Figuur 208	Links: Temugin, Wikipedia, CC BY-SA 2.5, https://commons.wikimedia.org/wiki/File:CarloRovelli.JPG. Rechts: Lumidek, Wikipedia, CC BY 3.0, https://commons.wikimedia.org/wiki/File:LeeSmolinAtHarvard.JPG?uselang=fr.
Figuur 209	Charles-Philippe Larivière (1798-1876), Achilles presenting the prize of Wisdom to Nestor during the Funeral Games, Musée d'Art Classique de Mougins, Frankrijk

www.ingramcontent.com/pod-product-compliance
Lightning Source LLC
Chambersburg PA
CBHW071612220526
45469CB00002B/325